职业教育农业农村部"十四五"规划教材
耕读教育系列教材
职业教育新形态教材

基础化学

李 静 主编

中国农业出版社
北 京

内 容 简 介

本教材分为 4 个模块，13 个项目。每个项目均有明确的知识目标和技能目标，并附有拓展小知识、知识检测和实验技能训练。内容主要介绍元素及其化合物、分散系、定量分析概述、滴定分析法、酸碱滴定法、其他常见滴定法、吸光光度法、烃、烃的衍生物、杂环化合物和生物碱、糖类及其生物学功能、脂类及其生物学功能、蛋白质及其生物学功能等。

本着为专业课服务的目标，本教材更注重内容的实用性，编写时尽量简化理论、突出技能，有更强的针对性。本教材可供高职高专院校畜牧兽医类、农林类、生物技术类等专业的学生使用，也可供其他相近专业的教师和学生参考。

<<< 编审人员名单

主　编 李　静

副主编 徐苏利　罗崇敏

编　者（以姓氏笔画为序）

付　兵　向　川　刘　康

李　静　陈　晨　罗崇敏

郑　佳　徐苏利　程志飞

审　稿 余德润

前言

在农业类高职院校，化学是一门与专业课联系非常紧密的基础课程。学生在进行专业课学习之前，必须具备一定的化学知识和化学素养，且化学素养对个人的日常生活、思辨能力、动手能力和职业生涯都有着重要影响。随着职业教育改革的不断深入，化学作为一门基础学科，应更好地为专业课程、学生的职业方向和后续教育服务。

化学教材如果针对性不强，内容深度、难度偏高，理论与生产、生活实际联系不够紧密，会导致学生学习兴趣不高，难以实际掌握、理解和应用化学知识，就无法实现基础课程与专业课程的有效衔接。为此，编写一本实用性、针对性强的教材具有十分重要的意义。

编写本教材之前，编写组做了大量调研工作，通过座谈、问卷调查等形式广泛收集了畜牧兽医、生物技术等相关专业的教师和学生的意见和建议。参阅了一些相关的教材和资料，结合高职学生的文化基础实际，理论部分尽量简明扼要、突出重点，内容以实际应用为目的，实验部分注重实验技能的训练，可操作性强。在有限的学时内努力让学生能学、能做、能用。

全书分成4个模块：无机化学基础、定量分析基础、有机化学基础和生物化学基础，建议开设至少72学时。

本教材由贵州农业职业学院李静主编，徐苏利、罗崇敏任副主编。教材内容具体分工如下：模块一由徐苏利、陈晨、贵州职业技术学院向川编写，模块二由李静、罗崇敏、贵州楚云环保科技有限公司刘康编写，模块三中项目一、项目二由程志飞编写，模块三的项目三和模块四由付兵、郑佳编写，全书由李静统稿。

由于编者水平有限，教材中难免有疏漏或不足，恳请使用本教材的读者和同行批评指正，以便修正和提高。

编 者
2020年12月

目 录

前言

模块一　无机化学基础 ... 1

项目一　元素及其化合物 ... 3
任务一　元素周期表简介 ... 3
任务二　常见金属元素及其化合物 ... 4
任务三　重要非金属元素及其化合物 ... 11
　　拓展小知识 ... 17
　　知识检测 ... 18

项目二　分散系 ... 19
任务一　溶液及其组成标度 ... 19
任务二　稀溶液的依数性 ... 24
任务三　胶体 ... 26
　　拓展小知识 ... 27
　　知识检测 ... 27

实验技能训练 ... 29
实验一　化学实验规则与基本操作 ... 29
实验二　电子分析天平的使用及称量练习 ... 35
实验三　生活中常见溶液的配制 ... 36
实验四　一定物质的量浓度溶液的配制 ... 38
实验五　溶液配制技术技能考核 ... 39
实验六　常见非金属离子的定性检验 ... 40

  实验七 常见金属阳离子的定性检验 ································ 41

模块二 定量分析基础 ································ 43

项目一 定量分析概述 ································ 45

  任务一 定量分析的任务、方法及分类 ································ 46
  任务二 定量分析中的误差 ································ 47
  任务三 有效数字及其运算规则 ································ 51
    知识检测 ································ 53

项目二 滴定分析法 ································ 55

  任务一 滴定分析概述 ································ 55
  任务二 基准物质和标准溶液 ································ 58
  任务三 滴定分析法的有关计算 ································ 60
  任务四 滴定分析常用仪器 ································ 62
    知识检测 ································ 65

项目三 酸碱滴定法 ································ 67

  任务一 酸碱质子理论 ································ 67
  任务二 弱电解质的电离平衡 ································ 68
  任务三 酸碱指示剂的选择 ································ 72
  任务四 酸碱滴定法 ································ 73
    拓展小知识 ································ 79
    知识检测 ································ 79

项目四 其他常见滴定法 ································ 81

  任务一 氧化还原滴定法 ································ 81
  任务二 沉淀滴定法 ································ 85
  任务三 配位滴定法 ································ 88
    拓展小知识 ································ 91
    知识检测 ································ 92

项目五 吸光光度法 ································ 93

  任务一 概述 ································ 93
  任务二 光的基本原理 ································ 94
  任务三 吸光光度法及分光光度计 ································ 96
  任务四 显色反应 ································ 99

知识检测 ··· 100

实验技能训练 ··· 102

　　实验一　滴定分析常用仪器的操作技术 ······························· 102
　　实验二　盐酸标准溶液的标定 ··· 103
　　实验三　氢氧化钠标准溶液的标定 ···································· 105
　　实验四　高锰酸钾标准溶液的配制与标定 ··························· 106
　　实验五　EDTA 标准溶液的配制与标定 ······························ 108
　　实验六　粗食盐中氯含量的测定 ······································· 109
　　实验七　水的总硬度及 Ca^{2+}、Mg^{2+} 含量的测定 ···················· 111
　　实验八　滴定分析操作技能考核 ······································· 113
　　实验九　吸收曲线的绘制 ·· 114
　　实验十　高锰酸钾的比色测定 ·· 115
　　实验十一　磷的定量测定（钼蓝法） ································· 116
　　实验十二　吸光光度法技能考核 ······································· 117

模块三　有机化学基础 ··· 119

项目一　烃 ·· 121

　　任务一　有机化合物概述 ·· 121
　　任务二　饱和链烃——烷烃 ·· 124
　　任务三　不饱和链烃 ·· 128
　　任务四　环烷烃和芳香烃 ·· 133
　　　拓展小知识 ·· 137
　　　知识检测 ··· 138

项目二　烃的衍生物 ·· 140

　　任务一　醇 ··· 140
　　任务二　酚和醚 ··· 143
　　任务三　醛和酮 ··· 145
　　任务四　羧酸和酯 ·· 146
　　任务五　胺和酰胺 ·· 149
　　　拓展小知识 ·· 151
　　　知识检测 ··· 151

项目三　杂环化合物和生物碱 ··· 153

　　任务一　杂环化合物 ·· 153

3

任务二　生物碱 ·· 155
　　　　拓展小知识 ·· 156
　　　　知识检测 ·· 157

实验技能训练 ·· 158
　　实验一　醇、酚的性质检验 ·· 158
　　实验二　醛、酮、羧酸的性质检验 ·································· 159

模块四　生物化学基础 ·· 161

项目一　糖类及其生物学功能 ·· 163
　　任务一　单糖 ·· 163
　　任务二　二糖 ·· 165
　　任务三　多糖 ·· 166
　　任务四　糖的生物学功能 ·· 167
　　　　拓展小知识 ·· 168
　　　　知识检测 ·· 168

项目二　脂类及其生物学功能 ·· 170
　　任务一　油脂 ·· 170
　　任务二　磷脂 ·· 172
　　任务三　脂的生物学功能 ·· 173
　　　　拓展小知识 ·· 174
　　　　知识检测 ·· 175

项目三　蛋白质及其生物学功能 ······································ 176
　　任务一　氨基酸 ·· 176
　　任务二　蛋白质 ·· 178
　　任务三　蛋白质的生物学功能 ······································ 180
　　　　拓展小知识 ·· 181
　　　　知识检测 ·· 181

实验技能训练 ·· 182
　　实验一　糖的性质和定性鉴定 ······································ 182
　　实验二　油脂的皂化及酮体的定性检验 ······························ 182
　　实验三　蛋白质的沉淀及显色反应 ·································· 183

附录

附录一　国际单位制(SI)的基本单位 ……………………………………………… 185
附录二　我国化学药品等级的划分 ………………………………………………… 185
附录三　一定 pH 溶液的配制方法 ………………………………………………… 185
附录四　某些常用试剂溶液的配制方法 …………………………………………… 186
附录五　常用化合物化学式及相对分子质量 ……………………………………… 187
附录六　元素周期表 ………………………………………………………………… 188

参考文献 ……………………………………………………………………………… 189

模块一

无机化学基础

项目一
元素及其化合物

学习目标

● 知识目标

1. 了解元素周期表的结构，熟悉元素周期律。
2. 掌握常见金属、非金属及其化合物在动植物体中的作用。
3. 掌握常见的元素及其化合物在农业生产中的作用。

● 技能目标

1. 学会常见金属离子的定性检验。
2. 学会常见非金属离子的定性检验。

任务一　元素周期表简介

目前人类发现的物质有几千万种，这些物质是由化学元素周期表中110余种元素组成的。在动植物体内存在的元素有60多种，它们在动植物体中的含量不一，所起的作用也不尽相同。本项目重点介绍元素周期表和动植物体中重要的金属元素、非金属元素及其化合物。

元素周期表是1869年由俄国科学家门捷列夫(1834—1907)总结发表的。从元素周期表可以看出，随着原子序数的递增，原子最外层电子排布呈现周期性变化，元素的性质也因这种变化呈现周期性的变化规律，称为元素周期律。

根据元素周期律，把元素中电子层数相同的元素按原子序数递增的顺序，从左到右排成横行，把不同横行中电子构型相同的元素按电子层数递增的顺序由上而下排成纵行，这样排成的表，称为元素周期表。

每一横行称为1个周期，元素周期表有7个横行，即7个周期，其中第一周期为特短周期；第二周期和第三周期为短周期；第四周期和第五周期为长周期；第六周期为特长周期；第七周期为不完全周期。

纵行称为族，元素周期表有18个纵行，分为16个族，其中有7个主族(ⅠA-ⅦA)，7个副族(ⅠB-ⅦB)，1个零族(稀有气体元素)，1个第八族(Ⅷ)(有3个纵行)。原子参加化学反应时，能用于形成化学键的电子即为价电子。元素周期表中的族数是根据原子的价电子层结构划分的，同一族元素具有相同的价电子数，因此同一族的元素性质非常相似。

每种元素在周期表中的位置，是由该元素原子核外电子的排布决定的。随着核电荷数的递增，原子的电子层结构呈现周期性变化，这将影响到原子的一些性质，如原子半径、电负性、电子亲和能、电离能等。

对于每一种原子来说，都有以下规律：
(1) 周期数＝电子层数＝最外电子层的主量子数 n。
(2) 原子序数＝核电荷数(质子数)＝核外电子数。
(3) 主族元素序数＝最外层电子数＝最高化合价数。
(4) 主族元素的负化合价＝族序数－8。

任务二　常见金属元素及其化合物

在已经发现的100多种元素中，金属元素有90多种。金属元素的最外层电子数少，参与化学反应时，金属原子容易失去外层电子形成金属阳离子 M^{n+}（M 为金属元素的原子）。不同的金属元素失去电子的能力不同，其活泼性也就不同。

中学化学中我们学习过，金属具有很多相似的物理性质，例如：

(1) 常温常压下，金属固体具有不同的颜色和金属光泽。如金是黄色，银是银白色，铜是红色。

(2) 大多数金属都有良好的导电性和导热性。比如可用铝和铜做输电线材料，用铁和铝等做炊具。

(3) 大多数金属具有良好的延展性，根据不同需要可锤击、拉伸成各种形状的金属制品。比如金、银、铂等金属可以制作成各种形状的装饰品。

(4) 大多数金属的密度较大，硬度较大，熔点较高。比如密度最大的金属是锇，硬度最小的金属是汞，熔点最高的金属是钨。

大多数金属元素原子在发生化学反应时，它的最外层电子较容易失去而表现出还原性，如金属可以与非金属、酸等反应。各种金属原子在参加化学反应时失去电子的难易程度不同，其还原性强弱也就不同，化学活动性差别也较大。

一、重要的金属单质及其化合物

(一) 钠(Na)和钾(K)及其重要化合物

1. 钠和钾　在周期表中，钠和钾都是第一主族元素，它们的原子最外层都有一个电子，在参与化学反应时容易失去一个电子，因此它们的化学性质很活泼，自然界没有游离态的钠和钾，钠和钾主要以钠盐和钾盐的形式存在。钠和钾的金属单质应保存在煤油或者液状石蜡中，防止被空气中的氧气氧化。钠和钾都具有密度小、硬度小、熔点低、导电性强的特点，是典型的轻金属。由于钠和钾的硬度小，所以钠和钾可以用小刀切割。

钠和钾是动物机体必需的常量元素。钠离子是细胞外液中的主要阳离子，以氯化钠形式存在于细胞外液中，调节细胞外液的渗透压和容量。钠离子作为碳酸氢钠的组成成分，参与调节体液的酸碱平衡,另外,钠离子也是维持神经肌肉的兴奋性所必需的离子。钾离子为细胞内液的主要阳离子,也是维持细胞内液渗透压的主要成分,还以重碳酸盐($KHCO_3$)形式参与细胞内液酸碱平衡的维持,并参与糖、蛋白质的代谢,也是维持神经肌肉兴奋性和心脏自动节律性的重要物质。

钠和钾具有很强的化学活泼性,突出表现在它们可与各种非金属及水等物质直接发生作用。两者的化学反应基本相同,而钾的反应比钠更剧烈。它们的主要化学性质如下:

(1)与水反应。钠和钾的化学性质活泼,在常温下能与水剧烈作用而放出氢气。用镊子从煤油中取出金属钠,放在表面皿或者玻璃片上,用小刀切下绿豆大小的金属钠,用滤纸吸干表面的煤油。当把钠投入含有酚酞的水中时,钠立刻熔成闪亮的小球,浮在水面上,并向各方向迅速游动,然后逐渐消失。烧杯里的溶液由无色变成红色。以上反应是由于钠比水轻,钠和水剧烈反应时放出的热能使它熔化成银白色的小球浮在水面上游动,产生气体,并有呈碱性的新物质生成。

根据实验现象,我们可以看出,钠和水反应生成了氢氧化钠和氢气。

$$2Na + 2H_2O == 2NaOH + H_2\uparrow$$

钾和水反应更为激烈,并发生燃烧,甚至爆炸。

$$2K + 2H_2O == 2KOH + H_2\uparrow$$

(2)与氧气反应。钠和钾具有银白色金属光泽,但在空气中会迅速氧化变暗而失去光泽,这是因为钠和钾表面被空气中的氧气迅速氧化,生成一层氧化物。钠和钾在空气中能燃烧,燃烧时,钠的火焰呈黄色,钾的火焰呈紫色。可利用焰色反应产生的现象不同,检验化合物中是否含有钠和钾。

钠在空气中被氧化生成氧化钠,但氧化钠不稳定,在充足的氧气中会被继续氧化,生成比较稳定的过氧化钠。因此,钠在不含二氧化碳的干燥空气中燃烧生成过氧化钠。

$$4Na + O_2 == 2Na_2O$$

$$2Na + O_2 \xrightarrow{\text{点燃}} Na_2O_2$$

2. 钠和钾的重要化合物

(1)过氧化物。过氧化钠是淡黄色的固体,加热至熔融也不分解。但遇棉花、碳、铝、乙醇等则易发生燃烧和爆炸。过氧化钠与水作用生成过氧化氢,并释放大量的热,从而促使过氧化氢迅速分解。

$$Na_2O_2 + 2H_2O == 2NaOH + H_2O_2$$

$$2H_2O_2 == 2H_2O + O_2\uparrow$$

过氧化钠是一种很强的氧化剂,常用作漂白剂、消毒剂和氧气发生剂。过氧化钠在常温常压下与二氧化碳反应生成氧气,利用此反应可以为潜水员供氧。

$$2Na_2O_2 + 2CO_2 == 2Na_2CO_3 + O_2\uparrow$$

(2)氢氧化物。氢氧化钠俗称苛性钠,氢氧化钾俗称苛性钾,它们都是白色晶体状固体,对纤维与皮肤有强烈的腐蚀性。氢氧化钠和氢氧化钾能自发地吸收空气中的水蒸气使晶体表面逐渐形成饱和溶液,这种现象称为晶体的吸潮,因而固体氢氧化钠可以用作干燥剂。它们还容易与空气中的二氧化碳反应生成碳酸盐,因而应密封保存。

$$2NaOH + CO_2 == Na_2CO_3 + H_2O$$

$$2KOH + CO_2 =\!=\!= K_2CO_3 + H_2O$$

氢氧化钠和氢氧化钾的水溶液均有强碱性,味涩,有滑腻感。实验室盛放氢氧化钠或氢氧化钾溶液的试剂瓶,应用橡皮塞,而不能用玻璃塞,因为玻璃的主要成分是二氧化硅,氢氧化钠和二氧化硅发生作用,生成黏性的硅酸钠(Na_2SiO_3)使瓶口和瓶塞黏着。

氢氧化钠对病毒和细菌都有强大的杀伤力,能溶解其蛋白质,可用 2%～3% 的氢氧化钠溶液对鸡舍、鸭舍等养殖场进行消毒,消毒后用水冲洗即可让动物进入。

(3) 碳酸盐。

① 碳酸钠(Na_2CO_3)。碳酸钠有无水化合物和含水化合物($Na_2CO_3 \cdot 10H_2O$)两种,碳酸钠在空气中会吸潮而结块,十水合碳酸钠在空气中易风化变成白色粉末或细粒,俗称苏打,工业上又称纯碱。

碳酸钠溶液显碱性,可与酸反应,放出二氧化碳气体。

$$Na_2CO_3 + 2HCl =\!=\!= 2NaCl + H_2O + CO_2\uparrow$$

在食品工业中,可在食物中加入适量的碳酸钠以中和食物发酵后生成的多余的有机酸,除去酸味,且反应后生成的二氧化碳会使食物更加松软和富有韧性。

② 碳酸氢钠($NaHCO_3$)。俗称小苏打。它的水溶液呈弱碱性,也是常用的"碱"。它与酸反应也能放出二氧化碳气体。

$$NaHCO_3 + HCl =\!=\!= NaCl + H_2O + CO_2\uparrow$$

碳酸氢钠热稳定性比较差,受热易分解放出二氧化碳。

$$2NaHCO_3 \xrightarrow{\triangle} Na_2CO_3 + H_2O + CO_2\uparrow$$

利用上述反应可以除去混入碳酸钠中的碳酸氢钠,也可以用来鉴别碳酸钠和碳酸氢钠。

碳酸氢钠可以与硫酸铝发生反应,利用生成的二氧化碳来灭火。泡沫灭火器就是利用这个反应原理制作而成的。

$$6NaHCO_3 + Al_2(SO_4)_3 =\!=\!= 3Na_2SO_4 + 2Al(OH)_3\downarrow + 6CO_2\uparrow$$

③ 碳酸钾(K_2CO_3)。碳酸钾主要是从植物灰中提取的,在农村可以直接使用草木灰作天然钾肥。

(二) 镁(Mg)和钙(Ca)及其重要的化合物

1. 镁和钙 镁和钙元素在动植物体中是常量元素。

镁在动物体中以骨盐(磷灰石)形式存在于骨骼及牙齿中,以 Mg^{2+} 形式存在于细胞内液中和植物体叶绿素中。镁能抑制神经及肌肉的兴奋;是参与代谢的许多酶的激活剂,对植物的光合作用有十分重要的作用。动物体缺镁时会出现胆固醇高、高血压以及糖尿病等疾病。

人体中存在离子钙(Ca^{2+})和结合钙(与血清蛋白结合)两种形式,钙是构成动物骨骼、牙齿和植物细胞壁的主要成分。钙可降低神经肌肉的兴奋性,维持神经冲动的正常传导;降低毛细血管的通透性,参与血液凝固;能激活多种酶。动物体中有 99% 左右的钙以磷酸盐的形式存在于骨骼和牙齿中,脑积液中的钙离子含量对保持体温及其重要。动物体缺钙时,会出现关节变形、X 形腿、O 形腿、毛发量变少、牙齿排列不齐、肌肉无力等症状。植物体缺钙会造成顶芽和根系顶端不发育,呈"断脖"状,幼叶失绿、变形,严重时生长点坏死,叶尖和生长点呈果胶状,且根部会变黑腐烂。

镁和钙都是第二主族元素,因此化学性质都很活泼,它们在自然界中都以化合态存在,如菱镁矿($MgCO_3$)、白云石[$MgCa(CO_3)_2$]、石灰石和方解石($CaCO_3$)等。

镁和钙都是化学性质很活泼的金属,所以它们都具有很强的还原性,在空气中能和氧气化合,使表面失去光泽。

镁在空气中燃烧,发出炫目的白光,所以可以用镁制作照明弹和照相镁灯,镁被广泛用于飞机和导弹制造工业。钙可用来制取合金,如含1%钙的铅合金可作轴承材料。

2. 镁和钙的化合物

(1)氧化物和氢氧化物。氧化镁(MgO)又称为苦土,白色粉末,熔点为2 800 ℃,是优良的耐高温材料,可以制造耐火砖、耐火管、坩埚和金属陶瓷。氧化钙(CaO)俗称生石灰,可做坩埚和高温炉内衬。氧化钙很容易与水反应生成氢氧化钙(这一过程称为生石灰的消化和熟化),并放出大量的热。

$$CaO + H_2O = Ca(OH)_2$$

近年来,工业生产和民用生活中燃烧化石燃料排放出的二氧化硫以及汽车尾气排放出的氮的氧化物造成酸雨(pH小于5.6),酸雨会导致土壤严重酸化,植物无法生长。农业上会利用氧化钙与水反应生成的氢氧化钙来改善酸性土壤。

(2)氢氧化物。氢氧化镁[$Mg(OH)_2$]是白色粉末,溶解度很小,医药上常配成乳剂,称镁乳,作为轻泻剂,也有抑制胃酸的作用。

氢氧化钙[$Ca(OH)_2$]俗称熟石灰或消石灰,它的饱和水溶液称为石灰水,呈碱性(比氢氧化镁的碱性略强)。氢氧化钠在空气中能吸收二氧化碳生成白色碳酸钙沉淀。

$$Ca(OH)_2 + CO_2 = CaCO_3\downarrow + H_2O$$

氢氧化钙是一种重要的建筑材料,在化学工业上用以制造漂白粉。

(3)镁盐和钙盐。氯化镁($MgCl_2$)是无色晶体,味苦,有很强的吸水性。海水晒盐制得的粗盐中含有少量的氯化镁,因此食盐很容易吸收空气中的水蒸气发生潮解现象。

硫酸钙($CaSO_4·2H_2O$)俗称石膏,是含有两个分子结晶水的固体,在加热到160~200 ℃时,失去3/4分子结晶水而变成熟石膏($2CaSO_4·H_2O$)。熟石膏与水混合呈糊状,很快凝固和硬化,利用这一性质可以用其铸造模型和雕像,还可在外科上用作石膏绷带。

碳酸钙($CaCO_3$)是白色固体,不溶于水,俗称石灰石、大理石、白垩等。溶洞的形成,即石灰石长期受到水和二氧化碳侵蚀而成,溶洞中悬挂的钟乳石则是碳酸氢钙[$Ca(HCO_3)_2$]长期流滴转化为碳酸钙的结果。我国的溶洞景观主要分布在西南地区的广西、云南、贵州等地。

硫酸镁($MgSO_4$)易溶于水,溶液带有苦味,在医药上被用作泻药(又称轻泻剂)。

(4)硬水和软水。水是人们日常生活和工农业生产中不可或缺的物质。水质的好坏直接影响人们的生产和生活。天然水中一般含有Ca^{2+}、Mg^{2+}等阳离子和HCO_3^-、CO_3^{2-}、Cl^-、SO_4^{2-}、NO_3^-等阴离子。工业上通常把含有较多的Ca^{2+}、Mg^{2+}的水称为硬水;把含较少Ca^{2+}、Mg^{2+}或者不含Ca^{2+}、Mg^{2+}的水称为软水。

硬水有暂时硬水和永久硬水两种。含有钙、镁酸式碳酸盐的硬水称为暂时硬水,暂时硬水经煮沸,酸式碳酸盐分解,生成的不溶性碳酸盐可沉淀而除去,从而降低水的硬度。

水的硬度是指水中二价及多价金属离子含量的总和。通常碳酸钙的量低于75 mg/L的水属于软水,超过此值的水即为硬水。钙离子、镁离子含量偏高的水对畜禽的健康有一定影响,当动物由饮软水转为饮硬水时,可因一时的不适应导致腹泻和消化不良等胃肠道功能紊乱。硬水也可使肥皂失去去污能力,使锅炉引起爆炸。生活中人和动物的饮用水和工业生产中(如纺织、印染、造纸、制药、化工、电厂等)所需水源均要求使用软水,所以在使用硬水前,必须减少其中钙盐和镁盐的含量,这个过程称为硬水的"软化"。天然水的硬度主要指钙离子和镁离子的含量,天然水的硬度差别很大,靠雨水或融化雪水补给的河流,水的硬度比较低,我国南方多雨地区河流水的硬度很低,而干旱、半干旱地区的水硬度比较高。下面介绍三种目前最常用的硬水软化方法。

① 蒸馏法。生活用水一般采用煮沸的方法降低水的硬度。少量用水时可以采用蒸馏的方法降低水的硬度。

② 化学软化法。化学软化法是指在水中加入化学试剂,以使水中溶解的钙盐、镁盐变成溶解度极低的化合物(沉淀物)从水中析出,从而达到除去钙、镁等成分的目的。

铁路蒸汽机车用水就是在水中加入一定量的磷酸钠(Na_3PO_4)和磷酸氢二钠(Na_2HPO_4),使Ca^{2+}、Mg^{2+}沉淀出来达到软化的目的,其主要反应如下:

$$3CaSO_4 + 2Na_3PO_4 = Ca_3(PO_4)_2 \downarrow + 3Na_2SO_4$$
$$3MgSO_4 + 2Na_3PO_4 = Mg_3(PO_4)_2 \downarrow + 3Na_2SO_4$$

③ 离子交换软化法。离子交换软化法是用有离子交换能力的阳离子或阴离子物质交换水中离子的方法。离子交换法软化水的原理,主要是水中离子和离子交换树脂中可游离交换的同性离子间进行交换。工业上大量用水时就是用一种含有H^+的交换树脂处理硬水,这种离子交换树脂用"RH"表示。

$$Ca^{2+} + 2RH \longrightarrow CaR_2 + 2H^+$$

这种含有H^+的交换树脂,称为阳离子交换树脂,如磺化聚苯乙烯。用阳离子交换树脂处理过的软水,再用阴离子交换树脂处理,即可得到"无离子"水或"去离子"水。离子交换树脂还可用来提取贵金属、淡化海水等。

(三)铝及其重要的化合物

1. 铝(Al) 铝是银白色的轻金属,密度为 2.7 g/cm³,熔点为 660 ℃。铝是地壳中含量最高的金属,在生活中应用广泛。铝的延展性好,可以压成薄片成为铝箔,用来包装糖果食品等。铝的导电性、导热性都很好,在工业上常用铝代替铜作导线、热交换器和散热材料等,也可将其做成各种炊事用具。在空气中,铝表面容易形成氧化物薄膜,从而保护内层的铝。金属铝能与碳酸饮料中的碳酸发生化学反应,因此用于制作易拉罐的金属铝材料的内层涂有环氧树脂。长期饮用易拉罐装的饮料可能会引起铝离子在人体中铝的含量超标,造成人的智力下降,行为异常,干扰人体内正常的钙、磷代谢。

2. 铝的化合物

(1)氧化铝(Al_2O_3)。氧化铝是一种白色固体,熔点为 2 050 ℃,不溶于水。天然存在的纯净氧化铝称为刚玉,其硬度仅次于金刚石,常因含少量杂质而显不同颜色,俗称宝石。氧化铝中含有铁和钛的氧化物时呈蓝色,俗称蓝宝石;含有微量铬时,呈红色,俗称红宝石。

氧化铝不溶于水,但新制备的氧化铝能与酸或碱反应。

$$Al_2O_3 + 6HCl = 2AlCl_3 + 3H_2O$$

$$Al_2O_3 + 2NaOH = 2NaAlO_2 + H_2O$$

因此,氧化铝具有两性,是一种两性氧化物。铝制炊具表面有一层氧化铝的薄膜,用来保护内层的铝不被腐蚀氧化。铝制炊具不能用来盛放酸性或者碱性食物,也不能用酸性或者碱性的溶液进行洗涤。

(2)氢氧化铝[$Al(OH)_3$]。氢氧化铝是一种白色难溶的胶状物质,它能凝聚水中的悬浮物和吸附色素。氢氧化铝凝胶在医药上用于治疗消化性溃疡病。氢氧化铝既能跟酸反应,生成盐和水,又能跟强碱反应,生成盐和水,故其也具有两性,是两性氢氧化物。它在水溶液中可以按下列两种形式电离:

$$Al^{3+} + 3OH^- \rightleftharpoons Al(OH)_3 \rightleftharpoons H^+ + AlO_2^- + H_2O$$

遇到碱性物质时,上式平衡向右移动,生成含 AlO_2^- 的偏铝酸盐;遇到酸时,上式平衡向左移动,生成含铝的盐。

(3)铝盐。硫酸铝[$Al_2(SO_4)_3 \cdot 18H_2O$]和明矾[$KAl(SO_4)_2 \cdot 12H_2O$]溶于水后,水解生成 $Al(OH)_3$ 胶体。

$$Al^{3+} + 3H_2O \rightleftharpoons Al(OH)_3(胶体) + 3H^+$$

$Al(OH)_3$ 胶体具有很强的吸附能力,可吸附水中的杂质。氢氧化铝在水中会形成从 Al^{3+} 到 $Al(OH)_3$ 之间的一系列的铝的羟基络合物,这些铝的羟基络合物称为高分子铝盐。近年来,高分子铝盐被广泛应用于水处理中。科研人员研究开发的聚合硫酸氯化铝、聚合铁铝等均用于净化水源。

(四)铁及其重要的化合物

1. 铁的性质 纯铁(Fe)是具有银白色金属光泽的金属,密度为 7.86 g/cm³,熔点为 1 535 ℃,有良好的导电性、导热性和延展性。铁还能被磁铁吸引,具有磁性,是制造发电机和电动机必不可少的材料。

铁在动物体中是一种微量元素,在动物体中的质量分数为 0.004%,是人体中最丰富的微量元素。铁在动物体中以 Fe^{2+} 的形式存在于血红蛋白分子中,并以血红蛋白和肌红蛋白的形式存在于细胞中。铁在动物体中合成血红蛋白和肌红蛋白,参与机体内 O_2 和 CO_2 的运输;参与合成多种氧化酶类,在生物氧化中传递电子。

人体缺铁,会表现出贫血,红细胞和血红蛋白含量降低,但人长期摄入含铁高的食物,会产生恶心、呕吐,诱发癌变,肝、胰功能下降,皮肤色素沉着等。铁是植物中叶绿素合成酶的主要成分,是细胞色素氧化体系及过氧化氢酶的组成成分,参与叶绿素的合成而影响植物的光合作用。

铁原子的最外层电子上有 2 个电子,参加化学反应时容易失去电子而成为 +2 价的阳离子,也能再失去次外层上的一个电子而成为 +3 价的阳离子,所以铁在化合物中通常显 +2 价和 +3 价。

铁单质的重要化学性质如下:

(1)与水反应。红热的铁与水蒸气起反应,生成四氧化三铁和氢气。

$$3Fe + 4H_2O(g) \xrightarrow{高温} Fe_3O_4 + 4H_2$$

常温下铁与水不起反应,然而在潮湿空气中,铁在水、氧气、二氧化碳等共同的作用下，会生锈转变成氧化铁(Fe_2O_3)。

(2)与酸反应。铁能与盐酸、稀硫酸发生置换反应，生成氢气。

$$Fe+2HCl =\!=\!= FeCl_2+H_2\uparrow$$

$$Fe+H_2SO_4 =\!=\!= FeSO_4+H_2\uparrow$$

(3)与盐溶液反应。铁能与某些不活泼的金属盐溶液发生置换反应，置换出较不活泼的金属。例如：

$$Fe+CuCl_2 =\!=\!= FeCl_2+Cu$$

2. 铁的重要化合物

(1)铁的氧化物。铁的氧化物有3种，分别是氧化亚铁(FeO)、氧化铁(Fe_2O_3)和四氧化三铁(Fe_3O_4)。氧化亚铁是一种黑色粉末，不稳定，在空气中加热迅速被氧化成四氧化三铁。氧化铁是一种红棕色粉末，俗称铁红，它可被用作油漆的颜料等。四氧化三铁是具有磁性的黑色晶体，俗称磁性氧化铁。特制的磁性氧化铁可以制造通信器材。

铁的各种氧化物纳米粒子在药剂学领域中应用广泛，例如磁性铁氧化物纳米粒子可智能载药靶向控释、加强药物治疗效果等。

(2)铁的氢氧化物。铁的氢氧化物有氢氧化亚铁[$Fe(OH)_2$]和氢氧化铁[$Fe(OH)_3$]2种。氢氧化亚铁是白色絮状沉淀，在空气中不稳定，能被氧化成红褐色的氢氧化铁。在氧化过程中，其颜色由白色变为灰绿色，最终变为红褐色。

$$4Fe(OH)_2+O_2+2H_2O =\!=\!= 4Fe(OH)_3$$

(3)铁盐和亚铁盐。氯化铁($FeCl_3$)是棕黄色固体，易吸湿，易溶于水。在水溶液中易水解生成红褐色沉淀。

$$FeCl_3+3H_2O =\!=\!= Fe(OH)_3\downarrow+3HCl$$

氯化铁在医药上用作止血剂，因此在配制氯化铁($FeCl_3$)溶液时需加入少量的盐酸(HCl)，防止其水解。

硫酸亚铁晶体($FeSO_4\cdot 7H_2O$)含有7分子结晶水，是淡绿色晶体，又称绿矾，易溶于水。绿矾在农业上用来杀菌，也可以作为微量元素肥料，防治小麦黑穗病和条纹病等，防止植物因缺铁而出现叶子发黄现象。在医药上可作为内服药用于治疗缺铁性贫血。

二、其他主要金属元素

1. 锌(Zn) 锌为微量元素，在人体细胞内的浓度仅次于铁。在人体中锌以Zn^{2+}形式构成多种酶和激素的成分。锌参与蛋白质等多种物质的代谢，促进伤口愈合及生殖器官发育，增强免疫功能；影响生长素的合成，防止生长停滞及味觉障碍。研究表明，人体内锌含量的高低与心脏、肝脾肿大、类风湿性关节炎以及癌症有关。锌对皮肤、骨骼和性器官的正常发育都非常重要。儿童缺锌时，常常表现出食欲不振、味觉差、身高及体重均低于正常值。但是人体中锌超标时会引起锌中毒，出现肌肉酸痛、浑身无力、头痛、恶心、高烧等症状，高热者有时可致神志不清或者痉挛。

2. 钴(Co) 钴为微量元素，以Co^{3+}形式组成维生素B_{12}和动物体内的一些酶。参与动物体中核酸的代谢和造血过程，促进红细胞的生长发育。在人体中主要作为维生素B_{12}的一个必需成分，通过合成维生素B_{12}来促进红细胞的发育和生长。人体缺钴会导致维生素B_{12}合成受阻，出现巨红细胞性贫血症，钴过多则会引起肺部病变、胃肠受损等。

3. 铜(Cu) 铜为微量元素，以 Cu^{2+} 形式构成细胞色素氧化酶、铜蛋白、过氧化氢酶。参与人及动物体的生物氧化，促进能量代谢；促进血红蛋白的合成及红细胞的发育，参与造血过程。铜是人体内多种酶的组成成分，是人体复杂氧化还原反应过程中非常好的催化剂。人体无法储存铜，主要从食物中获取。人体缺铜时可发生多种疾病，如白癜风、头发花白等，但过量摄入可能导致精神病和死亡。铜在植物体内参与植物体光合作用中电子传递和氧化还原反应过程。

4. 锰(Mn) 锰为微量元素，以 Mn^{2+} 形式组成一些酶及激活剂。成年人对锰的日需求量是 3～9 mg，锰离子对维持骨结构和中枢神经系统正常机能发挥着重要作用，人体缺锰时会使骨骼发育异常。在植物体中，锰是植物叶绿体的结构成分，在幼嫩组织中含量较多，可稳定植物中叶绿体膜系统，参与光合作用放氧过程，并促进蛋白质和糖的合成。

5. 铬(Cr) 六价铬的毒性极大，有强烈的致癌性，可引起与肺癌和肝、肾损伤。

6. 镉(Cd) 镉污染对人类的危害是非常严重的。新生儿体内不含镉，随着年龄的增长，体内的镉就会慢慢积累起来，到 50 岁左右，即使没有职业接触，人体内也会含有 20～30 μg 的镉。进入人体中的镉能与含硫基的蛋白质分子结合，降低或者抑制许多酶的活性，抑制生长，并降低蛋白质和脂肪的消化，引起高血压和心血管疾病。蓄积在肾、肝等组织中的镉，可导致肾和神经损伤。严重的镉中毒可引起骨痛病(又称寒痛病)，人全身骨痛甚至骨萎缩、自然骨折，最后死亡。

7. 铅(Pb) 铅是能作用于全身各系统和器官的毒物，特别是神经系统、消化系统、造血系统和心血管系统，对人类是有害元素，而且是一种可导致积累性中毒的毒物，所有铅的化合物都是有毒的。铅中毒有时可在人脸部颜色上显示出职业病的特征，使人面色发绿。经常与铅接触的人常常会发生铅中毒，牙床变灰，肚子痛，甚至引起神经紊乱。日常生活中由于汽油中普遍会加入四乙基铅作为防爆剂，因此汽车尾气中常含有铅的化合物，造成大气污染。人体血液中含铅量达到 0.6～0.8 mg/mL 时就会损害内脏和造血机能。

8. 汞(Hg) 汞和汞盐对人类都是有害的物质。汞的毒性取决于其状态。汞不溶于水及冷的稀硫酸、盐酸，一般不与各种碱液发生化学反应。金属汞的蒸气进入人体消化道后，几乎不被吸收，会与人体中蛋白质的硫基结合而产生毒害作用，并能聚集在肾等器官处，破坏肾，引起口腔炎，损害肠胃功能等。

任务三　重要非金属元素及其化合物

一、卤族元素及其化合物

氟(F)、氯(Cl)、溴(Br)、碘(I)、砹(At) 5 种非金属元素称为卤族元素，简称卤素。

卤族元素位于元素周期表中的第七主族(ⅦA)，它们的原子最外层均为 7 个电子，具有相似的化学性质，参加化学反应时很容易获得 1 个电子形成稳定结构，生成－1 价的卤离子，是典型的非金属元素。以下主要介绍氯和氯化物。

(一)氯

氯元素化学性质很活泼，容易与其他元素化合，自然界里没有游离状态的氯存在，氯主要以氯化钠(NaCl)、氯化镁($MgCl_2$)等氯化物的形式存在于海水、盐井水、盐湖水和岩矿中。氯元素在动植物体中属于常量元素,在人及动物体内血液和体液中以氯化钠(NaCl)、细胞中以氯化钾(KCl)形式存在(均以 Cl⁻ 形式存在),调节渗透压平衡、酸碱平衡等,在植物体内以 Cl⁻ 形式存在于叶绿体和细胞液中,参与光合作用的放氧过程。

1. 氯气的物理性质 氯气(Cl_2)常温常压下是一种有强烈刺激性气味的黄绿色气体,有毒,人体吸入少量氯气会出现恶心、呕吐、咳嗽、呼吸困难等症状,吸入大量的氯气会引起喉肌痉挛、黏膜肿胀,甚至中毒死亡。

2. 氯气的化学性质 氯气的化学性质很活泼,主要的化学性质有以下几个方面:

(1)氯气与水反应。氯气的水溶液称为氯水,氯气能与水反应生成盐酸(HCl)和次氯酸(HClO)。

$$Cl_2 + H_2O \rightleftharpoons HCl + HClO$$

生成的次氯酸非常不稳定,易分解产生氧气,光照时,反应速率更快。

$$2HClO \xrightarrow{光照} 2HCl + O_2 \uparrow$$

次氯酸具有见光易分解的性质,因而氯水一般保存在棕色瓶中,并置于避光阴暗处。久制的氯水中次氯酸含量下降,主要成分是盐酸。次氯酸是很强的氧化剂,具有杀菌和漂白能力。自来水常用氯气(1 L 水大约通入 0.002 g 氯气)消毒。次氯酸还可使有机色素褪色,故新制的氯水也可用作漂白剂。

(2)氯气与碱反应。氯气(Cl_2)与氢氧化钠(NaOH)发生反应时反应速率比较快,生成氯化钠(NaCl)和次氯酸钠(NaClO)。制备氯气时,可以用氢氧化钠溶液吸收尾气。

$$Cl_2 + 2NaOH = NaCl + NaClO + H_2O$$

工业上利用氯气与消石灰[$Ca(OH)_2$]反应制取漂白粉。$CaCl_2$ 和 $Ca(ClO)_2$ 的混合物称为漂白粉,但其中的有效成分为 $Ca(ClO)_2$,漂白粉在潮湿的空气中能和 CO_2 发生化学反应,生成 HClO。

$$2Cl_2 + 2Ca(OH)_2 = CaCl_2 + Ca(ClO)_2 + 2H_2O$$

$$Ca(ClO)_2 + CO_2 + H_2O = CaCO_3 \downarrow + 2HClO$$

漂白粉作为一种廉价的消毒剂、杀菌剂,非常广泛地应用于漂白棉、麻、纸浆等工业制品。市面上销售的 84 消毒液,是以次氯酸钠为主要成分的消毒剂,有效氯含量为 1.1%~1.3%,广泛应用于机场、火车站、医院等公共场所和家庭的卫生消毒。84 消毒液有一定的刺激性与腐蚀性,需要稀释以后方可使用。

3. 氯气的用途 氯气除用于制备消毒剂与杀菌剂、制造盐酸和漂白粉外,还用于制造农药,比如氯硫磷乳剂、氯苯脒、氯灭杀威、有机氯固态农药等。氯产品也是医药产品的重要原料,比如马来酸氨氯地平片是含氯的降血压药物。

(二)重要的氯化物

1. 盐酸(HCl) 氯化氢的水溶液称为盐酸。市售试剂级盐酸的密度为 1.19 g/mL,浓度 37% 相当于 12 mol/L,工业盐酸因常含有氯化铁($FeCl_3$)杂质而呈黄色。浓盐酸中的氯化氢很容易挥发,遇到潮湿的空气便会产生酸雾。盐酸是三大强酸之一,具有酸的通性,能与许多金属氧化物反应生成盐和水。

盐酸也存在于胃液中(含量约为 0.5%),它能促进食物的消化和杀死病菌。生活中可用盐酸除去水垢。医疗上用盐酸来制作普鲁卡因、盐酸硫胺等,在兽医临床上,可以让动物内服稀盐酸治疗因胃酸缺乏引起的消化不良等。但其用量不宜过大,浓度不宜过高,应用时将

10%盐酸的澄清液用50倍的蒸馏水稀释以减少对胃的局部刺激。

2. 氯化钠（NaCl） 俗称食盐，多是用海水晒制得到。除食用外，农业上还可用16%的盐水选种。将种子放进16%的盐水中，坏的种子会浮起来，好的种子会沉在下面。0.9%的氯化钠溶液在医疗上可以给人体补充电解质，也可用来配制抗生素或其他粉状药物，盐水也被认为是急救药。但注入过量氯化钠溶液会导致心脏病，对身体虚弱者更危险。

3. 氯化钾（KCl） 天然矿物光卤石（$KCl \cdot MgCl_2 \cdot 6H_2O$）或钾石盐（$KCl \cdot NaCl$）中都含有氯化钾。农业上用作植物的肥料。医疗上用氯化钾来预防和治疗低钾血症，还可用于预防洋地黄中毒引起的频发性、多源性早搏或快速心律失常。

二、氧族元素及其化合物

氧族元素包含氧(O)、硫(S)、硒(Se)、碲(Te)、钋(Po) 5种元素，氧族元素原子的最外电子层上有6个电子，它们的最高化合价为+6价（氧除外），属于第六主族元素。以下主要介绍硫和硫的化合物。

(一) 硫

硫是一种重要的非金属元素，自然界中有游离态的硫，单质硫俗称硫黄。公元前6世纪我国古代炼丹术和医学上就经常用到硫，硫也是黑火药的重要组成成分。硫是人体和动物体内蛋白质的构成元素之一，在动物体内是蛋白质、维生素 B_1、硫酸软骨素等重要物质的组成成分，以有机硫（基团）的形式存在；在植物体内是以无机硫（SO_4^{2-}）的形式存在，参与蛋白质、糖类的代谢，促进豆科植物体根瘤菌的形成。

1. 硫的物理性质 硫单质是淡黄色的固体，密度比水大，不溶于水，微溶于酒精，易溶于二硫化碳（CS_2）。

2. 硫的化学性质

(1) 与金属反应。硫的化学性质比较活泼，能和除金、铂以外的金属直接化合，生成金属硫化物并放出热量。

由于汞的沸点很低，有毒，常温下会变成蒸气，人和动物吸入其蒸气会导致重金属中毒。若水银温度计打碎，水银会散落在地面上，为防止汞中毒可以撒硫黄粉在汞上，很快生成硫化汞，消除其毒性。

$$Hg + S == HgS$$

(2) 与非金属反应。硫在空气或纯氧中燃烧，发出蓝色火焰，生成有刺激性气味的二氧化硫。

$$S + O_2 \xrightarrow{点燃} SO_2$$

(二) 硫的化合物

1. 硫化氢（H_2S） 硫化氢有臭鸡蛋气味，无色，密度比空气略大，有毒，是一种大气污染物。空气中含有0.1%的硫化氢，就会使人感到头痛、恶心，长时间吸入会造成昏迷甚至死亡。农业上若稻田里通风不好，会产生硫化氢，导致稻苗根部腐烂。天然气中含有少量硫化氢，若天然气有泄漏，会闻到臭鸡蛋味。

硫化氢有可燃性，氧气充足时点燃硫化氢生成二氧化硫气体和水。硫化氢在空气中燃烧时，发出淡蓝色火焰，生成硫单质和水。

$$2H_2S + 3O_2 \xrightarrow{\text{点燃}} 2SO_2 + 2H_2O$$

$$2H_2S + O_2 \xrightarrow{\text{不完全燃烧}} 2S\downarrow + 2H_2O$$

硫化氢是一种还原性很强的气体，常温常压下可以与二氧化硫发生如下反应：

$$2H_2S + SO_2 =\!=\!= 3S\downarrow + 2H_2O$$

工业上，使含二氧化硫的尾气和含硫化氢的废气相互作用，既可以回收硫，又能避免环境污染。硫化氢是一种剧毒的可溶性气体。硫化氢中毒是水产养殖中常发生的一大危害，一般情况下，当水体中硫化氢含量达到 3 mg/mL 时，鱼类就会死亡。

2. 二氧化硫（SO_2） 二氧化硫是一种有刺激性气味的气体，有毒性，是常见的大气污染物，易溶于水，常温常压下，1体积水中可溶解40体积的二氧化硫。二氧化硫易溶于水生成亚硫酸，亚硫酸不稳定，易分解。二氧化硫能漂白某些有色物质，因此它的水溶液能和某些色素化合成无色化合物，这些无色化合物很不稳定，高温或者暴晒容易分解，使有机色素恢复原来的颜色。例如经二氧化硫漂白过的草帽、报纸，时间长了会逐渐恢复原来的颜色。然而也有人利用硫黄和氧气燃烧后产生的二氧化硫对食物进行漂白，长期食用此类食物会危害呼吸道及造血器官，也可能诱发恶性肿瘤。

3. 三氧化硫（SO_3） 三氧化硫在常温下是无色液体或白色固体。熔点 16.8 ℃，沸点 44.8 ℃，三氧化硫溶于水生成硫酸，是硫酸的酸酐。

$$SO_3 + H_2O =\!=\!= H_2SO_4$$

4. 硫酸（H_2SO_4） 硫酸是最基本的化学原料之一，许多工业生产都离不开硫酸。

(1) 硫酸的物理性质。浓硫酸是无色、无臭、黏稠、透明的油状液体，市售商品硫酸的浓度是 98.3%，密度 1.84 g/cm³，凝固点为 10.4 ℃，沸点为 337 ℃，能与水以任意比例互溶，同时放出大量的热，使水沸腾。

(2) 浓硫酸的特殊性质。

① 脱水性。浓硫酸能从含碳、氢、氧元素的有机物中把氢和氧元素按照水的比例夺取出来，而使有机物碳化。例如在蔗糖、木屑、纸屑等物质中滴入浓硫酸会很快变黑。

② 吸水性。浓硫酸有强烈的吸水性。吸水性是指浓硫酸可以将混合物中的水吸出，因此可用其做干燥剂。吸水时放出大量的热，因此在稀释浓硫酸的实验中，只能将浓硫酸沿着烧杯内壁慢慢倒入水中，且一边倾倒一边不断地搅拌，万万不可将水注入浓硫酸中，否则会因局部过热而使溶液暴沸，沸腾的溶液会飞溅到操作者的衣服或皮肤上导致灼伤，也可能发生爆炸等危险。

③ 强氧化性。浓硫酸可以和铜单质在加热的条件下发生反应。

$$Cu + 2H_2SO_4(\text{浓}) \xrightarrow{\text{加热}} CuSO_4 + 2SO_2\uparrow + 2H_2O$$

浓硫酸与铁、铝等金属接触时很快会使金属表面生成一层致密的金属氧化物薄膜，从而阻止内部的金属继续与浓硫酸发生反应，这种现象称为金属的钝化。利用这一性质，浓硫酸可用铁或铝的容器储存。硫酸大量用于肥料工业，也可作为碱性土壤和水的改良剂。

5. 重要的硫酸盐

(1) 硫酸钙（$CaSO_4$）。带两个结晶水的硫酸钙（$CaSO_4 \cdot 2H_2O$）称为石膏，自然界存在天然石膏。石膏是一种白色晶体，当加热时石膏就会失去所含的大部分结晶水，变成熟石膏

($2CaSO_4·H_2O$)，熟石膏加水调成糊状后很快硬化，因此在医疗上可作为石膏绷带。石膏还可以用来制作豆腐等食品。

(2)硫酸锌($ZnSO_4$)。带 7 个结晶水的硫酸锌($ZnSO_4·7H_2O$)俗称皓矾，是一种无色晶体，医疗上用它的水溶液作为收敛剂，可使有机体组织收缩，减少腺体的分泌，硫酸锌浓度较小的水溶液可作为眼药水，也可以用作催吐剂。农业上可用硫酸锌防治果树苗圃的病虫害，它也是一种补充作物锌微量元素的常用肥料。

(3)硫酸钡($BaSO_4$)。天然的硫酸钡称为重晶石，不溶于水，也不溶于酸，不易被 X 射线透过，医疗上常用硫酸钡作为内服剂进行食管和肠胃的检查，这种检查被称为钡餐透视。

三、氮族元素及其化合物

氮族元素都是第五主族的元素，包含氮(N)、磷(P)、砷(As)、锑(Sb)、铋(Bi) 5 种元素，氮族元素原子的最外层有 5 个电子，所以它们的最高化合价为 +5 价，它们的可变化合价也较多，其中以 +3 价最常见。

(一)氮

氮元素在动植物体中是一种常量元素，是蛋白质、核酸、磷脂及其代谢产物的组成成分，在动物体内以有机氮(氨基)形式存在；植物体内主要以铵根离子、硝酸根离子和生物碱形式存在。

氮在动物体内参与蛋白质、核酸及磷脂的合成和分解代谢；氮是植物体叶绿素的主要组成部分，影响植物发育成熟(植物缺氮时植株矮小、开花结果迟缓)。

1. 氮气(N_2)的物理性质 氮气常温下是无色无味的气体，无毒，不能供人类及动物呼吸，氮气比空气略轻。氮气在水中溶解度很小，通常状况下，1 体积水中大约只能溶解 0.02 体积的氮气。

2. 氮气的重要化学性质

(1)氮气与氧气反应。氮气和氧气在电火花条件下化合生成一氧化氮，一氧化氮继续与氧气发生反应生成二氧化氮，二氧化氮继续与水生成硝酸(HNO_3)。

$$N_2 + O_2 \xrightarrow{\text{电火花}} 2NO$$

$$2NO + O_2 = 2NO_2$$

$$3NO_2 + H_2O = 2HNO_3 + NO$$

在雷雨天时，大气中常有一氧化氮产生，因此雨水本身显酸性。据估算，每年因雷雨而渗入大地的氮肥约有 4 亿 t，这对于农业生产无疑是一件好事。

(2)氮气与金属反应。氮气在高温条件下能与镁、钙等金属化合生成氮化物。镁在空气中燃烧时，除了生成氧化镁(MgO)外，也能与氮形成微量的氮化镁(Mg_3N_2)。

$$N_2 + 3Mg \xrightarrow{\text{点燃}} Mg_3N_2$$

3. 氮气的用途 在农业上可用氮气制造氮肥，也可以利用氮气保存粮食、水果等农副产品。在工业上氮气可以用来代替稀有气体作焊接金属的保护气，还可用氮气来填充白炽灯泡，防止钨丝氧化或减慢钨丝的挥发。

(二)氮的化合物

1. 氨气(NH_3)

(1)氨气的性质。

① 氨气的物理性质。氨气是有强烈刺激性气味的气体,无色,比空气轻,易液化。

② 氨气的化学性质。

A. 氨气与水反应。氨气极易溶于水,根本原因是氨气与水通过氢键结合,形成氨气的水合物——氨水($NH_3 \cdot H_2O$),氨水同时会电离出氢氧根而使氨水显碱性。

$$NH_3 + H_2O \rightleftharpoons NH_3 \cdot H_2O \rightleftharpoons NH_4^+ + OH^-$$

氨水极不稳定,容易受热分解生成氨气(NH_3)和水(H_2O)。

$$NH_3 \cdot H_2O \xrightarrow{\triangle} NH_3 \uparrow + H_2O$$

氨气也可与酸发生化学反应:

$$NH_3 + HCl = NH_4Cl$$
$$NH_3 + HNO_3 = NH_4NO_3$$
$$2NH_3 + H_2SO_4 = (NH_4)_2SO_4$$

氨气还可以与氧气发生化学反应。氨气在纯氧中能燃烧发出黄色火焰,生成氮气(N_2)。在催化剂的作用下,氨气与空气中的氧气作用生成一氧化氮(NO)。

$$4NH_3 + 3O_2 \xrightarrow{\triangle} 2N_2 + 6H_2O$$
$$4NH_3 + 3O_2 \xrightarrow[800\ ℃]{Pt} 4NO + 6H_2O$$

(2)氨气的用途。氨气是一种重要的化工产品,是制造氮肥、铵盐、硝酸和纯碱的重要原料,液态氨汽化时要吸收大量的热,可以作致冷剂。

2. 氮的氧化物 氮元素在不同条件下能形成5种氮的氧化物:一氧化二氮(N_2O)、一氧化氮(NO)、三氧化二氮(N_2O_3)、二氧化氮(NO_2)、五氧化二氮(N_2O_5)。在工业上以NO和NO_2用途最广。

NO是无色气体,比空气略重,不溶于水,在常温下,容易与空气中的氧气结合生成NO_2。NO_2是红棕色气体,有毒,易溶于水生成HNO_3和NO。

3. 硝酸

(1)硝酸(HNO_3)的物理性质。浓硝酸是一种易挥发、有刺激气味的透明液体,密度为1.5 g/cm^3,沸点为83 ℃。一般市售的浓硝酸浓度为65%~68%,浓度为98%以上的浓硝酸在空气中发烟,因溶有NO_2常呈黄色,称为发烟硝酸。

(2)硝酸的主要化学性质。

① 热稳定性差。硝酸很不稳定,容易分解,放出的NO_2溶于硝酸中使溶液呈黄色。为防止硝酸分解,硝酸都装在棕色瓶中,放在阴凉避光处储存。

$$4HNO_3 \xrightarrow[光照]{\triangle} 4NO_2 \uparrow + O_2 \uparrow + 2H_2O$$

② 氧化性。硝酸是一种很强的氧化剂,几乎能与所有的金属(除金、铂等)或非金属发生氧化还原反应。

浓硝酸和稀硝酸都能与铜发生反应,浓硝酸反应激烈,有红棕色气体产生。

$$Cu + 4HNO_3(浓) = Cu(NO_3)_2 + 2NO_2 \uparrow + 2H_2O$$

$$3Cu + 8HNO_3(稀) == 3Cu(NO_3)_2 + 2NO\uparrow + 4H_2O$$

冷的浓硝酸能使铝、铁等金属发生钝化，因此可用铝槽车储运浓硝酸。

浓硝酸与浓盐酸的混合物(二者体积之比为1∶3)称为王水，王水可以使一些不溶于硝酸的金属如金、铂等溶解。

四、其他常见非金属元素

1. 磷(P) 磷元素是生物体的重要组成元素，主要以无机磷($H_2PO_4^-$、HPO_4^{2-})和有机磷(核酸、磷脂中的磷酸基)两种形式存在。磷是构成生物体细胞核、细胞膜结构和血浆脂蛋白成分；以骨盐(磷灰石)形式维持骨骼及牙齿的硬度；参与调节体内酸碱平衡；对能量的储存、转换起重要作用(高能化合物ATP)。磷元素也是植物细胞核的重要组成部分，与植物的光合作用、呼吸作用以及氮化合物的代谢和运转相关。

2. 砷(As) 砷元素在自然界中广泛存在，土壤、水、空气和动植物体中都含有微量的砷。动物体中的砷元素主要来自鱼、海产品、谷类和其他作物。砷是人体必需的微量元素，但是过量的砷会引起砷中毒。砷中毒时会导致皮肤癌、肺癌、肝癌、肾癌、膀胱癌、心血管病、神经系统功能紊乱等疾病。急性砷中毒会严重损害消化系统和呼吸系统，引起剧烈腹痛、呕吐、腹泻、尿血，如不及时抢救，24 h内即可死亡。砒霜就是三氧化二砷，是一种剧毒物，少量服用即可致死。

拓展小知识

同位素在农业中的应用

元素是指具有相同质子数的一类原子的总称。同一元素中具有相同质子数不同中子数的原子互称同位素。同位素中有些不稳定，有放射性，称为放射性同位素。

放射性同位素在农业中的应用包括同位素辐射和同位素示踪两方面的应用。二者都是利用放射性同位素在原子核衰变时放出射线这一特性，但在利用方式和应用方法上却截然不同。前者是利用放射性同位素放出的射线能量所造成的生物效应，比如致死效应、绝育效应和诱变效应等，后者则是把放射性同位素引入动植物体中，再利用核探测仪跟踪机体对它的吸收、转移和积累的情况，以研究动植物的基本生理和生化过程、机体对营养物质的吸收代谢规律以及动植物同环境的关系等。

射线能引起植物遗传结构的变异，使原有的品种获得一些新特性，如早熟、矮秆、抗病、优质等，经过选择就可育成新品种。射线对生物具有致死效应，在一定剂量的射线照射下，可杀死微生物、昆虫和高等生物体的细胞。利用致死效应可以保藏食品，延长食物保质期或者抑制它们的发芽或者延迟成熟。射线还可以导致昆虫不育，利用这个方法可以降低害虫的虫口密度，最终达到消灭害虫的目的。

同位素示踪主要应用于农作物的光合作用、体内物质运输以及肥料利用、农药残留、家畜的营养代谢等，从而正确制订作物栽培管理和合理有效施用肥料和农药的措施，对家畜的饲养和管理等提供科学依据。

知识检测

1. 填空题

(1)浓硫酸可以用作干燥剂,是因为它具有_____性,但它不能用来干燥氨气,是因为浓硫酸与氨气会发生反应,生成_____。

(2)次氯酸是有很强的_____,具有杀菌和漂白能力。漂白粉的主要成分是_____,84消毒液的主要成分是_____。

(3)玻璃的主要成分是_____,氢氧化钠与玻璃会发生反应,因此存放氢氧化钠的试剂瓶不能用玻璃塞密封。

2. 选择题

(1)下列关于碳酸钠的叙述正确的是( )。

A. 碳酸钠俗名小苏打

B. 碳酸钠俗名苏打

C. 碳酸钠加热会分解,因此热稳定性差

D. 碳酸钠从草木灰中提取,是天然的肥料

(2)实验室中保存下列试剂方法错误的是( )。

A. 溴化银保存在棕色瓶中

B. 碘易升华,保存在盛有水的棕色试剂瓶中

C. 液溴易挥发,盛放在用水密封的、用玻璃塞塞紧的棕色试剂瓶中

D. 浓盐酸易挥发,盛放在无色密封的玻璃瓶中

(3)金属钠保存在( )中。

A. 盐酸　　　B. 水　　　C. 酒精　　　D. 煤油或者液状石蜡

(4)下列关于浓硫酸的叙述,错误的是( )。

A. 常温下可使某些金属钝化

B. 具有脱水性,因此可以作为干燥剂

C. 溶于水放出大量的热量

D. 是难挥发的黏稠状液体

3. 简答题

(1)简要叙述浓硫酸的脱水性和吸水性的区别。

(2)铝的表面会形成一层致密的氧化物保护膜氧化铝,请用氧化铝的化学性质回答为什么铝制灶具不宜用碱水洗涤或盛放酸性食物?

项目二

分 散 系

学习目标

● 知识目标

1. 了解分散系的分类。
2. 掌握溶液组成标度的常用表示方法，并会配制一定组成标度的溶液。
3. 掌握溶液的稀释和混合。
4. 了解胶体的基本性质。

● 技能目标

1. 通过溶液组成标度的表示，会计算同一溶液的不同标度。
2. 通过溶液稀释、浓缩和混合，学会配制一定浓度的溶液。

任务一　溶液及其组成标度

分散系是指一种(或几种)物质分散在另一种(或几种)物质中所形成的系统，它由分散质和分散剂两部分组成。分散系中被分散的物质称为分散质，容纳分散质的物质称为分散剂。分散系根据分散质直径的大小可以分为溶液、胶体和浊液。溶液的分散质微粒是分子或者离子，分散质颗粒的直径小于 1 nm；胶体的分散质微粒是许多分子胶粒或者高分子，分散质颗粒的直径为 1～100 nm；浊液的分散质微粒是巨大数目的分子粗粒子，分散质颗粒的直径大于 100 nm。

一、溶液

(一)定义

一种物质(或几种物质)以分子或离子状态分散在另一种物质里，形成的均一、稳定的混合物体系称为溶液。我们把能溶解其他物质的一类物质称为溶剂，被溶剂所溶解的物质称为溶质。显然，溶液是由溶质和溶剂组成的。比如对食盐溶液来说，水是溶剂，食盐是溶质。水能溶解很多物质，是最常用的溶剂。其他能作为溶剂的物质还有汽油、酒精、丙酮、四氯化碳、二硫化碳等。如消毒用的碘酒，就是将碘溶在酒精中得到的碘的酒精溶液(碘酊)。

溶质可以是固体，也可以是液体或气体。固体、气体溶于液体时，固体、气体是溶质，液体是溶剂。从溶液的定义看，并不能看出溶液一定是液体，也就是说溶液有固体、液体和气体。例如中学时学过的合金就是典型的固体溶液，空气就是典型的气体溶液，只是我们常见到的溶液大多是液体溶液。

溶质和溶剂是相对的，如果两种液体彼此溶解形成溶液，通常把含量较多的称为溶剂，含量较少的称为溶质。但是只要有水存在的溶液，不论水的含量多少都以水作为溶剂。

(二)溶液的组成

1. 溶质 溶质是指被溶解的物质，可以是固态、气态、液态3种状态。

2. 溶剂 溶剂是指溶解溶质的物质，包括有机溶剂和无机溶剂。

二、溶液的组成标度

溶液的组成标度是指溶液组成中一定量的溶液中所含溶质的量。习惯上称其为溶液的浓度。常用物质的量浓度、质量浓度、质量分数、体积分数、比例浓度等来表示溶液的组成标度。

(一)物质的量浓度

以单位体积溶液里所含溶质 B 的物质的量来表示溶液组成的物理量，称为溶质 B 的物质的量浓度，用符号 $c(B)$ 表示(通常所说"物质 B 的浓度"，即指该物质的物质的量浓度)。表达式为：

$$c(B) = \frac{n(B)}{V}$$

式中　$c(B)$——物质的量浓度，mol/L；

　　　$n(B)$——溶质 B 的物质的量，mol；

　　　V——溶液的体积，L。

故溶质 B 的物质的量浓度就是溶质 B 的物质的量除以溶液的体积。在实际应用中，可换算为：

$$n(B) = c(B) \times V$$

按规定，溶质 B 的基本单元必须予以指明，即分子或离子。

【例题 1】 在 200 mL 氢氧化钠溶液中，溶有 4 g 氢氧化钠。试求氢氧化钠的物质的量浓度。

【解】 NaOH 的摩尔质量 $M(\text{NaOH}) = 40$ g/mol。

$$n(\text{NaOH}) = \frac{m(\text{NaOH})}{M(\text{NaOH})} = \frac{4 \text{ g}}{40 \text{ g/mol}} = 0.1 \text{ mol}$$

$$c(\text{NaOH}) = \frac{n(\text{NaOH})}{V} = \frac{0.1 \text{ mol}}{\frac{200}{1\,000} \text{ L}} = 0.5 \text{ mol/L}$$

答：NaOH 物质的量浓度是 0.5 mol/L。

【例题 2】 完全中和 1 L 0.1 mol/L 的氢氧化钠(NaOH)溶液，使之生成硫酸钠(Na_2SO_4)，需要 1 mol/L 的硫酸(H_2SO_4)溶液多少升？

【解】 NaOH 与 H_2SO_4 中和的化学反应方程式为：

$$2NaOH + H_2SO_4 = Na_2SO_4 + 2H_2O$$
$$2\ mol \quad 1\ mol$$

1 L 0.1 mol/L NaOH 溶液中含有 NaOH 物质的量为：
$$n(NaOH) = c(NaOH) \times V = 0.1\ mol/L \times 1\ L = 0.1\ mol$$

中和 0.1 mol 的 NaOH 需要 H_2SO_4 的物质的量为：
$$n(H_2SO_4) = 0.1\ mol \times 1/2 = 0.05\ mol$$

则需 1 mol/L H_2SO_4 溶液的体积为 0.05 mol ÷ 1 mol/L = 0.05 L。

答：完全中和 1 L 0.1 mol/L NaOH 溶液需物质的量浓度为 1 mol/L H_2SO_4 溶液 0.05 L。

(二)质量浓度

用 1 L 溶液里所含溶质 B 的质量表示的溶液组成称为质量浓度，即溶质 B 的质量除以溶液的体积，用符号 $\rho(B)$ 表示，常用单位为 g/L 或 mg/L。（SI 单位为 kg/m^3）质量浓度适用于溶质是固体、溶剂是液体的溶液。

$$溶质\ B\ 的质量浓度\ \rho(B) = \frac{溶质的质量}{溶液的体积} = \frac{m(B)}{V}$$

如用 50 g 葡萄糖配成 1 000 mL 溶液，则该溶液的质量浓度 ρ(葡萄糖) = 50 g/L。

注意：质量浓度 $\rho(B)$ 与密度 ρ 的区别，$\rho(B)$ 是溶质质量除以溶液体积，ρ 是溶液质量除以溶液体积，两者含义不同，不可混淆。

【例题 3】 注射用生理盐水的规格是 1 L 生理盐水中含 NaCl 的质量为 9 g。某病畜滴注了生理盐水 1 L，问此生理盐水的质量浓度是多少？进入病畜体内的 NaCl 质量是多少？

【解】(1)由于 $V = 1\ L$，$m(NaCl) = 9\ g$，

所以
$$\rho(NaCl) = \frac{m(NaCl)}{V} = \frac{9\ g}{1\ L} = 9\ g/L$$

(2)由于 $V_{进入} = 1\ L$，

所以
$$m(NaCl) = \rho(NaCl) \times V_{进入} = 9\ g/L \times 1\ L = 9\ g$$

答：注射用生理盐水的质量浓度为 9 g/L。进入该病畜体内的 NaCl 有 9 g。

(三)质量分数

用溶质 B 的质量占溶液质量的分数来表示溶液的组成。溶质 B 的质量[$m(B)$]除以溶液的质量(m)，称为溶质 B 的质量分数（结果可用小数或百分数表示），常用符号 $\omega(B)$ 表示。

$$溶质\ B\ 的质量分数 = \frac{溶质的质量}{溶液的质量}$$

即
$$\omega(B) = \frac{m(B)}{m}$$

【例题 4】 在 30 g 氯化钙溶液中，含有 1.8 g 氯化钙。该溶液中氯化钙的质量分数是多少？

【解】 $\omega(CaCl_2) = \frac{1.8\ g}{30\ g} = 0.06$ 或 $\omega(CaCl_2) = \frac{1.8\ g}{30\ g} \times 100\% = 6\%$

答：该溶液中氯化钙的质量分数为 6%。

(四)体积分数

用溶质 B 的体积占溶液体积的分数来表示溶液的组成,即溶质 B 的体积(V_B)除以同温同压下溶液的体积(V),称为溶质 B 的体积分数(结果可用小数或百分数表示)。当溶液和溶质均为液体时,可以利用两者的体积比来表示溶质的浓度大小,用符号 $\varphi(B)$ 表示。

$$溶质\ B\ 的体积分数 = \frac{溶质的体积}{溶液的体积}$$

$$即\quad \varphi(B) = \frac{V(B)}{V}$$

比如医学上常用体积分数为 0.75 的酒精(就是 100 mL 酒精溶液中含纯酒精 75 mL)进行消毒。

(五)比例浓度

用溶质的体积与溶剂的体积之比来表示的溶液组成称为比例浓度。例如硫酸(1:4),是指 1 体积的浓硫酸溶解在 4 体积的水中配成的溶液。再如王水(3:1),是指 3 体积浓盐酸和 1 体积浓硝酸形成的溶液。

三、常用的几种浓度之间的关系

(一)物质的量浓度与质量分数

如已知溶液的密度为 ρ,溶液中溶质 B 的质量分数为 $\omega(B)$,则该溶液的浓度可表示为:

$$c(B) = \frac{n(B)}{V} = \frac{\frac{m(B)}{M(B)}}{V} = \frac{\rho V \times \frac{\omega(B)}{M}}{V} = \frac{\rho \times \omega(B)}{M(B)}$$

(二)物质的量浓度与质量浓度

质量浓度 $\rho(B)$ 与物质的量浓度 $c(B)$ 之间的关系为:

$$c(B) = \frac{n(B)}{V} = \frac{m(B)}{M(B)V} = \frac{\rho(B)}{M(B)}$$

四、溶液的稀释、混合

(一)溶液的稀释

溶液在稀释前后体积发生了变化,但溶质的物质的量不变,即 $n_浓 = n_稀$。

又因为 $n(B) = c(B) \times V$,所以得到:稀释前溶液浓度×稀释前溶液体积=稀释后溶液浓度×稀释后溶液体积

$$即\quad c_浓 \times V_浓 = c_稀 \times V_稀,\ 或者\ c_1 \times V_1 = c_2 \times V_2$$

注:式中的 c 还可以是 ρ 或 φ。

【例题5】制取 100 mL 0.2 mol/L 的盐酸溶液,需 0.5 mol/L 的盐酸溶液的体积为多少?

【解】根据稀释公式 $\quad c_1 \times V_1 = c_2 \times V_2$

可得:

$$V_1 = \frac{c_2 \times V_2}{c_1} = \frac{0.2 \text{ mol/L} \times 0.1 \text{ L}}{0.5 \text{ mol/L}} = 0.04 \text{ L} = 40 \text{ mL}$$

答：需 0.5 mol/L 的盐酸溶液 40 mL。

(二)溶液的混合

溶液混合前后，溶质的物质的量不变，可以列等式求出混合后溶液的浓度，当然此时可以忽略溶液混合前后的密度变化。设混合前浓溶液的体积为 V_1，浓度为 c_1，混合前稀溶液的体积为 V_2，浓度为 c_2，混合后的溶液体积为 (V_1+V_2)，浓度为 c，则：

$$c_1 \times V_1 + c_2 \times V_2 = c \times (V_1 + V_2)$$

【例题 6】实验室有 0.1 mol/L 的氢氧化钾和 0.5 mol/L 的氢氧化钾溶液各 200 mL，计算两者混合后溶液的浓度为多少？

【解】根据溶液混合的公式 $c_1 \times V_1 + c_2 \times V_2 = c \times (V_1 + V_2)$

$$0.1 \text{ mol/L} \times 0.2 \text{ L} + 0.5 \text{ mol/L} \times 0.2 \text{ L} = c \times (0.2 + 0.2) \text{ L}$$

$$c = 0.3 \text{ mol/L}$$

答：混合后氢氧化钾溶液的浓度为 0.3 mol/L。

五、溶液的配制和稀释方法

实验室常常需要将市售的浓溶液稀释以配制不同浓度的稀溶液，因此溶液的配制及稀释是农业相关专业的学生必须掌握的必备技能。下面介绍两种实验室常见的配制一定物质的量溶液的方法。

(一)用固体试剂配制一定物质的量溶液的方法

1. 计算 根据前面所学的物质的量浓度 $[m(B) = c(B) \times V \times M(B)]$ 或质量分数 $[m(B) = \omega(B) \times m]$ 的计算关系式，计算出所配溶液中需称取固体试剂的质量。

2. 称量 用托盘天平在洁净的小烧杯里或者称量纸上称取所需质量的固体试剂。

3. 溶解 在小烧杯中加入一定量的蒸馏水，用玻璃棒搅拌，使其溶解。

4. 转移与洗涤 将烧杯中已溶解完固体试剂的溶液，沿玻璃棒小心引流到所需体积的容量瓶中，用少量的蒸馏水洗涤烧杯内壁及玻璃棒 2~3 次，并将每次洗涤后的溶液全部转移到容量瓶中。如果溶解过程放热，则要等到溶液冷却至室温后再转移至容量瓶中。

5. 定容 将蒸馏水沿瓶壁注入容量瓶中，直到液面距标线 1 cm 左右时，改用胶头滴管缓慢滴加蒸馏水，至凹液面最低点、标线及视线处于同一水平线为止。

6. 摇匀 将容量瓶塞盖好，一手按紧瓶塞，另一手托住瓶底，上下反复颠倒振荡，使溶液混合均匀。

7. 装瓶(贴标签) 将配制好的溶液倒入试剂瓶中，并在标签上写明所配溶液的名称、浓度、配制时间，将其贴于瓶身上。

(二)用浓溶液试剂配制一定物质的量稀溶液(溶液的稀释)的方法

1. 计算
(1)用已知物质的量浓度的浓溶液稀释时，直接用稀释公式计算所需浓溶液的体积 $V_\text{浓}$。

$$c_{浓} \times V_{浓} = c_{稀} \times V_{稀}$$

(2)用已知密度和质量分数的浓溶液稀释时,则用换算后的稀释公式计算所需浓溶液的体积 $V_{浓}$。

$$\frac{1\,000 \times \rho \times \omega(B)}{M(B) \times 1} \times V_{浓} = c_{稀} \times V_{稀}$$

2. 量取 用量筒量取浓溶液,倒入已盛有一定量蒸馏水的烧杯中,并用少量的蒸馏水洗涤量筒内壁 2~3 次,将每次洗涤后的液体也转移到烧杯中。

3. 稀释 加入一定量蒸馏水,用玻璃棒搅拌烧杯中的溶液,使溶液混合均匀,并使其冷却至室温。

4. 转移和洗涤 将稀释后的溶液沿着玻璃棒转移到容量瓶中,玻璃棒的下端抵在容量瓶瓶颈标线以下。洗涤烧杯和玻璃棒 2~3 次,将洗涤液用同样方法转入容量瓶中。

5. 定容 向容量瓶中加入蒸馏水至标线 1 cm 左右时,改用胶头滴管滴加蒸馏水,直到视线、标线和凹液面最低点处于同一水平线为止。

6. 摇匀 将容量瓶塞盖好,一手按紧瓶塞,另一手拖住瓶底,上下反复颠倒振荡,使溶液混合均匀即可。

7. 装瓶(贴标签) 将配制好的溶液倒入试剂瓶中,在标签上写明所配溶液的名称、浓度、配制时间,将标签贴于试剂瓶外壁上。

任务二 稀溶液的依数性

溶质溶于水中,形成溶液,溶液由溶剂和溶质组成。溶液的性质由以下两个方面决定:一是溶液本身的性质,如溶液的颜色、气味、酸碱度等;二是溶质的量。难挥发非电解质稀溶液依据其体系中独立质点数的不同,表现出蒸气压下降、沸点升高、凝固点降低和溶液的渗透压不同等现象,这些现象与溶质本性无关,溶液的这种性质称为稀溶液的依数性。

一、溶液的蒸气压下降

当密闭容器中有一杯水,液面上那些能量较大的水分子会克服液体水分子间的引力从表面不断逸出,成为水蒸气分子,我们把这个过程称为蒸发。蒸发出来的水蒸气分子在液面上不断运动时可能撞到液面,又被液体水分子吸引重新进入液体中,我们把这个过程称为凝聚。刚开始蒸发时,水蒸气分子不是很多,蒸发的速率大于凝聚的速率。蒸发和凝聚处于动态的变化中,随着蒸发的不断进行,蒸发速率逐渐增大,凝聚的速率也就随之加大。当凝聚的速率与蒸发的速率相等时,蒸发和凝聚处于平衡状态。此时,水蒸气所具有的压力称为饱和蒸气压。

当我们往溶剂(如水)中加入任何一种难挥发的溶质时,在同一温度下,由于溶液液面处有一部分水分子的位置被溶质占据,而溶质又不挥发,溶液液面处能够蒸发的水分子比纯溶剂的液面处蒸发的水分子要少一些,因此溶液的蒸气压总是低于纯试剂的蒸气压。这种同一温度下,纯溶剂蒸气压与溶液蒸气压之差称为溶液的蒸气压下降。在单位时间内从溶液中蒸发出来的溶剂分子数要比纯溶剂少,所以蒸气所具有的压力也就比纯溶剂的压力小。1887

年,法国物理学家拉乌尔经过大量研究表明,在一定温度下,稀溶液的蒸气压下降与溶质的摩尔分数成正比,而与溶质的本性无关,这一结论称为拉乌尔定律。

二、溶液的沸点上升和凝固点下降

1. 溶液的沸点上升 溶液的蒸气压随着温度的升高而增大,当蒸气压等于外界压力时,液体就会沸腾,此时的温度称为该液体的沸点。例如水在 100 ℃的蒸气压是 101.325 kPa,所以水的沸点是 100 ℃。但是高原地区的大气压低于 101.325 kPa,所以高原地区水的沸点低于 100 ℃。在一定压强下,液体的沸点是固定的。

当我们在水中加入一种难挥发的溶质时,在同一温度下,溶液的蒸气压总是低于纯试剂的蒸气压,要使溶液的蒸气压和外界大气压相等,就必须升高溶液的温度,所以溶液的沸点总是高于纯试剂的沸点。

2. 溶液的凝固点下降 在一定温度下,固体也有蒸气压,而且是固定的,固体的蒸发也要吸热,所以固体的蒸气压随温度的升高而增大。物质的液相和固相共存时的温度称为该物质的凝固点。比如水和冰在 0 ℃时的蒸气压相等,都是 0.61 kPa,这时冰水共存,因此水的凝固点是 0 ℃。

当我们在 0 ℃水中加入一种难挥发的溶质,溶液的蒸气压下降,冰就会融化,只有在比 0 ℃低的温度时,冰的蒸气压和液态水的蒸气压才会相等,冰水共存,所以溶液的凝固点总是低于纯试剂的凝固点。

三、渗透压

渗透压的产生,必须满足两个条件,一是要有半透膜,二是半透膜两侧的溶液要有浓度差。半透膜上有很多细小的孔,这些孔只能使溶剂的分子通过,而不能使溶质的分子通过。若被半透膜隔开的两边溶液的浓度不相等(即单位体积内溶剂的分子数不等),会发生渗透现象。半透膜装置如图 1-2-1 所示。用半透膜把溶液和纯溶剂隔开,半透膜两侧的溶剂会发生渗透,但是单位时间纯溶剂分子进入溶液的数目比溶液中溶剂分子进入纯溶剂的分子数目多,结果使得溶液的体积逐渐增大,垂直的细玻璃管中的液面逐渐上升。如果半透膜两侧的溶液浓度不同,溶剂分子会通过半透膜从稀溶液进入浓溶液,直到半透膜两侧的溶液浓度一致为止。

假如要使图 1-2-1 的半透膜两侧的液面相平,必须在溶液液面上施加一定的压力,此时溶剂分子从两个相反的方向通过半透膜的数

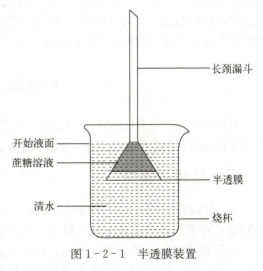

图 1-2-1 半透膜装置

目相等,即达到渗透平衡。把溶液液面上所施加的压力称为这个溶液的渗透压。渗透压是为维持被半透膜所隔开的溶液与纯溶剂之间的渗透平衡而需要的额外压力。

溶液都有渗透压,不同的溶液渗透压也不同。溶液的浓度越高,阻止渗透作用所施加的

压力越大，渗透压就越大；相反，溶液的浓度越低，渗透压就越小。如果半透膜两边的浓度不同，把浓度高的称为高渗溶液，浓度低的称为低渗溶液；如果半透膜两边的浓度相同，则称为等渗溶液。

渗透压在生物学中具有重要意义。有机体的细胞膜大多具有半透膜的性质，渗透压是引起水在生物体中运动的重要推动力。

四、稀溶液依数性的应用实例

（1）植物的抗寒性和耐寒性与蒸气压有关。当外界温度偏高时，在植物体细胞内会强烈地生成糖类等可溶性物质，从而增大了细胞液的浓度。细胞液的浓度越大，它的凝固点越低，因此细胞液在0 ℃左右不至于冰冻，植物仍然能够保持生命活动，表现出一定的耐寒性。细胞液的浓度越大，它的蒸气压越小，蒸发得越慢，所以在温度较高时，植物仍然能够保持水分而表现出一定的抗旱性。

（2）动植物体的细胞膜多是半透膜，因此植物的生长发育和土壤溶液的渗透压有关，只有当土壤溶液的渗透压低于细胞液的渗透压时，植物才能不断地从土壤中吸收水分和养分进行正常的生长发育。在给植物喷药或者施肥时，溶液的浓度不能过大，否则植物细胞内的水分就会向外渗透导致植物枯萎，引起"烧苗"现象。

（3）溶液凝固点降低的性质也有广泛应用。在寒冷的冬天，往汽车水箱中加入甘油或者防冻液，可以防止水的冻结。盐和冰的混合物可以作为制冷剂，盐溶解在冰表面的水中形成溶液，使溶液的蒸气压下降而低于冰的蒸汽压，冰就会融化。

（4）人体血液平均的渗透压约为780 kPa，因此人体静脉输液时应使用渗透压与人体内基本相等的溶液，否则由于渗透作用，可产生严重后果。如果把红细胞放入渗透压较大（与正常血液的相比）的溶液中，红细胞中的水就会通过细胞膜渗透出来，甚至能引起红细胞收缩并从悬浮状态沉降下来，生命出现危险；如果把这种细胞放入渗透压较小的溶液中，血液中的水就会通过红细胞的膜流入细胞中，而使细胞膨胀，甚至能产生溶血现象而危及生命。使用眼药水时眼药水也必须和眼球组织中的液体具有相同的渗透压，否则会引起眼部疼痛。

任务三　胶　体

胶体的胶粒是由大量的原子（或分子、离子）构成的聚集体。粒径为1～100 nm的胶粒分散在介质中形成的不稳定系统，其动力学性质、光学性质和电学性质都是由这些基本特性引起的。

一、胶体的性质

1. 胶体的动力学性质——布朗运动　1827年，英国植物学家布朗（Brown）在显微镜下观察悬浮在水面上的花粉和孢子时，发现它们处于不停的无规则运动之中，而且温度越高、粒子的质量越轻、介质的黏度越小，这种无规则运动就表现得越明显，后来人们把这种运动称为布朗运动。胶体的分散体系也具有这样的特征，胶粒质量越小、温度越高、运动速度越快，布朗运动越剧烈。

2. 胶体的沉降平衡　当溶胶中的胶粒存在浓度差时，胶粒将从浓度高的区域向浓度低的区域做定向迁移，这种现象称为扩散。在重力场中，胶粒因重力作用而下沉，这一现象称为沉降。胶体分散体系中，胶粒的粒子较小，扩散和沉降两种作用同时存在。当沉降速度等于扩散速度时，系统处于平衡状态，这时胶粒的浓度从上到下逐渐增大，形成一个稳定的浓度梯度，这种状态称为沉降平衡。

3. 丁达尔效应 英国物理学家丁达尔发现，在暗室内用一束光线照射胶体时，在与光束垂直的方向观察，可以看到一个发亮的光路，人们称此现象为丁达尔效应，丁达尔效应是胶体粒子对光散射的结果，也是用来鉴别胶体与高分子溶液常用的方法。

4. 电泳现象 带电颗粒在外加电场的作用下，胶体微粒在分散剂中向电极做定向移动的现象称为电泳。电泳现象说明胶体微粒带有电荷。从电泳方向可以判断胶体微粒的电性。大多数金属氢氧化物溶胶[如 $Fe(OH)_3$]，胶体微粒带正电，向负极移动，称为正溶胶；大多数金属硫化物、硅酸等溶胶，胶体微粒带负电，向正极移动，称为负溶胶。

二、乳浊液

乳浊液是指分散质和分散剂均为液体的粗分散系，即一种液体以极小微粒分散到另一种与其互不相溶的液体中形成的分散系，牛乳、豆浆、某些植物的茎叶流出的白浆（如橡胶树的乳胶），以及人和动物的血液、淋巴液都是乳浊液。乳浊液不稳定，静置一段时间会出现分层现象。

乳浊液在农业生产及生物科学中都有广泛的应用。例如农药大多数是不溶于水的有机油状物，不宜直接使用，一般都是将它们与乳化剂配合分散于水中形成乳浊液，用来喷洒农作物，既节约农药，又可以充分发挥药效，而且还能防止因农药高度集中而伤害农作物。

拓展小知识

气 溶 胶

气溶胶是由固体或者液体小质点分散并悬浮在气体介质中形成的胶体分散体系，又称为气体分散体系，其分散相为固体或者液体小质点，其大小为 0.001～100 μm，分散介质为气体。

天空中的云、雾、尘埃，各种未燃尽的燃料所形成的烟，采矿、采石场和粮食加工场所形成的固体粉尘，以及人造的掩蔽烟幕和毒烟等都是气溶胶的具体实例。当气溶胶的浓度足够高时，将对人类健康造成威胁，尤其是对哮喘病人及其他患呼吸疾病的人群。空气中的气溶胶还能传播真菌和病毒，这可能会导致一些疾病的流行和暴发。

气溶胶在很多领域都有应用，例如气溶胶喷雾干燥方法就应用在一些医用药物的制备中，以提高产品的生成效率和产品质量；在农业上，将农药变成液态气溶胶喷洒，可以提升农药的使用效率，减少农业毒害对人体的影响等。随着科技的不断发展，气溶胶的应用也会越来越广泛。

1. 填空题

（1）摩尔是_____的单位，用_____表示。

(2)容量瓶是用来_____的容器，不能长期储存溶液。

(3)配制一定质量分数的溶液时，玻璃棒的作用是_____，配制一定物质的量的溶液时，玻璃棒的作用是_____。

(4)稀溶液与纯溶剂相比，蒸气压会_____，沸点会_____，凝固点会_____。

2. 判断题

(1)物质的质量单位是 g，摩尔质量单位是 g/mol。（　　）

(2)一般情况下，固体的多少用质量来衡量，液体和气体的多少用体积来衡量。（　　）

(3)配制一定物质的量的溶液时，容量瓶要干燥才能使用。（　　）

(4)由于高原上的大气压低于 101 kPa，所以在高原上要将鸡蛋煮熟，需要在水中加入食盐或蔗糖。（　　）

(5)即使没有半透膜存在，也能发生渗透现象。（　　）

3. 计算题

(1)计算配制 0.9% 的 NaCl 溶液 500 g，需要 NaCl 多少克？需要加水多少毫升？

(2)某患者需要补充 100 g/L 的葡萄糖溶液，应往 1 000 mL 50 g/L 的葡萄糖溶液中加入多少毫升 500 g/L 的葡萄糖溶液？

(3)20 ℃时，在 100 g 水中溶解 11.1 g K_2SO_4，溶液恰好达到饱和，计算此时该溶液的质量分数。

(4)将 0.56 g KOH 固体溶于水，配制成 100 mL KOH 溶液，计算该溶液的物质的量浓度。

实验技能训练

实验一　化学实验规则与基本操作

【实验目的】
1. 了解化学实验室规则，培养良好的实验习惯。
2. 认识并熟悉实验室常用仪器。
3. 练习托盘天平、容量瓶、移液管等的使用，为后续实验做准备。

【实验用品】
1. **仪器**　托盘天平、容量瓶、移液管、洗耳球、烧杯、胶头滴管、玻璃棒。
2. **试剂**　氯化钠晶体、蒸馏水、自来水。

一、化学实验规则

(一)实验室规则

化学实验的目的是使学生掌握化学实验的基本操作技能，培养学生实事求是和严肃认真的科学态度，提高学生观察实验现象、发现问题、分析问题和综合运用理论知识解决实际问题的能力，切实为农业、林业、畜牧业、食品、药品等专业打下良好的基础。为此，学生必须遵守下列规则。

(1)实验前，学生必须了解实验室的各种安全设备及其使用方法，了解和掌握化学实验事故的预防和处理方法。

(2)认真预习有关实验内容，明确实验的目的、要求，掌握实验原理、实验方法、实验步骤。

(3)实验中应保持安静，实验中的废弃物和废液应妥善处理，注意保护环境。

(4)严格遵守实验的操作规程和步骤，并注意节约药品，实验室内的物品一律不得私自带出室外。

(5)实验中如有仪器损坏或发生意外事故应及时报告，请教师妥善处理。

(6)实验中对观察到的现象要认真如实记录，并对实验结果进行认真分析。

(7)实验完毕，必须清点仪器，将其摆放整齐，做好清扫工作，关好门、窗，切断电源，经同意后方可离开实验室。

(8)实验结束后，按要求及时完成实验报告。

(二)实验中的文字表达

1. 预写报告　实验前可先写好实验报告中的部分内容，包括实验目的、原理、步骤和仪器，标出操作中的关键步骤，并留出相应表格和空格，用来记录实验现象及数据。

2. **实验记录** 化学实验记录包括现象记录、数据记录和问题记录。记录时要做到客观、真实、及时和规范。要养成边做实验边记录的好习惯，遇到异常现象时，要实事求是地记录下来，以利于分析原因。

3. **实验报告** 写实验报告是实验的最后一项工作，是把感性认识上升到理性认识的重要环节，可培养学生的分析归纳能力、书写能力。

二、化学实验常用仪器

化学实验常用仪器的主要用途、使用方法及注意事项见表1-3-1。

表1-3-1 化学实验常用仪器的主要用途、使用方法及注意事项

仪器名称	实物图示	主要用途	使用方法及注意事项
试管		用于溶解少量物质、收集少量气体、进行少量物质之间的反应	可直接加热，加热时外壁要擦干；加热固体时试管口略向下倾斜；加热液体不超过试管容积的1/3，盛装液体时不超过试管容积的1/2；盛放固体盖住试管底部
烧杯	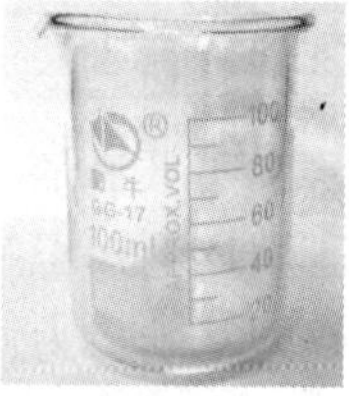	配制溶液、稀释、盛装、加热液体，还可用作较多试剂的反应容器、水浴加热器	加热时要垫石棉网，外壁要擦干
烧瓶		用作大量物质的反应容器	加热时要垫石棉网（平底烧瓶一般不加热）
锥形瓶		用作反应容器或滴定容器	加热时要垫石棉网；滴定操作时液体不超过锥形瓶容积的1/2
滴瓶		试剂每次的用量很少时，多会选用滴瓶来盛装该溶液，棕色瓶用于盛装需避光的试剂	滴瓶上的滴管与滴瓶配套使用；滴瓶上的滴管不要用水冲洗；不可久置强氧化剂；滴管不可倒放、横放，以免试剂腐蚀胶头；滴液时，滴管不能放入容器内，以免滴管被污染

(续)

仪器名称	实物图示	主要用途	使用方法及注意事项
玻璃棒		用来加速溶解，促进互溶，引流，蘸取液体，在蒸发皿中用玻璃棒搅拌液体可防止因受热不均匀而引起液体的飞溅等	搅拌时不要太用力，以免玻璃棒或容器（如烧杯等）破裂。搅拌不要碰撞容器壁、容器底，不要发出响声。搅拌时要按一个方向搅拌（顺时针、逆时针都可以）
分液漏斗	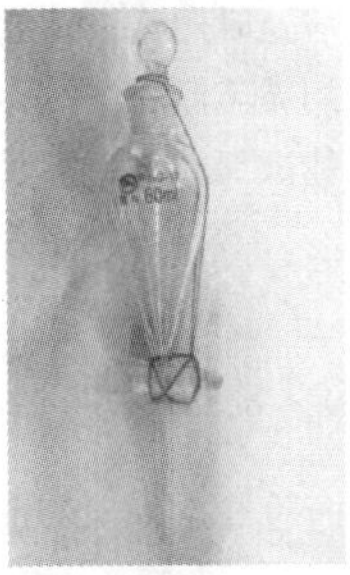	用于分离互不相溶的两种液体；滴加液体	分液时，下层液体由漏斗下端放出，上层液体由漏斗上口倒出
胶头滴管	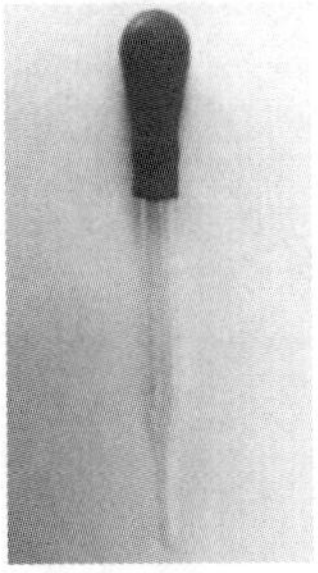	用于吸取或滴加少量液体试剂的一种仪器。胶头滴管由胶帽和玻璃管组成	胶头滴管加液时，不能伸入容器，更不能接触容器，应垂直悬空于容器上方 0.5 cm 处。胶头滴管不能倒置，也不能平放于桌面上。应插入干净的瓶中或试管内。用完之后，立即用水洗净。严禁未清洗就吸取另一种试剂。滴瓶上的滴管无须清洗
广口瓶	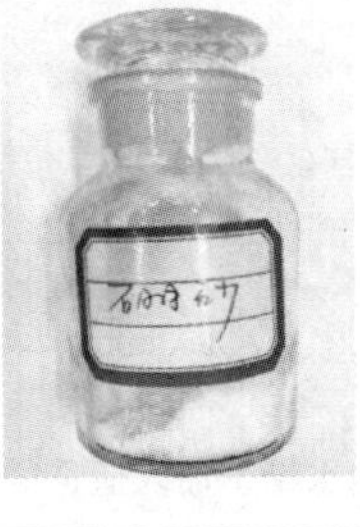	用于盛放固体。有透明瓶和棕色瓶两种，棕色瓶用于盛放需避光保存的试剂	不能用于加热。取用试剂时，瓶塞要倒放在桌上，用后将瓶塞塞紧，必要时密封。摆放广口瓶时标签向外。带玻璃塞的广口瓶不能盛放强碱性试剂，如果盛放碱性试剂，要改用橡皮塞
量筒	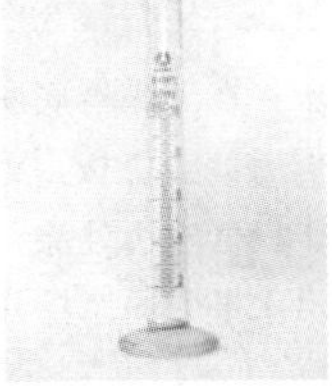	粗量液体体积	无"0"刻度，刻度由下向上数值增大，读数到小数点后一位，不能加热，不可用作反应器

(续)

仪器名称	实物图示	主要用途	使用方法及注意事项
容量瓶	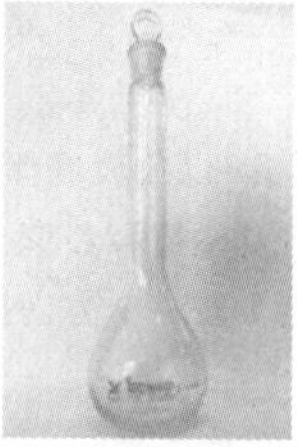	精确配制一定浓度的溶液	只有一个刻度，在常温下使用，使用前检验是否漏水。不能用于溶解、加热、储存溶液
药匙	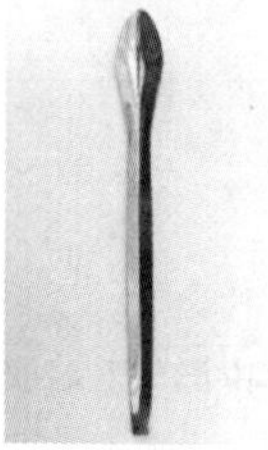	用于取用粉末状或小颗粒状固体试剂的工具。根据试剂用量不同，应选用大小合适的药匙	不能用药匙取用热药品，也不要接触酸、碱溶液。取用药品后，应及时用纸把药匙擦干净。药匙最好专匙专用，用玻璃棒制作的小玻璃勺子可长期存放于盛有固体试剂的小广口瓶中，无须每次洗涤
洗耳球		主要用于吸量管定量抽取液体	用手将洗耳球内部空气排出，将洗耳球嘴放入吸量管或移液管管口内，缓慢松手溶液便会被吸入管内
洗瓶		用于装清洗溶液，配有发射细液流的装置。实验时常用其装蒸馏水	不可用于加热
托盘天平		称取固体物质的质量	调零、垫纸、称取(左物右码)，一般分度值为0.1g(小数点后一位)
恒温水浴锅		干燥、浓缩、蒸馏、浸渍化学试剂、浸渍药品和生物制剂	使用前必须先向水箱里加入适量的水，再接通电源，然后选择所需温度
干燥器		用于进行样品、药品、试剂等的干燥	将干燥器洗净擦干，在干燥器底座按照需要放入不同的干燥剂，然后放上瓷板，将待干燥的物质放在瓷板上，在干燥器宽边处涂一层凡士林油脂，将盖子盖好，沿水平方向摩擦几次使油脂均匀，即可进行干燥

三、基本操作

(一)用托盘天平称取物品

托盘天平用于粗称或准确度不高的称量,一般称准至0.1~0.5 g。托盘天平由底座、托盘架、托盘、标尺、平衡螺母、指针、分度盘、游码、砝码等组成。

1. 调平衡 取出托盘天平,放在水平台上,调节平衡螺母,使指针指在分度盘中线处。

2. 称量 将被称量的物体放在托盘天平的左盘上,估计被测物体的质量后,用镊子向右盘里按由大到小的顺序加减适当的砝码,并适当移动标尺上游码的位置,直到横梁平衡。

3. 读数 托盘天平平衡时,左盘被测物体的质量等于右盘中所有砝码的质量加上游码对应的刻度值。

4. 整理 测量结束要用镊子将砝码夹回砝码盒,游码归零,将天平放回天平盒内。

(二)容量瓶的使用练习

容量瓶是一个带有磨口玻璃塞、细颈梨形平底的容器。容量瓶由棕色或无色玻璃制成,瓶颈上有标线,表示在所指温度下(一般为20 ℃)当液体凹液面与标线相切时,瓶内溶液体积恰好与瓶上所标注的体积相等。容量瓶通常用于配制准确浓度的溶液或稀释溶液,通常有5 mL、10 mL、25 mL、50 mL、100 mL、250 mL、500 mL、1 000 mL等规格(图1-3-1)。

用容量瓶配制溶液时,应先试漏(图1-3-2A)。在容量瓶中注入2/3的水,盖上瓶塞,倒立2 min,用干滤纸片沿瓶口缝处检查,看有无水珠渗出。如不漏水,把塞子旋转180°,塞紧,倒置,再次检查是否漏水。把准确称量好的固体溶质溶解在烧杯中,然后用玻璃棒引流,缓慢将液体转移到容量瓶中(图1-3-2B),转入完毕后,用蒸馏水洗涤玻璃棒、烧杯多次(一般为3次),将洗涤液全部转移到容量瓶中,轻摇溶液,然后往容量瓶中加水,当加入液体的液面离标线1 cm左右时,改用胶头滴管小心滴加,最后使液体的凹液面与标线相切,盖紧瓶塞,用倒转和摇动的方法使瓶内的液体混合均匀即可。

教学视频:移液管、吸量管的使用

教学视频:容量瓶的使用

图1-3-1 容量瓶

图1-3-2 容量瓶的使用

A. 试漏 B. 引流转移

(三)移液管和吸量管的使用练习

移液管是一根细长的玻璃管,中间有一膨大部分(图 1-3-3A),常用的移液管有 5 mL、10 mL、25 mL 和 50 mL 等规格。吸量管是具有刻度的直形玻璃管(图 1-3-3B)。常用的吸量管有 1 mL、2 mL、5 mL 和 10 mL 等规格。移液管和吸量管所移取的体积通常可精确到 0.1 mL。

1. 洗涤 使用吸量管和移液管前,应先用铬酸洗液润洗,以除去管内壁的油污,然后用自来水冲洗残留的洗液,再用蒸馏水洗净。洗净后的移液管内壁应不挂水珠。

2. 吸液 移取溶液前,应先用滤纸将移液管末端内外的水吸干,然后用待移取的溶液润洗管壁 2~3 次,以确保所移取溶液的浓度不变。吸取溶液时,用拇指和中指拿住移液管的上端,将管的下口插入待吸取的溶液中,插入位置通常为液面下 1 cm 左右。将洗耳球中空气压出,再将洗耳球的尖嘴接在移液管上口,慢慢松开压扁的洗耳球使溶液吸入管内,使液面超过所需体积(图 1-3-3C)。

3. 调节液面 将移液管或吸量管向上提升离开液面,管的末端仍靠在盛溶液器皿的内壁上,管身保持直立,用左手轻轻旋转移液管或吸量管,使管内溶液慢慢从下口流出,直至溶液的凹液面最低处与标线相切,立即用食指压紧管口。将尖端的液滴靠壁去掉,移出移液管或吸量管,插入盛装溶液的器皿中。

4. 放出溶液 承接溶液的器皿如果是锥形瓶,应使锥形瓶倾斜 30°,使移液管或吸量管直立,管下端紧靠锥形瓶内壁,稍松开食指,让溶液沿瓶壁慢慢流下,全部溶液流完后须等 15 s 后再拿出移液管或吸量管,以便使附着在管壁上的部分溶液得以流出。如果移液管或吸量管未标明"吹"字,则残留在管尖末端内的溶液不可吹出,因为移液管或吸量管所标定的量出容积中并未包括这部分残留溶液(图 1-3-3D)。

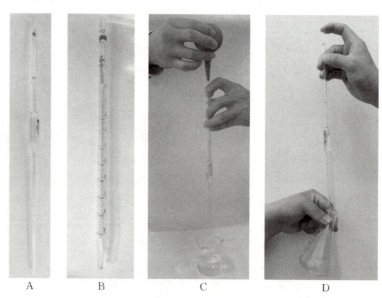

图 1-3-3 移液管或吸量管的使用
A. 移液管 B. 吸量管 C. 吸取溶液 D. 放出溶液

【思考题】
1. 容量瓶使用前为什么要试漏？
2. 容量瓶的瓶塞可以互换吗？

实验二　电子分析天平的使用及称量练习

【实验目的】
1. 了解电子天平的基本构造，熟悉电子分析天平的基本操作。
2. 学会正确使用称量瓶，并掌握直接称量法和差减称量法的操作。
3. 培养正确记录原始实验数据的习惯。

【实验原理】
电子分析天平是指用现代电子技术进行称量的天平，其称量原理是利用电磁力平衡。当把通电导线放在磁场中时，导线将产生磁力，当磁场强度不变时，力的大小与流过线圈的电流强度成正比。电子分析天平采用数字显示，具有性能稳定、灵敏度高、操作方便快捷（放上被称物后，几秒内即能读数）、精度高等优点。电子天平还具有自动校正，全程范围实现去皮重、累加、超载显示，故障报警等功能，其应用越来越广泛。

1. 直接称量法　此法适用于称量洁净干燥的器皿、块状的金属等。称量时将被称物直接放在天平盘上，所得读数即为被称物的质量。

2. 差减称量法　若称量试样的质量是不要求固定的数值，而只要求在一定质量范围内，这时可采用差减称量法。此法适用于易吸水、易氧化或易与二氧化碳反应的物质。这类物质通常盛放在称量瓶中进行称量，称量瓶的操作方法见图1-3-4。

 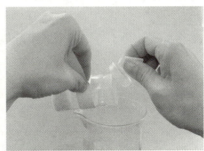

图1-3-4　称量瓶的操作方法

差减称量法简便、快速、准确，在分析化学实验中常用来称取待测样品和基准物，是一种最常用的称量法。

【实验用品】
1. 仪器　电子天平、称量瓶、小烧杯、纸带、药匙等。
2. 试剂　硼砂、邻苯二甲酸氢钾。

【实验内容与步骤】
（一）直接称量法称取 **0.400 0 g 硼砂**
（1）查看电子天平的气泡是否位于水平仪圆环中央，接通电源预热 30 min，轻按"开机"键，待显示器全亮，显示器显示为 0.000 0 g 时，可以开始称量。

(2)打开天平的侧门,在托盘中央放置一干净小烧杯,关上天平侧门,待数字显示稳定后,按"去皮"键,天平显示 0.000 0 g。

(3)用右手拿装有硼砂的药匙,往烧杯中慢慢添加硼砂,用左手手指轻敲右手手腕处,让硼砂样品慢慢落入烧杯中,直至电子天平的读数为 0.400 0(误差不超过±2%)时停止加样,关闭天平侧门,数字显示稳定后,记录电子分析天平称量硼砂的读数。

(二)差减称量法称取 3 份 1.5 g 邻苯二甲酸氢钾(称量范围 1.450 0～1.550 0 g)

(1)用洁净纸带套住装有邻苯二甲酸氢钾的称量瓶,将其放在分析天平托盘中央,关上天平侧门,天平显示稳定后,记录所称质量(m_1)。

(2)用纸带套住称量瓶,将其从天平中取出,并移至 1 号小烧杯的上方,右手拿小纸片夹住瓶盖,向下倾斜瓶身,用称量瓶盖轻敲瓶口上部,使邻苯二甲酸氢钾慢慢落入容器中,瓶盖始终不要离开接收容器上方。

(3)估计倾出的邻苯二甲酸氢钾接近所需量时,边轻敲瓶口,边慢慢竖起称量瓶,使黏附在瓶口上的邻苯二甲酸氢钾全部落回称量瓶内,然后盖好瓶盖,关闭天平侧门,天平显示稳定后,记录倾倒后称量瓶+邻苯二甲酸氢钾的质量(m_2)。计算前后两次质量之差(即为邻苯二甲酸氢钾的质量),$m_{样品1}=m_1-m_2$。

(4)用相同方法操作,倾出邻苯二甲酸氢钾于 2 号烧杯中,记录倾倒后称量瓶+邻苯二甲酸氢钾的质量(m_3),$m_{样品2}=m_2-m_3$。再次倾出邻苯二甲酸氢钾于 3 号烧杯中,记录倾倒后称量瓶+邻苯二甲酸氢钾的质量(m_4),$m_{样品3}=m_3-m_4$。

(5)称量结束,关闭电子分析天平。

【数据记录与结果计算】

(1)用固定称量法称量 0.400 0 g 硼砂。

$m_{硼砂}=$ _____。

教学视频:
分析天平
减量法称量

(2)用差减称量法称量 1.5 g 邻苯二甲酸氢钾(表 1-3-2)。

表 1-3-2

项目	称量次数		
	第一次	第二次	第三次
称量瓶和邻苯二甲酸氢钾的质量/g	m_1	m_2	m_3
	m_2	m_3	m_4
倾出邻苯二甲酸氢钾的质量/g			

【思考题】

1. 称量时,为什么不能用手直接拿取称量瓶?应该怎样去拿取称量瓶?
2. 用差减法称量时,倾倒样品的时候可否将称量瓶的盖子放在实验台上,为什么?

实验三 生活中常见溶液的配制

【实验目的】

1. 初步学会不同组成溶液的配制技术。

2. 掌握常见消毒液的配制方法。

【实验用品】

1. 仪器 托盘天平、烧杯、玻璃棒、药匙、量筒、胶头滴管等。

2. 试剂 NaCl 固体、医用酒精[φ(酒精)=95%]、来苏水原液[φ(来苏水)=50%]、84 消毒液原液、蒸馏水。

【实验原理】

实际应用中溶液组成有多种表示方法。

(1) 质量分数 = $\dfrac{\text{溶质 B 的质量}}{\text{溶液的质量}}$ 或 $\omega(B) = \dfrac{m(B)}{m}$。

(2) 体积分数 = $\dfrac{\text{溶质体积}}{\text{溶液体积}}$ 或 $\varphi(B) = \dfrac{V(B)}{V}$。

(3) 质量浓度(g/L) = $\dfrac{\text{溶质 B 的质量}}{\text{溶液的体积}}$ 或 $\rho(B) = \dfrac{m(B)}{V}$。

教学视频：
溶液的配制(1)

【实验内容与步骤】

(一) 配制 100 mL 生理盐水(0.9% NaCl)

(1) 计算。计算出配制 100 mL ω(NaCl)=0.9% 的 NaCl 溶液所需的 NaCl 的质量 m(NaCl)。

(2) 称量。在托盘天平上用小烧杯称量出所计算的 NaCl 质量。

(3) 溶解。往烧杯中加入$(100-m)$ mL 蒸馏水，用玻璃棒搅拌，使其溶解。

(4) 混匀。

(5) 装瓶(贴标签)。

注：在常温下，蒸馏水的密度 $\rho \approx 1$ g/mL，故$(100-m)$ g 的蒸馏水体积约为$(100-m)$ mL。

(二) 常见消毒药水的配制

1. 将 10 mL 医用酒精[φ(酒精)=95%]配制成消毒酒精[φ(酒精)=75%]

(1) 计算。计算出配制消毒酒精[φ(酒精)=75%]的体积和所需水的体积。

(2) 量取。先用量筒量取 10 mL 医用酒精倒入烧杯中，再量取所需体积的蒸馏水倒入烧杯中。

(3) 混匀。

(4) 装瓶(贴标签)。

2. 配制消毒用来苏水[φ(来苏水)=5%]100 mL

(1) 计算。已知来苏水浓溶液 φ(来苏水)=50%，计算出配制 100 mL 消毒用液所需来苏水浓溶液的体积和所需水的体积。

(2) 量取。根据计算结果，先用量筒量取来苏水原液[φ(来苏水)=50%]倒入烧杯中，再量取所需体积的水倒入烧杯中。

(3) 混匀。

(4) 装瓶(贴标签)。

3. 配制有效氯含量 0.5% 的 84 消毒液 250 mL

(1) 计算。已知 84 消毒液原液有效氯含量≥5%(相当于质量浓度 50 g/L)，计算出配制 0.5% 的 84 消毒液 250 mL 所需 84 消毒液浓溶液的体积。

(2)量取。根据计算结果，先用量筒量取 84 消毒液(50 g/L)倒入烧杯中，再量取所需体积的水倒入烧杯中。
(3)混匀。
(4)装瓶(贴标签)。

实验四　一定物质的量浓度溶液的配制

【实验目的】
1. 学会配制一定物质的量浓度溶液的方法。
2. 养成理论联系实际以及独立计算、独立操作的能力。

【实验原理】
1. 根据公式：$c(B)=\dfrac{n(B)}{V}$ 和 $n(B)=\dfrac{m(B)}{M(B)}$，所以 $m(B)=c(B)\times V\times M(B)$。
2. 稀释公式：$c_浓 \times V_浓 = c_稀 \times V_稀$　或者　$c_1 \times V_1 = c_2 \times V_2$
注：式中 c 还可以是 ρ 或 φ。

【实验用品】
1. 仪器　托盘天平、烧杯(100 mL 和 250 mL 各一个)、玻璃棒、药匙、吸量管(10 mL)、量筒(100 mL)、洗耳球、容量瓶(100 mL 和 250 mL 各一个)、胶头滴管。
2. 试剂　NaOH 固体、$\omega(HCl)=0.37$ 的浓盐酸、蒸馏水。

【实验内容与步骤】

(一)配制 250 mL 物质的量浓度为 0.1 mol/L 的 NaOH 溶液

1. 计算　计算出配制物质的量浓度为 0.1 mol/L 的 NaOH 溶液所需 NaOH 的质量。
2. 称量　在托盘天平上称出所计算的 NaOH 质量。
3. 溶解　往烧杯中加入适量的蒸馏水，用玻璃棒搅拌，使其溶解并冷却至室温。
4. 转移　将烧杯中的溶液，沿玻璃棒小心注入所需体积的容量瓶中，用少量的蒸馏水(5～10 mL)洗涤烧杯内壁及玻璃棒 2~3 次，并将洗涤后的液体全部转移到容量瓶中。
5. 定容　继续将少量蒸馏水沿瓶颈注入容量瓶中，直到液面距刻度约 1 cm 处时，改用胶头滴管缓慢滴加蒸馏水至凹液面最低处正好与刻度相切。
6. 摇匀　将容量瓶塞盖好，一手紧压瓶塞，另一手握住瓶底，上下反复颠倒，使溶液混合均匀，即配制成 250 mL 物质的量浓度为 0.1 mol/L 的 NaOH 溶液(配制一定物质的量浓度溶液的示意见图 1-2-6)。

(二)配制 100 mL 物质的量浓度为 0.1 mol/L 的盐酸溶液

1. 计算　根据 $\omega(HCl)=0.37$ 的浓盐酸的密度(1.19 g/mL)和质量分数(0.37)，计算出物质的量浓度为 0.1 mol/L 的盐酸溶液所需浓盐酸的体积。
2. 量取浓盐酸　用吸量管量取所需的浓盐酸，沿玻璃棒注入已加入少量蒸馏水的烧杯中，并用少量蒸馏水将量筒洗涤两次，将洗涤液沿玻璃棒注入烧杯。
3. 搅匀　用玻璃棒将烧杯中的溶液缓慢搅动，使溶液混合均匀。
4. 转移、定容、摇匀　这几个步骤都按照图 1-3-5 的操作步骤进行，即可配制成 100 mL 物质的量浓度为 0.1 mol/L 的盐酸溶液。

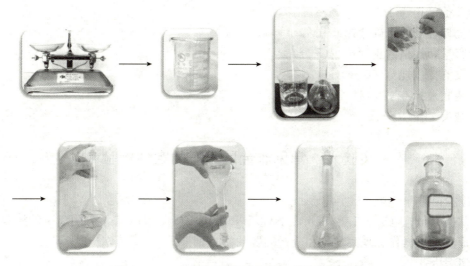

图 1-3-5 配制一定物质的量浓度溶液的示意

【思考题】
用容量瓶配制溶液时，由于不慎使溶液的凹液面低于或高于刻度，将造成什么影响？

实验五　溶液配制技术技能考核

【实验目的】
1. 考查学生对溶液配制操作的掌握程度。
2. 掌握用固体和液体试剂配制溶液时操作的区别。

【考核内容】

题目 1. 用 NaOH 固体配制浓度为 0.1 mol/L 的 NaOH 溶液 250 mL。
题目 2. 用 $\omega(HCl)=0.37$ 的浓盐酸配制浓度为 0.1 mol/L 的 HCl 溶液 100 mL。

教学视频：
溶液的配制(2)

【考核所需用品】

1. 仪器　托盘天平、烧杯(100 mL 和 250 mL)、玻璃棒、药匙、吸量管(10 mL、5 mL、2 mL)、洗耳球、胶头滴管、容量瓶(100 mL 和 250 mL)。

2. 试剂　NaOH 固体、$\omega(HCl)=0.37$ 的浓盐酸、蒸馏水。

【考核要求】

1. 考核时间　45 min 以内完成。

2. 考核项目　包括称量及量取前的计算、准备工作；天平称量操作及记录；吸量管吸取液体的操作；烧杯容量的选择；容量瓶规格的选择；溶液稀释的操作；引流转移的操作；定容的操作；装瓶及标签书写、结束整理等。

【评分标准】

(1)计算(20 分)。
称量 NaOH 固体＿＿＿＿g(结果保留四位小数)；量取 $\omega(HCl)=0.37$ 的浓盐酸＿＿＿＿mL(结果保留两位小数)。

(2)准备工作(5分)。
(3)烧杯容量的正确选择(5分)。
(4)容量瓶规格的正确选用(5分)。
(5)仪器操作规范(50分)。
(6)装瓶及标签书写(10分)。
(7)结束工作(5分)。

实验六　常见非金属离子的定性检验

【实验目的】
1. 掌握 OH^-、Cl^-、I^-、SO_4^{2-}、NO_3^-、PO_4^{3-}、CO_3^{2-}、S^{2-} 等常见阴离子的检验方法。
2. 提高动手操作、观察现象和分析问题的能力。

【实验用品】
1. 仪器　试管、白瓷板、胶头滴管、玻璃棒、酒精灯。
2. 试剂　酚酞试液、红色石蕊试液或试纸、0.1 mol/L 的硝酸银($AgNO_3$)、2 mol/L 的硝酸、浓氨水($NH_3 \cdot H_2O$)、稀盐酸、稀硝酸、稀硫酸、0.5 mol/L 氯化钡($BaCl_2$)、浓硫酸、0.5 mol/L 硫酸亚铁($FeSO_4$)或硫酸亚铁晶体、钼酸铵溶液、浓盐酸、0.1 mol/L 的氯化亚锡($SnCl_2$)溶液、0.05 mol/L 的硝酸铅[$Pb(NO_3)_2$]溶液、含有上述各种离子的试样溶液。

【实验内容与步骤】
1. 氢氧根离子(OH^-)的检验　取 3~5 滴试样或试液加入白瓷板的凹穴中。
方法一：加入 2 滴无色酚酞试液，溶液变红，表示有 OH^- 存在(溶液呈碱性)。
方法二：加入 2 滴红色石蕊试液(或红色石蕊试纸)，试液(纸)变蓝色，表示有 OH^- 存在。

2. 氯离子(Cl^-)的检验　取 1 支干净试管，加入 2 mL 试样后，滴入 5~6 滴 0.1 mol/L 的 $AgNO_3$ 溶液，振荡，有白色沉淀生成，再加入 2 mol/L 的 HNO_3 溶液 2~4 滴后振荡，无变化，最后加入浓氨水数滴，白色沉淀溶解，表示有 Cl^- 存在。

离子方程式为：$Ag^+ + Cl^- = AgCl\downarrow$（白色）

3. 碘离子(I^-)的检验　取 1 支干净试管，加入 1~2 mL 试样后，滴入 5~6 滴 0.1 mol/L 的 $AgNO_3$ 溶液，振荡，有黄色沉淀生成，再加入 2 mol/L 的 HNO_3 溶液 2~4 滴后振荡，无变化，最后加入浓氨水数滴，黄色沉淀不溶解，表示有 I^- 存在。

离子方程式为：$Ag^+ + I^- = AgI\downarrow$（黄色）

4. 硫酸根离子 SO_4^{2-} 的检验　取 1 支干净试管，加入 1~2 mL 试样后，加入 5 滴 $BaCl_2$ 或 $Ba(NO_3)_2$ 溶液，有白色沉淀生成，再加入稀盐酸或稀硝酸数滴，沉淀不溶解，表示有 SO_4^{2-} 存在。

离子方程式为：$Ba^{2+} + SO_4^{2-} = BaSO_4\downarrow$（白色）

5. 硝酸根离子(NO_3^-)的检验　采用棕色环法：取 1 支干净试管，加入 1~2 mL 试样后，加入 10~15 滴 0.5 mol/L 的 $FeSO_4$ 溶液或少许 $FeSO_4$ 晶体，摇匀，再沿着管壁慢慢滴入 1~2 mL 浓硫酸，在试管底部形成上下两层，两层液体界面上有一棕色环，表示有 NO_3^- 存在。

6. 磷酸根离子(PO_4^{3-})的检验 取 2 支干净试管，分别加入 1~2 mL 试样。

方法一：第 1 支试管中，滴入 5~6 滴 0.1 mol/L 的 $AgNO_3$ 溶液，振荡，有黄色沉淀生成，再加入稀硝酸数滴，沉淀溶解，表示有 PO_4^{3-} 存在。

离子方程式为：$3Ag^+ + PO_4^{3-} = Ag_3PO_4\downarrow$（黄色）

$$Ag_3PO_4 + 3H^+ = 3Ag^+ + H_3PO_4$$

方法二（钼蓝法）：第 2 支试管中，加入 2 mL 钼酸铵$[(NH_4)_2MoO_4]$溶液，并加入 2 滴浓盐酸酸化，再加入 4~5 滴 0.1 mol/L 的 $SnCl_2$ 溶液（或 $SnCl_2$ 甘油溶液），溶液变为蓝色（生成磷钼蓝），表示有 PO_4^{3-} 存在。

7. 碳酸根离子(CO_3^{2-})的检验 取 1 支干净试管，加入 1~2 mL 试样后，加入 5 滴 $BaCl_2$ 溶液，有白色沉淀生成，再加入稀盐酸数滴，沉淀溶解，并放出无色无味的气体，表示有 CO_3^{2-} 存在。

离子方程式为：$Ba^{2+} + CO_3^{2-} = BaCO_3\downarrow$（白色）

$$BaCO_3 + 2H^+ = Ba^{2+} + CO_2\uparrow + H_2O$$

8. 硫离子 S^{2-} 的检验 取 1 支干净试管，加入 1~2 mL 试样后，加入硝酸铅 $Pb(NO_3)_2$ 溶液几滴，有黑色沉淀产生，表示有 S^{2-} 存在。

离子方程式为：$S^{2-} + Pb^{2+} = PbS\downarrow$（黑色）

实验七　常见金属阳离子的定性检验

【实验目的】

1. 掌握 H^+、Na^+、K^+、Ca^{2+}、Ba^{2+}、Mg^{2+}、Al^{3+}、Fe^{2+}、Fe^{3+}、Cu^{2+}、Ag^+、NH_4^+ 等常见阳离子的检验方法。

2. 提高动手操作能力及观察现象和分析问题的能力。

【实验用品】

1. 仪器 试管、试管夹、白瓷板、滴管、玻璃棒、酒精灯、金属丝、蓝色钴玻璃、蓝色石蕊试纸、红色石蕊试纸。

2. 试剂 石蕊试液、甲基橙试液、四苯硼钠试液、饱和草酸铵溶液、浓氨水、稀氨水、0.1 mol/L 硫氰化钾（KSCN）溶液、稀盐酸、稀醋酸、稀硫酸或硫酸盐溶液、0.1 mol/L 的 NaOH、0.1 mol/L 铁氰化钾（赤血盐）溶液、含有 H^+、Na^+、K^+、Ca^{2+}、Ba^{2+}、Mg^{2+}、Al^{3+}、Fe^{2+}、Fe^{3+}、Cu^{2+}、Ag^+、NH_4^+ 离子的试样溶液。

【实验内容与步骤】

1. H^+ 的检验 取 3 滴试液加入白瓷板的凹穴中。

方法一：加入 1 滴紫色石蕊试液（或将 1 滴试液滴到蓝色石蕊试纸上），试液（或试纸）变红，表示有 H^+ 存在（溶液呈酸性）。

方法二：加入 1 滴甲基橙试液，试液变红，表示有 H^+ 存在。

2. 钠离子（Na^+）的检验（焰色反应） 把一金属丝洗干净烧热，蘸取被测试液（或晶体）在酒精灯外焰上灼烧，火焰呈黄色，表示有 Na^+ 存在。

3. 钾离子（K^+）的检验

方法一：取一支干净小试管，加入 1 mL 试样后，滴入 2~3 滴四苯硼钠试液，有白色沉淀生成，表示有 K⁺ 存在。

方法二（焰色反应）：把一金属丝洗干净烧热，蘸取被测试液（或晶体）在酒精灯外焰上灼烧，透过蓝色钴玻璃观察，火焰呈紫色，表示有 K⁺ 存在。

4. 钙离子（Ca^{2+}）的检验

方法一（焰色反应）：把一金属丝洗干净烧热，蘸取被测试液（或晶体）在酒精灯外焰上灼烧，火焰呈砖红色，表示有 Ca^{2+} 存在。

方法二：取一支干净小试管，加入 1 mL 试样后，加入 1 mL 饱和草酸铵溶液，有白色沉淀生成，将沉淀分成两份，分别加入稀盐酸和稀醋酸，加入稀盐酸的沉淀溶解，加入稀醋酸的沉淀不溶解，表示有 Ca^{2+} 存在。

5. 钡离子（Ba^{2+}）的检验

方法一（焰色反应）：把一金属丝洗干净烧热，蘸取被测试液（或晶体）在酒精灯外焰上灼烧，火焰呈绿色，表示有 Ba^{2+} 存在。

方法二：取一支干净小试管，加入 1 mL 试样后，滴入 2~3 滴稀硫酸或硫酸盐溶液，有白色沉淀生成，再加入稀硝酸数滴，沉淀不溶解，表示有 Ba^{2+} 存在。

离子方程式为：$Ba^{2+} + SO_4^{2-} = BaSO_4 \downarrow$（白色）

6. 镁离子（Mg^{2+}）的检验 取一支干净试管，加入 1 mL 试样后，滴入稀 NaOH 溶液，有白色沉淀生成，再加入过量的 NaOH 溶液时，沉淀不溶解，表示有 Mg^{2+} 存在。

离子方程式为：$Mg^{2+} + 2OH^- = Mg(OH)_2 \downarrow$（白色）

7. 铝离子（Al^{3+}）的检验 取一支干净试管，加入 1 mL 试样后，逐滴加入稀 NaOH 溶液，有白色絮状沉淀生成，再继续加入过量的 NaOH 溶液时，沉淀发生溶解，表示有 Al^{3+} 存在。

离子方程式为：$Al^{3+} + 3OH^- = Al(OH)_3 \downarrow$（白色）

$Al(OH)_3 + OH^- = AlO_2^- + 2H_2O$

8. 亚铁离子（Fe^{2+}）的检验 取 1 支干净试管，加入 1 mL 试样后，滴入铁氰化钾（赤血盐）溶液，有蓝色沉淀生成，表示有 Fe^{2+} 存在。

9. 铁离子（Fe^{3+}）的检验 取 1 支干净试管，加入 1 mL 试样后，滴入几滴硫氰化钾（或硫氰化铵）溶液，溶液呈血红色，表示有 Fe^{3+} 存在。

10. 铜离子（Cu^{2+}）的检验 取 1 支干净试管，加入 1 mL 试样后，滴入浓氨水，有蓝色沉淀生成，继续加入过量浓氨水时，沉淀发生溶解，变为深蓝色溶液，表示有 Cu^{2+} 存在。

11. 银离子（Ag^+）的检验 取 1 支干净试管，加入 1 mL 试样后，滴入稀盐酸，有白色沉淀生成，再加入浓氨水时，沉淀溶解，表示有 Ag^+ 存在。

12. 铵根离子（NH_4^+）的检验 取 1 支干净试管，加入 1 mL 试样，滴入 NaOH 溶液，用酒精灯加热，有无色刺激性气味气体产生，此气体能使湿润的红色石蕊试纸变蓝，表示有 NH_4^+ 存在。

模块二

定量分析基础

项目一
定量分析概述

学习目标

● 知识目标

1. 了解定量分析的任务、作用、分类等基础知识。
2. 掌握定量分析中误差的来源、分类、表示及计算方法。
3. 理解准确度与精密度的关系。
4. 理解有效数字的意义,掌握并熟练运用其运算规则。

● 技能目标

1. 能计算误差和偏差。
2. 能对有效数字进行判断、修约及计算。

分析化学是研究物质化学组成的分析方法及有关理论的一门学科,是化学的一个重要分支,它的任务是鉴定物质的组成和测定有关组分的含量及其结构。根据分析目的和任务的不同,分析化学可分为定性分析、定量分析和结构分析。定性分析是研究物质由哪些组分(所含元素、离子等)组成;定量分析是研究物质中各组分的相对含量;结构分析主要研究物质中各组分的分子或晶体结构。在对物质进行分析时,通常是先进行定性分析确定其组成,然后再进行定量分析确定其各组分相对含量。

分析化学是多种学科领域的"眼睛"。例如,在工业生产方面,对于矿山的开发、资源的勘探、工业原料的选择、工艺流程的控制、产品的检验都要靠分析化学提供数据进行研究。在农业、林业、牧业生产方面,土壤肥力的测定,水质的化验,农药残留的分析,污染状况的检测,肥料、农药、饲料和农产品品质的评定,畜禽的科学饲养和临床诊断也都离不开分析化学。除此之外,在食品科学中,了解食品的营养价值和食品的腐败特征、食品中有害物质及添加剂的检测、对食品有关化学成分进行分析比较,以及加快营养食品的开发都需要以分析化学中的定量分析为依据分析。在医疗中,分析化学为新药的研究和应用提供强有力的支撑,新药的结构分析,中药成分分析,药物的理化性质、纯度检验、溶出度、含量测定、药效跟踪等均与分析化学息息相关。因此,分析化学有着极高的实用价值,在国民经济建设和日常生活中有着重要的意义。

在高等职业院校的许多专业中,分析化学不仅是一门重要的基础课程,还是一门实用性很强的工具课程,特别是高等农、林、牧、水产院校中,分析化学实践性很强,能为后续的有关课程打基础。例如，饲料质量检测技术、动物微生物与免疫基础、动物营养与饲料加工、食品理化检验等课程，都要用到分析化学的理论知识和操作技能。因此，我们不仅要了解分析化学的有关基础理论，学会分析方法，掌握分析技术，树立正确的量的概念，还要加强基本实验技能的培养和训练，养成严谨的工作作风和实事求是的科学态度，提高分析问题和解决问题的能力，为后续专业课程的学习打下良好的基础。

任务一 定量分析的任务、方法及分类

一、定量分析的任务

定量分析是通过一系列分析步骤来准确测定试样中待测组分的含量，解决"有多少"的问题。

二、定量分析的方法

定量分析是分析化学的一个重要组成部分。定量分析根据测定原理和操作方法的不同，可分为化学分析法和仪器分析法两大类。

1. 化学分析法 化学分析法是以物质的化学反应为基础的分析方法，主要包括重量分析法和滴定分析法。

（1）重量分析法。重量分析法又称为称量分析法，是通过化学反应及一系列操作将试样中待测组分与其他组分分离，然后用称量的方法测定该组分的含量。重量分析法操作麻烦、费时，但准确度高，主要用于仲裁分析和标准物质测定。

（2）滴定分析法。滴定分析法又称为容量分析法，是将一种已知准确浓度的试剂溶液滴加到被测物质的溶液中，直到化学反应完全时为止，然后根据所用试剂溶液的浓度和体积求得被测组分的含量。滴定分析法操作简便、快速、准确度高，适用于常量分析。

2. 仪器分析法 仪器分析法是以物质的物理性质（如颜色、密度、沸点等）、物理化学性质（物质发生化学变化后的某种物理性质）为基础的分析方法。这类分析需要使用特殊的仪器。常用的仪器分析法有：光学分析法（又分为吸收光谱分析法、发射光谱分析法、质谱分析法、旋光分析法、折光分析法等）、电化学分析法（又分为电解分析法、电导分析法、电位分析法、极谱分析法等）、色谱分析法（又分为液相色谱法、气相色谱法、离子交换色谱法等）、热量分析法、放射分析法等。

三、定量分析的分类

定量分析按试样用量多少可以分为常量分析、半微量分析、微量分析等，定量分析各方法的试样用量及应用见表2-1-1。

定量分析按分析对象不同分为无机分析（分析对象是无机化合物）和有机分析（分析对象是有机化合物）。

定量分析按生产过程不同可分为原料分析、中间控制分析、成品分析等。

定量分析按照化学检验的任务不同可分为例行分析（常规分析）和仲裁分析。

表 2-1-1　定理分析各方法的试样用量及应用

分析方法	所需试样的体积/mL	所需试样的质量/g	应用
常量分析	>10	>0.1	多用于化学定量分析
半微量分析	1~10	0.01~0.1	多用于无机定量分析
微量分析	0.01~1	0.0001~0.01	多用于仪器分析
超微量分析	<0.01	<0.0001	多用于仪器分析

四、定量分析的一般步骤

在分析工作中，要完成一项定量分析任务一般要经过以下几个步骤。

1. 采集试样　试样就是具有代表性和均匀性的物质，即试样能代表整批物料的平均化学成分，否则分析结果再准确也毫无意义。采集试样一般可分为以下两种。

（1）固体试样的采集和制备。应从物料的不同部位选取有代表性的物料，混合得到原始平均试样。然后经粉碎、过筛、混匀、缩分等处理，制成分析试样。实际上不可能把全部样品都处理成分析试样，因此在处理过程中要不断进行缩分，最后得到具有代表性和均匀性的供试品（正样）。

（2）液体、气体试样的合理采集。例如分装在不同容器里的液体物料，应从每个容器里分别取样，混合后作为分析试样。再如采集大气污染物是使空气通过适当的吸收剂，由吸收剂吸收浓缩后作为分析试样。

2. 分解试样　取样后必须将试样中被测组分转化为适宜于测定的形式。根据试样性质不同，采用不同的分解方法。定量分析多属于湿法分析（在水溶液中进行反应的分析方法）。分解试样最常用的方法是溶解法，溶解法通常依次采用水、稀酸、浓酸、混合酸（如王水、浓硫酸与硝酸、高氯酸与硝酸等）、氢氧化钠溶液的顺序溶解处理样品，使之溶解后再进行分析。有些样品不溶于水、酸或碱而溶于有机溶剂。如仍不能达到分解的目的，则可采用熔融法、烧结法使被测物质通过反应转化为易溶物质。

分解试样必须达到以下几点要求：①试样应该完全分解；②在分解过程中不能引入待测组分；③不能使待测组分有所损失；④所用试剂及反应产物对后续测定无干扰。

3. 分离干扰物质　测定之前，有时共存于试样中的其他成分有干扰，必须通过控制酸度、分离（如萃取、沉淀、蒸馏等）或掩蔽的方法除去干扰测定的杂质后，再进行测定。

4. 选择合适的测定方法　根据分析对象、测定要求及时间的不同，选用滴定分析、质量分析或仪器分析等合适的方法测定被测组分的含量。

5. 数据处理及评价分析结果　根据测定所得数据和化学反应的计量关系，先对数据进行取舍，再利用科学的方法进行分析和处理，计算出试样中被测组分的含量，并对试样中的测试项目做出明确的结论评价（含量或浓度多少），形成相应报告。

任务二　定量分析中的误差

定量分析中，要求分析结果具有一定的准确性，不准确的分析结果会导致产品报废、资源浪费，甚至在科学上得出错误的结论。但由于受分析方法、仪器、试剂等方面因素的限制，即使采用最先进的分析方法和最精密的仪器，测得值与真实值之间也存在差值，这个差值称为误差。误差是客观存在和不可避免的，而不同的分析结果也允许有一定的误差范围，我们可以采取一些措施使误差减小到最低限度，提高分析结果的准确度。

一、误差的分类和来源

根据误差产生的原因和性质，可将误差分为系统误差和偶然误差两大类。

1. 系统误差　系统误差又称可测误差，是由某些固定的原因所造成的误差，使得测定的结果偏高或偏低。系统误差具有"单向性"，在重复测定时，它会重复表现出来，对分析结果的影响比较固定。产生系统误差的主要原因如下。

（1）仪器误差。由于所用仪器本身不够准确，或未经校正而引起的误差。例如天平砝码未校正，容量瓶、滴定管等容量器皿刻度不准确等。

（2）试剂误差。由于所用试剂、蒸馏水含有微量杂质而不纯所引起的误差。

（3）方法误差。由于分析方法本身不完善而产生的误差。例如，滴定分析中，滴定终点与化学计量点不完全重合而产生的误差；定量分析中，因沉淀溶解或吸附杂质等产生的误差。

（4）操作误差。在正常操作的情况下，由操作者主观因素所造成的误差。如操作者对滴定终点颜色的辨别不敏锐、滴定管读数偏高或偏低所引起的误差。

2. 偶然误差　偶然误差又称不可测误差或随机误差，是由某些难以控制或无法避免的偶然原因造成的误差。如测量时因环境温度、湿度、气压的微小波动、物体的振动、仪器性能的微小变化等原因造成的误差。偶然误差的数值有时偏高，有时偏低，不具有单向性。

二、过失

过失是由于操作人员的失误所造成的。例如，器皿洗涤不干净、加错试剂、运算和记录错误等。这些都是分析人员粗心、不负责任造成的，一般不属于误差的范畴，会对测定结果带来严重影响。因此，分析人员必须加强责任心、避免过失出现，一旦发生，实验必须重做。

三、误差的减免方法

1. 选择合适的分析方法　根据现有分析条件、被测物质的含量和对分析结果的要求选择合适的分析方法。各种分析方法的准确度是不同的。化学分析法对高含量组分的测定，能获得准确和较满意的结果，相对误差一般在千分之几。而对低含量组分的测定，化学分析法就达不到这个要求。仪器分析法虽然误差较大，但是由于灵敏度高，可以测出低含量组分。在选择分析方法时，主要根据组分含量及对准确度的要求，在可能的条件下选择最佳的分析方法。

2. 消除测定中的系统误差　消除测定中的系统误差可以采取以下措施。

（1）校正仪器。分析测定中，要求测量数据具有一定的准确性，因此如滴定管、移液管、容量瓶和分析天平砝码，都应进行校正，以消除仪器不准所引起的仪器误差。

（2）空白试验。由试剂和器皿引入的杂质所造成的试剂误差，一般可通过空白试验来加以校正。空白试验是指在不加试样的情况下,按试样分析规程在同样的操作条件下进行的测定。空白试验所得结果的数值称为空白值。从试样的测定值中扣除空白值,即可得到比较准确的分析结果。

(3)对照试验。用含量已知的标准试样或纯物质,以与被测样品相同的方法进行分析测定,由分析结果与已知含量的差值,求出分析结果系统误差。用此值对样品的测定结果进行校正,可以减免系统误差。

在许多生产单位,为了检查分析人员的分析结果之间是否存在系统误差和其他问题,常在安排试样分析任务时,将一部分试样重复安排在不同分析人员之间,互相进行对照试验,这种方法称为"内检"。有时又将部分试样送交其他单位进行对照分析,这种方法称为"外检"。

(4)加强责任心,严格操作,减小操作误差。

3. 减小偶然误差 由于偶然误差是偶然原因引起的,在消除系统误差的前提下,采用多次重复测定取平均值的方法可以减小偶然误差,测定的次数越多,分析结果越接近真实值。在定量分析中,一般要求做3~5次平行测定。

四、误差的表示方法

1. 真实值、平均值与中位数

(1)真实值(T)。物质中各组分的实际含量称为真实值,它是客观存在的,但不可能准确地知道。

(2)平均值($\bar{x}$)。在日常分析工作中,总是对某试样平行测定数次,取其算术平均值作为分析结果,若以 x_1,x_2,x_3,…,x_n 代表各次的测定值,n 代表平行测定的次数,$\bar{x}$ 代表样本平均值,则 $\bar{x}=(x_1+x_2+x_3+…+x_n)/n$。

【例题 1】 求下列数据的平均值

9.10,9.20,9.40,9.60,10.70

【解】 $\bar{x}=(9.10+9.20+9.40+9.60+10.70)/5=9.60$。

样本平均值不是真实值,只能说是真实值的最佳估计,只有在消除系统误差之后并且测定次数趋于无穷大时,所得总体平均值才能代表真实值。

(3)中位数(x_M)。一组测量数据按大小顺序排列,中间一个数据即为中位数(x_M)。当测定次数为偶数时,中位数为中间相邻两个数据的平均值。

【例题 2】 求下列两组数据的中位数

① 9.10,9.20,9.40,9.60,10.70

② 9.10,9.20,9.40,9.60,10.50,10.70

【解】 ① $x_M=9.40$;

② $x_M=(9.40+9.60)/2=9.50$。

中位数的优点是能简便地说明一组测量数据的结果,不受两端具有过大误差的数据影响。缺点是不能充分利用数据。

2. 准确度与误差 准确度是指测得值与真实值之间相符合的程度。准确度的高低常以误差的大小来衡量。即误差越大,准确度越低;误差越小,准确度越高。

误差有两种表示方法——绝对误差和相对误差:

$$\text{绝对误差}(E) = \text{测定值}(x) - \text{真实值}(T)$$

$$\text{相对误差}(E_r) = \frac{\text{测定值}(x) - \text{真实值}(T)}{\text{真实值}(T)} \times 100\%$$

由于测定值可能大于真实值,也可能小于真实值,所以绝对误差和相对误差都有正、负之分。

【例题 3】 用分析天平称量两份样品,结果分别为 0.203 6 g(真实值为 0.203 4 g)和 0.002 2 g(真实值为 0.002 0 g),分别计算两次称量的绝对误差和相对误差。

【解】(1)绝对误差$(E) = 0.203\ 6\ \text{g} - 0.203\ 4\ \text{g} = 0.000\ 2\ \text{g}$

相对误差$(E_r) = \dfrac{E}{T} = \dfrac{0.203\ 6\ \text{g} - 0.203\ 4\ \text{g}}{0.203\ 4\ \text{g}} \times 100\% = 0.098\%$

(2)绝对误差$(E) = 0.002\ 2\ \text{g} - 0.002\ 0\ \text{g} = 0.000\ 2\ \text{g}$

相对误差$(E_r) = \dfrac{E}{T} = \dfrac{0.002\ 2\ \text{g} - 0.002\ 0\ \text{g}}{0.002\ 0\ \text{g}} \times 100\% = 10\%$

虽然两次测定的绝对误差相同,但它们的相对误差却相差较大。相对误差是指误差在真实值中所占的百分率。上面两例中相对误差不同,说明它们的误差在真实值中所占的百分率不同,可以看出,相对误差能更好地反映出测定结果的准确度。常量分析中,通常要求实验结果的相对误差不应超过 0.3%。

应注意,有时为了说明一些仪器测量的准确度,用绝对误差更清楚。例如,分析天平的称量误差是 ±0.000 2 g,滴定管的读数误差是 ±0.01 mL 等。这些都是用绝对误差来说明的。

3. 精密度与偏差 在实际分析中,被测组分的真实值往往是不知道的,无法计算误差,只能从测定结果的精密度来进行判断。精密度是指在相同条件下多次重复测定结果彼此相符合的程度,精密度的大小常用偏差来表示,所谓偏差是指测得值与平均值之间的差值。偏差越小,精密度越高。偏差也可以用绝对偏差和相对偏差来表示。

$$\text{绝对偏差}(d) = \text{测定值}(x) - \text{平均值}(\bar{x})$$

$$\text{相对偏差}(d\%) = \frac{\text{绝对偏差}(d)}{\text{平均值}(\bar{x})} = \frac{x - \bar{x}}{\bar{x}} \times 100\%$$

绝对偏差是指单次测定值与平均值的偏差,相对偏差是指绝对偏差在平均值中所占的百分率。绝对偏差和相对偏差都有正、负之分,单次测定的偏差之和等于零。

对多次测定数据的精密度常用平均偏差$(\bar{d})$表示。平均偏差也分为绝对平均偏差和相对平均偏差。

$$\text{绝对平均偏差}(\bar{d}) = \frac{\sum |x_i - \bar{x}|}{n}, \quad i = 1, 2, \cdots, n$$

$$\text{相对平均偏差} = \frac{\bar{d}}{\bar{x}} \times 100\%$$

绝对平均偏差是指单次测定值与平均值的偏差(取绝对值)之和,除以测定次数。相对平均偏差是指绝对平均偏差在平均值中所占的百分率,因此更能反映测定结果的精密度。

此外,一般分析中,当平行测定次数不多时,常采用极差(R)来说明偏差的范围,极差也称"全距"。

$$\text{极差}(R) = \text{测定最大值} - \text{测定最小值}$$

$$相对极差 = \frac{R}{\bar{x}} \times 100\%$$

五、准确度与精密度的关系

准确度表示测量的准确性，精密度表示测量的重现性。在评价分析结果时，只有精密度和准确度都好的方法才可取。图2-1-1显示了4位不同实验分析人员5次测定同一试样的结果分析，说明准确度与精密度的关系。

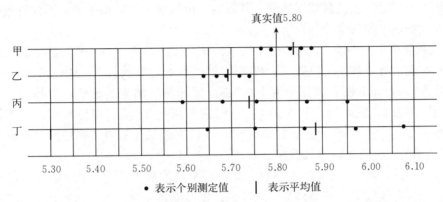

图2-1-1　4位不同实验分析人员5次测定同一试样的结果分析

甲测定的结果：测定的数据较集中并接近标准数据，说明其精密度与准确度都较高。

乙测定的结果：精密度很高，但平均值与标准值相差很大，说明准确度很低。

丙测定的结果：精密度不高，测定数据较分散，虽然平均值接近标准值，但这是凑巧得来的，如只取2次或3次来平均，结果与标准值相差较大。

丁测定的结果：精密度、准确度均很低。

由此可见，精密度高，准确度不一定高，欲使准确度高，首先必须要求精密度高。只有精密度与准确度都高时的测量值才可取。因此在分析工作中，既要消除系统误差，也要减小偶然误差，才能提高分析结果的准确度。

在实际分析测定工作中，对精密度和准确度的要求应视具体情况而定，并不一定要求越高越好，要综合考虑多方面的因素，比如分析目的和所选择的手段及分析对象的复杂程度等。例如，对于滴定分析，一般要求相对偏差在0.1%~0.2%，对于混合试样或者均匀性较差的试样，其精密度要求可根据成分含量而不同。但必须明确的是，为了保证分析结果的准确性，必须具备一定的精密度和准确度。

任务三　有效数字及其运算规则

一、有效数字

在分析工作中，为了取得准确的分析结果，不仅要准确进行测量，还要正确记录与计算。所谓正确记录是指正确记录数字的位数。因为数据的位数不仅表示数字的大小，也反映测量的准确程度。

1. 有效数字的概念　有效数字是指在分析工作中实际能测得的数字,记录时包括所有的准确数字和最后一位可疑数字。有效数字和仪器的准确程度有关,有效数字保留的位数应根据分析方法与仪器的准确度来确定。例如,在万分之一分析天平上称取试样 0.320 0 g,最后一位"0"是可疑数字,有±0.000 1 g 的绝对误差,其他都是准确数字。如将其质量记录成 0.320 g,则最后一位"0"是可疑数字,表示该试样是在千分之一分析天平上称量的,其称量的绝对误差为±0.001 g;如将其质量记录成 0.32 g,则最后一位"2"是可疑数字,表示该试样是在托盘天平上称量的,其称量的绝对误差为±0.01 g。因此,记录数据的位数不能任意增加或减少,无论计量仪器如何精密,其最后一位总是估计出来的,因此有效数字就是保留末位不准确数字和其余准确数字。

2. 有效数字位数的判断　有效数字的位数是从左边第一个不为"0"的数字起到最后一位数字为止,在确定有效数字的位数时,数据中的"0"是否为有效数字,应视情况而定。比如:滴定管读数为 20.50 mL 时,数据中两个"0"都是实际测量出来的数值,都是有效数字。当改为用"L"作单位时,数据为 0.020 50 L,这时前面两个"0"是起定位作用,就不是有效数字。所以在 9.253 0 中,"0"是有效数字,它有 5 位有效数字;在 0.032% 中,数字前面的"0"是起定位用的,它有 2 位有效数字。

应该注意的是,以"0"结尾的正整数,有效数字的位数不确定。例如 1 600 这个数,就不好确定是几位有效数字,可能是 2 位或 3 位,也可能是 4 位。遇到这种情况,应根据实际有效数字位数书写成科学记数法的形式:

1.6×10^3(2 位有效数字)　　1.60×10^3（3 位有效数字）

因此,很大或很小的数,常用 10 的乘方表示。当有效数字确定后,在书写时,一般只保留 1 位可疑数字,多余的数字按数字修约规则处理。

滴定管、移液管和吸量管,都能准确测量溶液体积到 0.01 mL。所以当用 50 mL 滴定管测量溶液体积时,如测量体积大于 10 mL 且小于 50 mL,应记录为 4 位有效数字,如写成 20.25 mL;如测量体积小于 10 mL,应记录为 3 位有效数字,如写成 6.76 mL。当用 25 mL 移液管移取溶液时,应记为 25.00 mL;当用 5 mL 吸量管吸取溶液时,应记录为 5.00 mL;当用 250 mL 容量瓶配制溶液时,则所配制溶液的体积应记录为 250.0 mL;当用 50 mL 容量瓶配制溶液时,则应记录为 50.0 mL。总而言之,测量结果所记录的数字,应与所用仪器测量的准确度相适应。

此外,分析化学中还经常遇到 pH、lgK 等对数值,其有效数字位数仅取决于小数部分的数字位数,小数点前面的数字是定位,只表示数量级的大小。例如,pH=2.08,为 2 位有效数字,它是由 $[H^+]=8.3 \times 10^{-3}$ mol·L^{-1} 取负对数而来,所以是 2 位而不是 3 位有效数字。

3. 有效数字修约规则　有效数字的修约通常采用"四舍六入五留双"法则,即当被修约数≤4 时舍去,被修约数≥6 时进位加 1。当被修约数恰为 5 且 5 后面无数字或为 0 时,则看 5 前面的数,若为偶数应将 5 舍去,若为奇数则进位加 1;若被修约数为 5 而后有不为 0 的数字时,无论 5 的前面是奇数还是偶数都应进位加 1。

这一法则的具体运用如下:

(1)若被舍弃的第一位数字≥6,则其前一位数字加 1。如 14.260 5 只取 3 位有效数字时,应为 14.3。

(2)若被舍弃的第一位数字≤4,则直接将其舍弃。如 14.240 5 只取 3 位有效数字时,应为 14.2。

(3)若被舍弃的第一位数字等于 5，则分两种情况：

① 5 后面没有数字或数字为零时，被保留的末位数字为奇数时进 1，末位数字为偶数时则不进。如 12.750、12.850 只取 3 位有效数字时，它们都为 12.8。

② 如 5 后面的数字不为零时，无论 5 前是奇数还是偶数，都需进 1。如 8.025 01，只取 3 位有效数字时，为 8.03。

有效数字修约口诀

逢四舍去六必进，遇五则把前后看；
五后非零要进一，五后皆零看奇偶；
五前为奇则进一，五前为偶则舍掉。

二、有效数字的计算规则

定量分析中，在计算和处理分析结果时，需按照有效数字计算规则对数据进行先修约，然后计算。这样不但能够反映计算结果的可信程度，还能简化计算过程。

1. 加减运算 数据处理过程中，若几个数据相加或相减时，和或差有效数字位数的保留，应以小数点后位数最少（绝对误差最大）的数据为依据。

【例题 4】43.2＋7.450＋0.763 82

应以 43.2 为准先将其他数据修约成小数点后面保留一位，再进行计算。

$$43.2＋7.450＋0.763\,82 \approx 43.2＋7.4＋0.8＝51.4$$

2. 乘除运算 数据处理过程中，若几个数据相乘除时，积或商有效数字位数的保留，应以有效数字位数最少（相对误差最大）的数据为依据。

【例题 5】43.2×7.450×0.763 82

应以 43.2 为准先将其他数据修约成保留 3 位有效数字，再进行计算，最后结果保留 3 位有效数字。

$$43.2×7.450×0.763\,82 \approx 43.2×7.45×0.764 \approx 246$$

知识检测

1. 填空题

(1)系统误差包括_____、_____、_____、_____。

(2)分析结果的准确度常用_____表示，分析结果的精密度常用_____表示。

(3)偶然误差又称为随机误差，可通过_____的方法来减小。

(4)数据 2.34、2.39、2.38、2.36、2.32 中，中位数是_____，平均值为_____。

(5)称量时天平零点突然有变动属于_____误差，滴定管最后一位数字估计不准属于_____误差，试剂中含有微量干扰离子属于_____误差。

2. 判断下列数据中有效数字的位数

(1)1.05　　(2)0.200 0　　(3)0.102 0　　(4)5.28×10³

(5)0.46%　(6)0.002 3　　(7)pH=3.34　(8)20.040

3. 将下列数据修约为 3 位有效数字

(1)0.134 2　　(2)6.026 8　　(3)0.072 451　　(4)3.045　　(5)1.315

4. 根据有效数字运算规则计算下列结果

(1)12.575 9－2.165 0＋0.65

(2)0.028 4×2.455×16.490 3

(3)0.324×(2.038＋1.2)

5. 某分析工作测得试样中某组分的含量分别为：35.02%、35.06%、35.04%、35.01%、35.07%，求极差和相对极差。

6. 试样中镍的标准含量为 24.32%，某分析人员甲测得值为 24.40%，分析人员乙测得值为 24.28%，计算甲、乙两人的绝对误差和相对误差。

7. 分析某试样时重复测定 5 次，其结果为：25.09%、25.06%、25.11%、25.07%、25.08%，计算测定结果的平均值、绝对平均偏差、相对平均偏差。

项目二
滴定分析法

> **学习目标**
>
> ● 知识目标
>
> 1. 了解滴定分析法的特点、分类，熟悉滴定反应应具备的条件。
> 2. 理解滴定分析法的基本原理和基本概念。
> 3. 掌握标准溶液浓度的表示方法和标准溶液的配制与标定。
> 4. 掌握滴定分析方法的有关计算。
>
> ● 技能目标
>
> 1. 学会滴定分析常用仪器的使用。
> 2. 掌握标准溶液的配制方法。

任务一　滴定分析概述

一、滴定分析的基本概念

滴定分析法是将一种已知准确浓度的试剂溶液通过滴定管滴加到被测物质的溶液中，直到所加溶液与被测物质按化学计量关系恰好完全反应，然后根据所加溶液的浓度和所消耗的体积计算出被测物质的含量。由于这种测定方法是以测量溶液的体积为基础的，而用来准确测量溶液体积的玻璃仪器称为容量仪器，故滴定分析法又称为容量分析法。

在进行滴定分析时，这种已知准确浓度的试剂溶液称为标准溶液或滴定剂，将标准溶液用滴定管滴加到被测物质溶液中的操作过程称为滴定。当加入的标准溶液与被测物质恰好反应完全，即两者的物质的量正好符合反应的化学计量关系时，称为滴定反应的化学计量点。化学计量点一般是用外加试剂的颜色改变来指示的，这种借助颜色改变来指示化学计量点的试剂称为指示剂。在滴定过程中，当指示剂正好发生颜色变化时停止滴定，此点称为滴定终点。

在实际分析操作中，化学计量点是根据化学反应计量关系求得的理论值，滴定终点是由实际测定时瞬间颜色变化所得，因此，滴定终点与理论上的化学计量点可能不完全符合，它们之间总存在着很小的差别,由此而引起的误差称为终点误差或滴定误差。终点误差是滴定分析误差的主要来源,其大小主要取决于指示剂的性能和用量,所以在滴定过程中,为了减小终点误差,指示剂的选择尤为重要。

二、滴定分析法的特点和分类

滴定分析法通常用于测定常量组分的含量,有时也可用来测定含量较低组分。该方法操作简便、测定快速、仪器简单、用途广泛,可适用于各种类型化学反应的测定。分析结果准确度较高,一般常量分析的相对误差在±0.2%。因此,滴定分析在生产和科研中具有重要的实用价值,是分析化学中很重要的一类方法。

滴定分析法根据进行滴定的化学反应类型的不同,通常分为下列4类。

(一)酸碱滴定法

酸碱滴定法是以中和反应为基础的分析方法。这类滴定法可以用酸或碱作为标准溶液,测定碱或酸性物质。例如强酸滴定强碱:

$$H^+ + OH^- = H_2O$$

酸碱滴定法常用来分析饲料中的氮含量、农产品中的酸度等。

(二)配位滴定法

配位滴定法是以配位反应为基础的分析方法,可用于测定金属离子或配位剂,产物为配合物或配离子。例如:

$$Mg^{2+} + H_2Y^{2-} = [MgY]^{2-} + 2H^+$$

配位滴定法常用来测定钙剂中钙的含量和水中钙、镁离子的含量等。

(三)氧化还原滴定法

氧化还原滴定法是以氧化还原反应为基础的滴定分析方法,可用于直接测定具有氧化性或还原性的物质,或者间接测定某些不具有氧化性或还原性的物质。例如:

$$Cr_2O_7^{2-} + 6Fe^{2+} + 14H^+ = 2Cr^{3+} + 6Fe^{3+} + 7H_2O$$

氧化还原滴定法常用来测定土壤、肥料中铁、钙及有机质的含量。

(四)沉淀滴定法

沉淀滴定法是以沉淀反应为基础的滴定分析方法,可用于测定 Ag^+、CN^-、SCN^- 及卤素等离子。例如:

$$Ag^+ + Cl^- = AgCl \downarrow (白色)$$

沉淀滴定法常用来分析试样中氯、溴的含量等。

三、滴定分析法对化学反应的要求

化学反应的类型虽然很多,但不一定都能用于滴定分析,为了保证滴定分析的准确度,用于滴定分析的化学反应必须具备以下4个条件。

(1)反应必须定量完成,即反应进行必须完全。通常要求在化学计量点时有99.9%以上的完成度。反应越完全,对滴定越有利。

(2)反应速度要快,加入滴定剂后反应最好立即完成,如果反应进行得较慢将无法确定终点。对于速度较慢的反应,通常可以通过加热或加入催化剂等方法加快反应速度。

(3)应有适当的方法确定终点,例如可利用指示剂变色来确定滴定终点。

(4)滴定液中不能有干扰主反应的杂质存在,否则应进行掩蔽或提前除去。

四、滴定分析法的滴定方式

按照滴定方式的不同可将滴定分析法分为以下 4 种。

(一)直接滴定法

当被测物质与标准溶液之间的反应能满足滴定分析法的要求时,即可在标准溶液与被测物质之间采用直接滴定法。直接滴定法是将标准溶液直接加到被测物质中发生化学反应,是滴定分析中最常用的和最基本的滴定方法。该方法简便、快速,但可能引入误差的因素较少。例如用标准酸溶液滴定碱或用标准碱溶液滴定酸等。

(二)返滴定法

当标准溶液与被测物质之间的反应速度慢或缺乏适合确定终点的方法,不能采用直接滴定法时,常采用返滴定法。返滴定法是先在被测物质溶液中加入一定量且过量的标准溶液,待与被测物质反应完成后,再用一种滴定剂滴定剩余的标准溶液。例如测定碳酸钙含量,由于试样是固体,难溶于水,不能用 HCl 标准溶液直接滴定,此时可先于试样中加入一定量且过量的 HCl 标准溶液,使碳酸钙溶解完全,冷却后再用 NaOH 滴定剂滴定剩余 HCl。

(三)置换滴定法

有些待测物质与标准溶液的反应没有确定的化学计量关系或缺乏合适的指示剂,不能直接滴定时,可先用适当的试剂与被测物质反应,使之置换出一种能被定量滴定的物质,然后再用适当的滴定剂滴定,此法称为置换滴定法。例如,硫代硫酸钠不能直接滴定重铬酸钾及其他强氧化剂,因为在酸性溶液中,强氧化剂将 $Na_2S_2O_3$ 氧化为 $S_4O_6^{2-}$ 及 SO_4^{2-} 等混合物,而无确定的化学计量关系。但是,在 $K_2Cr_2O_7$ 酸性溶液中加入过量的 KI,$K_2Cr_2O_7$ 与 KI 定量反应后置换出的 I_2,即可用 $Na_2S_2O_3$ 直接滴定,从而求出 $K_2Cr_2O_7$ 的含量。

(四)间接滴定法

有时被测物质不能与标准溶液直接起化学反应,但却能与另一种可以和标准溶液直接作用的物质起反应,这时便可采用间接滴定方式进行滴定。例如,用 $KMnO_4$ 溶液不能直接滴定 Ca^{2+} 的溶液,可将溶液中的 Ca^{2+} 转化为 CaC_2O_4 沉淀,过滤、洗涤后溶解于 H_2SO_4 中,然后再用 $KMnO_4$ 标准溶液滴定与 Ca^{2+} 等量结合的 $C_2O_4^{2-}$,即可间接测定 Ca^{2+} 的含量。

在滴定分析中返滴定、置换滴定、间接滴定等滴定方式的应用,极大地扩展了滴定分析法的应用范围。

任务二　基准物质和标准溶液

一、基准物质

直接配制标准溶液或标定标准溶液的物质称为基准物质。在滴定分析中，不论采用何种滴定方法都必须使用标准溶液，最后要通过标准溶液的浓度和用量，来计算被测物质的含量。但不是所有试剂都可以直接配制标准溶液。基准物质应符合下列条件。

1. 试剂的纯度应足够高　一般要求其纯度在 99.9% 以上，而杂质的含量应少到不影响分析的准确度，化学试剂等级分类及其应用范围具体见表 2-2-1。

表 2-2-1　化学试剂等级分类及其应用范围

等级	名称	色标	符号	应用范围
一级	优级纯	绿色	GR	纯度高，适合科研和配制标准溶液
二级	分析纯	红色	AR	纯度较高，适合定量分析
三级	化学纯	蓝色	CP	纯度高，适合化学实验和合成制备
四级	实验试剂	黄色	LR	纯度较差，适合一般化学实验和合成制备

2. 实际的组成应与它的化学式完全相符　若含结晶水，如草酸（$H_2C_2O_4 \cdot 2H_2O$），其结晶水的含量也应与化学式完全相符。

3. 试剂性质应稳定　例如不与空气中的组分发生反应、不易吸湿、不易丢失结晶水，烘干时不易分解等。

4. 尽可能有比较大的摩尔质量，以减小称量时的相对误差　滴定分析中常用的基准物质与干燥条件（或温度）及应用范围见表 2-2-2。

表 2-2-2　滴定分析中常用的基准物质与干燥条件（或温度）及应用范围

基准物质	干燥条件（或温度）	应用范围（标度对象）
$H_2C_2O_4 \cdot 2H_2O$	室温空气干燥	$KMnO_4$ 或碱
$Na_2B_4O_7 \cdot 10H_2O$	室温保存在装有 NaCl 和蔗糖的密闭容器中	酸
$KHC_8H_4O_4$	110～120 ℃	碱
$K_2Cr_2O_7$	140～150 ℃	还原剂
Na_2CO_3	270～300 ℃	酸
Zn	室温保存于干燥器中	乙二胺四乙酸（EDTA）

二、标准溶液

标准溶液即已知准确浓度的溶液。在滴定分析中，不论采取何种滴定方法，都离不开标准溶液，否则就无法完成定量测定。

(一)标准溶液的浓度表示方法

1. 物质的量浓度　标准滴定溶液的浓度常用物质的量浓度表示。物质 B 的物质的量浓度是指单位体积溶液中所含溶质 B 的物质的量,其定义式为:

$$c(B)=\frac{n(B)}{V}$$

式中　$n(B)$——溶液中溶质 B 的物质的量,mol;
　　　V——溶液的体积,L;
　　　$c(B)$——物质 B 的物质的量浓度,mol/L。

例如,1 L 溶液中 $n(HCl)=0.2$ mol 时,$c(HCl)=0.2$ mol/L。

表示物质的量浓度时,必须指明物质的基本单元,它可以是原子、分子、离子、电子及其他粒子,或者是这些粒子的特定组合。

2. 滴定度　在生产实践中,有时也用"滴定度"表示标准滴定溶液的浓度。滴定度是指每毫升标准滴定溶液相当于被测物质的质量(g 或 mg)。例如,若每毫升 $KMnO_4$ 标准滴定溶液恰好能与 0.005 585 g Fe^{2+} 反应,则该 $KMnO_4$ 标准滴定溶液的滴定度可表示为 $T(Fe/KMnO_4)=0.005\ 585$ g/mL。

如果分析的对象固定,用滴定度计算其含量时,只需将滴定度乘以所消耗标准溶液的体积即可求得被测物的质量,计算十分简便。

(二)标准溶液的配制

由于滴定过程中离不开标准溶液,因此,正确配制标准溶液、准确标定标准溶液的浓度,以及对标准溶液妥善保管,对提高滴定分析结果的准确度都有着十分重要的意义。标准溶液的配制一般可采用以下两种方法。

1. 直接配制法　准确称取一定量的基准物质,溶解后定量转移到容量瓶中,稀释至一定体积,根据称取物质的质量和容量瓶的体积即可计算出该标准溶液的浓度。这样配成的标准溶液称为基准溶液,可用它来标定其他标准溶液的浓度。例如,欲配制 0.01 mol/L 邻苯二甲酸氢钾($KHC_8H_4O_4$)标准溶液 1 L,首先在分析天平上精确称取在 110~120 ℃条件下干燥的优级纯邻苯二甲酸氢钾 2.042 2 g,置于烧杯中,加适量水溶解后定量转移到 1 000 mL 容量瓶中,再用水稀释至刻度即得。

直接配制法的优点是简便,一经配好即可使用,但必须用基准物质配制。

2. 间接配制法——标定法　许多物质由于达不到基准物质的要求,如 $Na_2S_2O_3$、$KMnO_4$、NaOH、HCl 等,其标准溶液不能采用直接配制法。对这类物质只能采用间接配制法,即粗略地称取一定量的物质或量取一定体积的溶液,配制成接近所需浓度的溶液(称为待标定溶液,简称待标液),其准确浓度未知,必须用基准物质或另一种标准溶液来测定。这种利用基准物质或已知准确浓度的溶液来测定待标液浓度的操作过程称为标定。

(三)标准溶液的标定

1. 直接标定法(基准物质标定法)　准确称取一定量的基准物质,溶解后用待标液滴定,根据基准物质的质量和待标液的体积,即可计算出待标液的准确浓度。大多数标准溶液用基准物质来"标定"其准确浓度。

例如，常用邻苯二甲酸氢钾、草酸等基准物质来标定 NaOH 溶液。

2. 比较标定法 准确吸取一定量的待标液，用已知准确浓度的标准溶液滴定，或准确吸取一定量的标准溶液，用待标液滴定，根据两种溶液的体积和标准溶液的浓度来计算待标液浓度。这种用标准溶液来测定待标液准确浓度的操作过程称为"比较标定"。显然，这种方法不如直接标定的方法好，因为标准溶液的浓度不准确就会直接影响待标定溶液浓度的准确性。因此，标定时应尽量采用直接标定法。

为了提高标定结果的准确度，标定时应注意以下几点。

(1)一般要求应平行测定 3～5 次，相对偏差≤0.2%。

(2)为了减小测量误差，称取基准物质的量不应太少(≥0.2 g)；滴定时消耗标准溶液的体积也不应太小(≥20 mL)。

(3)配制和标定溶液时用的量器(如滴定管、移液管和容量瓶等)，必要时需进行校正。

(4)标定后的标准溶液应妥善保存。

值得注意的是，间接配制和直接配制所使用的仪器有差别。例如，间接配制时可使用量筒、托盘天平等仪器，而直接配制时必须使用移液管、分析天平、容量瓶等仪器。

任务三 滴定分析法的有关计算

一、滴定分析的计算依据

滴定分析中涉及一系列的计算问题，如标准溶液的配制和浓度的标定，标准溶液和待测物质之间的计量关系及分析结果的计算等。在计算时首先要写出正确的化学反应式，明确滴定分析中的计量关系。

例如，被滴定物质 A 与滴定剂 B 之间的滴定反应为：

$$a\text{A} + b\text{B} \rightleftharpoons c\text{C} + d\text{D}$$

当 A 和 B 反应完全时，其物质的量之间的关系恰好符合该化学反应式所表达的化学计量关系，即 A、B 的物质的量 $n(\text{A})$、$n(\text{B})$ 之比等于反应系数之比，即

$$\frac{n(\text{A})}{n(\text{B})} = \frac{a}{b}$$

(1)若被滴定的物质为溶液 A，设浓度为 $c(\text{A})$，取体积 $V(\text{A})$，而滴定剂的浓度已知为 $c(\text{B})$，到达化学计量点时消耗的体积为 $V(\text{B})$。

根据 $n(\text{A}) = c(\text{A}) \times V(\text{A})$，$n(\text{B}) = c(\text{B}) \times V(\text{B})$，则有

$$c(\text{A}) \times V(\text{A}) = c(\text{B}) \times V(\text{B}) \times \frac{a}{b}$$

通过测量滴定剂的体积 $V(\text{B})$，便可以由上式求得被滴定物的未知浓度 $c(\text{A})$。

(2)如欲测定被滴定物质 A 的质量 $m(\text{A})$，可根据摩尔质量 $M(\text{A}) = m(\text{A})/n(\text{A})$，得：

$$m(\text{A}) = n(\text{A}) \times M(\text{A}) = c(\text{B}) \times V(\text{B}) \times \frac{a}{b} \times M(\text{A})$$

(3)若被滴定物质 A 是某未知试样的组分之一，测定时试样的称样量为 $m(\text{S})$，就可以进一步计算得到物质 A 在试样中的质量分数 $\omega(\text{A})$：

$$\omega(A) = \frac{m(A)}{m(S)} = \frac{a}{b} \times \frac{c(B) \times V(B) \times M(A)}{m(S) \times 1\,000}$$

其中，分母乘以 1 000 是由于滴定剂的体积 $V(B)$ 一般以 mL 为单位，而浓度的单位为 mol/L，摩尔质量的单位为 g/mol，称样量 $m(S)$ 的单位为 g，因此必须进行单位换算。上式可用百分含量表示为：

$$\omega(A) = \frac{m(A)}{m(S)} \times 100\% = \frac{a}{b} \times \frac{c(B) \times V(B) \times M(A)}{m(S) \times 1\,000} \times 100\%$$

二、滴定分析的计算

【例题 1】 实验室用 0.100 0 mo/L HCl 溶液滴定未知浓度的 NaOH 溶液，现取 NaOH 待测液 25.00 mL，滴定完全时消耗 HCl 溶液体积为 25.12 mL，求 NaOH 溶液的浓度。

【解】 NaOH 与 HCl 的反应式为：

$$NaOH + HCl = NaCl + H_2O$$

由反应可知，1 mol 的 NaOH 恰好与 1 mol 的 HCl 完全反应，到达化学计量点时：

$$c(NaOH) = \frac{c(HCl) \times V(HCl)}{V(NaOH)}$$

$$= \frac{0.100\,0 \text{ mol/L} \times 25.12 \text{ mL}}{25.00 \text{ mL}}$$

$$\approx 0.100\,5 \text{ mol/L}$$

【例题 2】 用硼砂（$Na_2B_4O_7 \cdot 10H_2O$）作基准物质，标定 HCl 溶液的浓度，准确称取 0.293 5 g 硼砂，滴定至终点时消耗 HCl 溶液 27.23 mL，计算该 HCl 溶液的浓度［已知 $M(Na_2B_4O_7 \cdot 10H_2O) = 381.37$ g/mol］。

【解】 硼砂与 HCl 的反应式为：

$$Na_2B_4O_7 \cdot 10H_2O + 2HCl = 4H_3BO_3 + 2NaCl + 5H_2O$$

由反应可知，1 mol 的硼砂恰好与 2 mol 的 HCl 完全反应，到达化学计量点时：

$$n(HCl) = 2n(Na_2B_4O_7 \cdot 10H_2O)$$

$$c(HCl) = \frac{2 \times m(Na_2B_4O_7 \cdot 10H_2O) \times 1\,000}{M(Na_2B_4O_7 \cdot 10H_2O) \times V(HCl)}$$

（注：$V(HCl)$ 的单位为 mL）

$$c(HCl) = \frac{2 \times 0.293\,5 \text{ g} \times 1\,000}{381.37 \text{ g/mol} \times 27.23 \text{ mL}} \approx 0.056\,52 \text{ mol/L}$$

答：该 HCl 溶液的浓度大约为 0.056 52 mol/L。

【例题 3】 用邻苯二甲酸氢钾（$KHC_8H_4O_4$）［$M(KHC_8H_4O_4) = 204.22$ g/mol］作基准物质，标定 NaOH 溶液的浓度，若 NaOH 溶液的浓度约为 0.200 1 mol/L，消耗 NaOH 溶液的体积为 32.15 mL，则应称邻苯二甲酸氢钾的质量为多少？

【解】 $KHC_8H_4O_4$ 与 NaOH 的反应式为：

$$KHC_8H_4O_4 + NaOH = KNaC_8H_4O_4 + H_2O$$

由反应知，1 mol 的 NaOH 恰好与 1 mol 的 KHC_8H_4O 完全反应，到达化学计量点时：

$$n(KHC_8H_4O_4) = n(NaOH)$$

$$\frac{m(KHC_8H_4O_4)}{M(KHC_8H_4O_4)} = c(NaOH) \times V(NaOH)$$

$$m(KHC_8H_4O_4) = \frac{0.2001 \text{ mol/L} \times 32.15 \text{ mL}}{1\,000} \times 204.22 \text{ g/mol}$$

$$\approx 1.3138 \text{ g}$$

答：应称邻苯二甲酸氢钾的质量为 1.313 8 g。

任务四　滴定分析常用仪器

一、滴定管

滴定管是滴定时用来盛装标准溶液的量器，用于准确测量滴定中消耗标准溶液的体积。它是细长、均匀且具有精密刻度的玻璃管状容器，下端具有活栓阀门用来控制滴定的速度，其中间具有刻度指示量度。一般常用 25 mL 或 50 mL 的常量滴定管，最小刻度为 0.1 mL，读数可读到 0.01 mL。此外还有 10 mL、5 mL、2 mL 的半微量或微量滴定管。滴定管分为两种，一种是下端带有玻璃活塞的称为酸式滴定管，用于盛放酸性、中性或氧化性溶液，不能盛放碱性溶液，如图 2-2-1A 所示；另一种是下端用橡皮管连接一支带有尖嘴的小玻璃管，橡皮管内

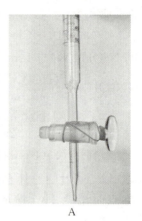

图 2-2-1　滴定管
A. 酸式滴定管　B. 碱式滴定管

有一个玻璃圆珠，称为碱式滴定管，用于盛放碱性溶液，不能盛放酸性溶液或氧化性溶液，如图 2-2-1B 所示。

（一）滴定管的准备

1. 涂油　酸式滴定管出厂时，玻璃活塞和滴管是配套固定的，不能随意更换，为了使滴定管活塞润滑、不漏水、转动灵活，在使用前通常将滴定管平放在实验台上，取下活塞，用滤纸仔细将活塞及活塞套内的水擦干，用左手持活塞，右手食指蘸取少量凡士林，并在大拇指上蘸几次，使凡士林在食指上分布均匀，之后用食指分别在活塞孔的两边距孔约 2 mm 处轻轻转一圈即可，然后将活塞平行插入活塞套内，压紧并向同一方向旋转活塞几次，使凡士林分布均匀呈透明状态（一般由实验管理人员操作），再用胶皮圈套住活塞颈部，固定在滴定管上，以防活塞脱落。涂油过多会堵塞活塞孔或尖嘴管的孔道。若发现活塞旋转不灵活或出现纹路，表示涂油过少，起不到防漏的作用。

2. 试漏　滴定管在使用前，应该检查是否漏水，活塞转动是否灵活。检查酸式滴定管时，先关闭活塞，用水充满至"0"刻线以上，直立约 2 min，再用滤纸在活塞周围和下端管口检查是否有水渗出。如果没有水渗出，将活塞旋转 180°，直立 2 min，再用滤纸检查。检查碱式滴定

管时，只需装水至最高标线后，直立 2 min，用滤纸擦拭管尖，若漏水则需更换直径合适的乳胶管和大小合适的玻璃珠。如果发现酸式滴定管漏水或活塞旋转不灵活，则需取下活塞涂油。

3. 洗涤　滴定管必须洗净至将管内的水倒出后管壁不挂水珠。如果无明显油污，可以用自来水、蒸馏水冲洗。若采用上述方法仍不能洗干净，则用洗液浸泡一段时间后，再用自来水冲洗干净，最后用蒸馏水润洗 2～3 次。洗涤时，双手平持滴定管两端无刻度处，边转动滴定管边向管口倾斜，使水清洗全管后，再将滴定管直立，从出口处放水，也可以从出口处放出部分水，淋洗滴定管尖嘴处后，从上部管口倒出残留的水。

4. 装溶液　为避免标准溶液浓度发生变化，在装入标准溶液前，要先用该溶液润洗滴定管 2～3 次，每次用量 10 mL 左右，润洗方法同洗涤操作一致，然后装入标准溶液至"0"刻度以上。装标准溶液时，要将标准溶液直接从试剂瓶倒入滴定管内，不要经过其他容器，以免污染或影响标准溶液的浓度。标准溶液装入后，检查滴定管的尖嘴有无气泡，有则必须排出。对于酸式滴定管，可迅速转动活塞，使溶液急速流出，将气泡带走。对于碱式滴定管，可将橡皮管向上弯曲，挤压稍高于玻璃珠所在处的橡皮管，使溶液从出口处喷出而除去气泡（图 2-2-2）。

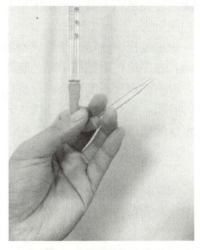

图 2-2-2　碱式滴定管排气泡法

（二）滴定操作

滴定前，"初读"零点，即先把滴定管液面调至"0"刻度处，再把悬挂在滴定管尖嘴上的液滴用滤纸吸去。酸式滴定管操作时，用左手的拇指、食指和中指控制活塞，无名指和小拇指抵住活塞下部，手心内凹，不接触活塞，适当转动活塞，有效地控制滴定液的流速，见图 2-2-3A。碱式滴定管操作时，用左手的大拇指和食指捏挤玻璃珠中上部的橡皮管（注意不要捏挤玻璃珠的下部，更不能捏挤玻璃珠所在部位，避免放手后空气进入形成气泡），使橡皮管与玻璃珠之间形成一条小缝隙，即可有效地控制滴定液的流速。

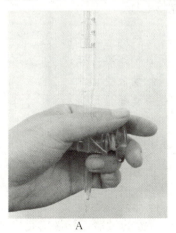

A　　　　　　　　　B

图 2-2-3　滴定管操作方法

A. 左手转动旋塞法　B. 滴定锥形瓶中溶液

滴定一般在锥形瓶中进行，滴定管尖伸入锥形瓶口1～2 cm处，若尖嘴高于瓶口，容易使滴定剂损失，若尖嘴伸入瓶口太深，则不方便操作。右手持锥形瓶的瓶颈摇动锥形瓶，使溶液沿一个方向旋转，边滴边振荡，使滴下去的溶液尽快混匀，见图2-2-3B。滴定开始时速度可快些，一般每秒3～4滴，不可呈液柱状加入。近终点时速度要放慢，加一滴溶液振荡几秒钟，最后可能还要加一次或几次半滴才能到达终点。半滴溶液的加入方法是使溶液在滴定管尖悬而未滴，再用锥形瓶内壁靠入瓶中，然后用洗瓶吹入少量水，将内壁附着的溶液冲洗下去。

滴定过程中一定要注意观察溶液颜色的变化，左手从始至终不能离开滴定管。掌握"左手滴，右手摇，眼把瓶中颜色瞧"的基本原则。进行平行实验时，每次滴定均应从"0"刻度开始，以消除刻度不够准确而造成的系统误差；所用标准溶液体积不能过少，也不能超过滴定管的容积，不然均会使误差增大；临近终点时，用少量蒸馏水淋洗锥形瓶内壁，以防残留溶液未反应而造成误差。

(三)滴定管的读数

滴定管在装满或放出溶液后应等1～2 min，使附着在内壁上的溶液完全流下后再读数。用拇指和食指持滴定管的液面上端，使滴定管保持垂直状态，视线与液面刻度处在同一水平线上。如果是无色溶液或者浅色溶液则应读取凹液面下缘最低点相切位置的刻度。对于有色溶液，如高锰酸钾、碘液等溶液，读取视线与液面两侧的最高点呈水平的刻度。对于白底蓝线滴定管，无色溶液的读数应以两个凹液面相交的最尖部为准，深色溶液也是读取液面两侧最高点对应的刻度。为了协助读数，可用黑纸或黑白纸板作为读数卡，衬在滴定管的背后，黑色部分在凹液面下约1 mm处，读取凹液面(变成黑色)下缘最低点对应的刻度。

(四)滴定管用后的处理

滴定管使用完毕后，把管中剩余的液体倒出，用水冲洗干净，将洗净的滴定管倒置于滴定管架上。

滴定管操作口诀

酸管碱管莫混用，读数视线要齐平；
滴管尖嘴无气泡，液面初始零为佳；
莫忘添加指示剂，开始读数要记录；
左手轻轻旋开关，右手旋摇锥形瓶；
眼睛紧盯待测液，颜色突变立即停；
数据记录要及时，重复滴定求平均。

二、移液管和吸量管

移液管和吸量管都是用来准确移取一定体积溶液的量器。移液管是中间膨大、两端细长的玻璃管，在管的上端有一环形标线，表示在一定温度下移出液体的体积。膨大部分标有它的容积和标定时的温度，下端是一尖嘴管，以控制液体流出的速度。常用的移液管有5 mL、

10 mL、25 mL、50 mL 等规格。吸量管是刻有分刻度的玻璃管，也称刻度吸管，管身直径均匀，刻有体积读数，可用于吸取不同体积的液体。常用的吸量管有 1 mL、2 mL、5 mL、10 mL 等规格。

三、锥形瓶

滴定分析操作中常用锥形瓶作为滴定反应器，锥形瓶为平底窄口的锥形容器，口小、底大，在滴定过程中进行振荡时，可使反应充分而液体不易溅出。该容器可以在水浴或电炉上加热，有各种不同的规格。为了防止滴定液下滴时溅出瓶外而造成较大的误差，应用右手拇指、食指及中指握住瓶颈处，并以手腕晃动，使之振荡均匀，也可以将瓶子放在磁搅拌器上搅拌。滴定时要根据待测液的体积来选择相应规格的锥形瓶，使得装入液体的体积最好不超过其容积的 1/2，装入过多液体在滴定时容易溅出。

知识检测

1. 填空题

(1)根据滴定反应类型不同，滴定分析方法可分为_____、_____、_____和_____ 4 种。

(2)根据滴定方式不同，滴定分析方法可分为_____、_____、_____和_____ 4 种。

(3)基准物质是指_____的物质。基准物质必须具备_____、_____和_____等特点。

(4)标准溶液是指_____的溶液，标准溶液的配制方法通常有_____和_____两种。

(5)化学计量点是指_____，滴定终点是指_____。

2. 选择题

(1)下列物质中，可以直接配制标准溶液的是(　　)。

A. $KMnO_4$　　　　　　　　B. $K_2Cr_2O_7$

C. HCl　　　　　　　　　　D. NaOH

(2)精密量取一定体积的溶液时应使用(　　)。

A. 烧杯　　　　　　　　　　B. 量筒

C. 量杯　　　　　　　　　　D. 吸量管

(3)用 0.100 0 mol/L NaOH 溶液滴定 20.00 mL 0.100 0 mol/L HCl 溶液时，记录消耗 NaOH 溶液的体积正确的是(　　)。

A. 21 mL　　　　　　　　　B. 21.0 mL

C. 21.00 mL　　　　　　　　D. 21.000 mL

(4)滴定管内如果有明显油污，则(　　)。

A. 用自来水洗

B. 用蒸馏水洗

C. 用待装溶液洗

D. 用铬酸洗液浸泡后再用自来水、蒸馏水洗

(5)滴定分析中装入溶液之前,需要用待装液洗涤2~3次后方可使用的仪器是(　　)。

A. 滴定管　　　　　　　　B. 锥形瓶

C. 容量瓶　　　　　　　　D. 量筒

3. 准确称取基准物质重铬酸钾($K_2Cr_2O_7$)2.086 4 g,溶解后定量转移到500 mL容量瓶中,问此溶液物质的量浓度是多少?

4. 称取0.328 4 g不纯的Na_2CO_3样品,溶解后用0.100 8 mol/L的HCl标准溶液滴定,终点时消耗HCl溶液23.40 mL,计算样品中Na_2CO_3的质量分数。

项目三
酸碱滴定法

学习目标

● 知识目标

1. 了解酸碱滴定法的原理和基本概念。
2. 熟悉常用的酸碱指示剂，知道酸碱指示剂的变色原理、变色范围和影响因素。
3. 掌握酸碱滴定分析的方法和应用。

● 技能目标

1. 掌握分析天平的称量技术。
2. 掌握酸碱滴定的基本操作。
3. 掌握酸碱标准溶液的配制和标定。

酸碱滴定法是以酸碱反应为基础的滴定分析方法，是滴定分析中的一种重要分析方法。一般的酸、碱以及能与酸、碱直接或间接发生酸碱反应的物质，几乎都可以利用酸碱滴定法进行测定。因此，必须了解酸碱反应的基础理论，从而掌握酸碱滴定法的运用。

任务一 酸碱质子理论

一、酸碱质子理论及共轭酸碱对

根据酸碱电离理论，电解质在水溶液中离解时所生成的阳离子全部是 H^+ 的化合物是酸，离解时所生成的阴离子全部是 OH^- 的化合物是碱。例如：

酸：$HCl \longrightarrow H^+ + Cl^-$ 碱：$NaOH \longrightarrow Na^+ + OH^-$

但电离理论有一定局限性，它只适用于水溶液，不适用于非水溶液。为了把水溶液和非水溶液中的酸碱平衡问题统一起来，1923 年，丹麦化学家布朗斯特和德国化学家劳瑞同时分别在酸碱电离理论的基础上，提出了酸碱质子理论。该理论保留了电离理论的完整性，接受了电离理论长期积累的数据和实验资料，在概念上更为广泛；溶剂不限于水，也可以是非水溶剂。

质子理论认为：凡是能给出质子(H^+)的物质是酸；凡是能接受质子(H^+)的物质是碱。它们之间的关系可用下式表示：

$$酸 \longrightarrow 质子 + 碱$$

例如：
$$HAc \longrightarrow H^+ + Ac^-$$

上式中的 HAc 是酸，它给出质子(H^+)后，剩下的(Ac^-)对于质子具有一定的亲和力，能接受质子，因而是一种碱。酸与碱的这种相互依存的关系称为共轭关系。这种因一个质子的得失而相互转变的每一对酸碱，称为共轭酸碱对。因此，酸、碱也可以认为是同一种物质在质子得失过程中的不同状态。

共轭酸碱对可再举例如下：

$$HClO_4 \longrightarrow H^+ + ClO_4^-$$
$$HSO_4^- \longrightarrow H^+ + SO_4^{2-}$$
$$NH_4^+ \longrightarrow H^+ + NH_3$$
$$H_6Y^{2+} \longrightarrow H^+ + H_5Y^+$$

由上可知，酸碱可以是阴离子、阳离子，也可以是中性分子。酸较其共轭碱多一个质子。

上面各个共轭酸碱对的质子得失反应称为酸碱半反应。在酸碱半反应中，酸(HB)失去一个质子后，转化为它的共轭碱(B^-)，碱(B^-)得到质子后转化为它的共轭酸(HB)。

二、酸碱反应

根据酸碱质子理论，酸碱反应的实质就是酸失去质子、碱得到质子的过程，任何酸碱反应都是两个共轭酸碱对之间相互传递质子的反应，它是由两个酸碱半反应相结合而完成的，其通式为：

$$酸_1 + 碱_2 \longrightarrow 碱_1 + 酸_2$$

它由两个反应组成：

$$酸_1 \longrightarrow H^+ + 碱_1$$
$$酸_2 \longrightarrow H^+ + 碱_2$$

$酸_1$ 把 H^+ 传递给了 $碱_2$，$酸_1$ 变成了 $碱_1$，$碱_2$ 变成了 $酸_2$。

例如：
$$NH_3 + H_2O \longrightarrow OH^- + NH_4^+$$
$$HAc + H_2O \longrightarrow H_3O^+ + Ac^-$$

总之，各种酸碱反应过程都是质子的转移过程，因此运用质子理论就可以找出各种酸碱反应的共同基本特征。

任务二　弱电解质的电离平衡

酸碱滴定法是以质子传递反应为基础的滴定分析法，而参与这些反应的物质主要是酸、碱和盐，它们都是电解质。凡在水溶液或熔融状态下能够导电的化合物都称为电解质，一般可分为强电解质和弱电解质两类。在水溶液中能完全电离的电解质称为强电解质(强酸、强碱和大多数的盐)；在水溶液中仅能部分电离的电解质称为弱电解质(弱酸、弱碱和水)。

一、水的电离和溶液的酸碱性

(一)水的电离

作为溶剂的水,既能给出质子起酸的作用,又能接受质子起碱的作用,因此水实际上是一种两性物质,水分子之间也可以发生质子的传递反应:

$$H_2O + H_2O \longrightarrow H_3O^+ + OH^-$$

上式可简写为:$H_2O \longrightarrow H^+ + OH^-$

其平衡常数表达式为:$K_W = [H^+][OH^-]$

K_W 称为水的离子积常数,或称水的质子自递常数,简称水的离子积。在一定温度下,水溶液中 H^+ 和 OH^- 浓度的乘积是一个常数。实验测得,298 K 时,在纯水中,H^+ 和 OH^- 浓度相等。

$$K_W = [H^+][OH^-] = 1.00 \times 10^{-14}$$

K_W 随温度的升高而增大,如 373K 时,$K_W = 1.00 \times 10^{-12}$。水的离子积不仅适用于纯水,也适用于所有稀的水溶液。

(二)溶液的酸碱性和 pH

溶液的酸碱性取决于溶液中 H^+ 和 OH^- 浓度的相对大小,常温下:

酸性溶液　$[H^+] > [OH^-]$,即 $[H^+] > 1 \times 10^{-7}$ mol/L。
中性溶液　$[H^+] = [OH^-]$,即 $[H^+] = 1 \times 10^{-7}$ mol/L。
碱性溶液　$[H^+] < [OH^-]$,即 $[H^+] < 1 \times 10^{-7}$ mol/L。

在实际应用中,溶液的酸碱度一般用 H^+ 浓度来统一表示。但当溶液中 H^+ 和 OH^- 浓度较小时,常用 pH 来表示溶液的酸碱性。pH 为 H^+ 浓度的负对数,即

$$pH = -\lg[H^+]$$

若用 pH 来表示溶液的酸碱性,则

酸性溶液　$[H^+] > 1 \times 10^{-7}$ mol/L,pH < 7。
中性溶液　$[H^+] = 1 \times 10^{-7}$ mol/L,pH = 7。
碱性溶液　$[H^+] < 1 \times 10^{-7}$ mol/L,pH > 7。

二、弱酸弱碱电离平衡

(一)电离常数

根据酸碱质子理论,酸(或碱)在水中的电离实际上是酸(或碱)和水之间的质子转移的酸碱反应。弱酸和弱碱(弱电解质)在水溶液中是不完全反应的,呈化学平衡状态,称为电离平衡。

对于反应:$HB + H_2O \rightleftharpoons H_3O^+ + B^-$

平衡常数用 K_a 表示:$K_a = \dfrac{[H^+][B^-]}{[HB]}$

K_a 称为弱酸的电离常数,在一定温度下,其值是一定的。

对于反应：$B^- + H_2O \rightleftharpoons HB + OH^-$

平衡常数用 K_b 表示：$K_b = \dfrac{[HB][OH^-]}{[B^-]}$

K_b 称为弱碱的电离常数，在一定温度下为一定值。电离常数可以表示弱电解质在电离平衡时电离为离子趋势的大小。在水溶液中，酸的强度取决于它将质子给予水分子的能力，而碱的强度则取决于它从水分子中夺取质子的能力。

共轭酸碱对 K_a 与 K_b 有下列关系（25 ℃）：

$$K_a \cdot K_b = [OH^-][H^+] = K_w = 1.0 \times 10^{-14}$$

或 $$pK_a + pK_b = pK_w$$

因此，对于共轭酸碱对，酸的酸性越强，则其对应碱的碱性越弱；反之，酸的酸性越弱，则其对应碱的碱性越强。

(二) 溶液 pH 的计算

酸碱滴定的过程，也就是溶液 pH 不断变化的过程。为揭示滴定过程中溶液 pH 的变化规律，首先要学习几类典型酸碱溶液 pH 的计算方法。在使用近似值公式或最简式进行计算时，必须注意有关公式的应用条件，这样才能保证计算结果的准确度。

基本公式： $$pH = -\lg[H^+]$$

溶液的酸碱性也可用 pOH 表示：$pOH = -\lg[OH^-]$

又因为 $$K_w = [H^+][OH^-] = 1.00 \times 10^{-14}$$

所以 $$pK_w = pH + pOH = 14$$

1. 强酸和强碱溶液 强酸和强碱都是强电解质，在溶液中全部解离成离子，当强酸或强碱溶液的浓度 $c \geq 10^{-6}$ mol/L 时，可忽略水的解离。溶液中 H^+ 或 OH^- 的浓度等于强酸或强碱的浓度。

2. 一元弱酸、弱碱溶液 设弱酸 HB 的浓度为 c(mol/L)，HB 在溶液中有下列解离平衡：

$$HB \rightleftharpoons H^+ + B^-$$
$$HB + H_2O \rightleftharpoons H_3O^+ + B^-$$

由一元弱酸解离平衡可知：

$$[H^+] = [B^-]$$
$$[HB] = c - [B^-] = c - [H^+]$$
$$K_a = \dfrac{[H^+][B^-]}{[HB]} = \dfrac{[H^+]^2}{c - [H^+]}$$

当 $cK_a \geq 20K_w$ 时，可忽略水的解离，平衡时溶液中 $[H^+]$ 远小于弱酸的原始浓度，所以 $[HB] = c - [H^+] \approx c$，则

$$[H^+] = \sqrt{K_a c}$$

上式是计算一元弱酸溶液中 H^+ 浓度的最简公式，当 $cK_a \geq 20K_w$，而且当 $c/K_a < 500$ 时，即可采用最简公式进行计算。

同理，可推导出一元弱碱溶液中 OH^- 浓度的计算公式。

设弱碱的浓度为 c(mol/L)，

近似式：$[OH^-] = \dfrac{-K_b + \sqrt{K_b + 4K_b c}}{2}$

最简式：$[OH^-] = \sqrt{K_b c}$（应用条件 $cK_b \geqslant 20K_w$，$c/K_b \geqslant 500$）

三、缓冲溶液

缓冲溶液是指能对抗外来少量酸或碱，而本身 pH 几乎不变的溶液。它能对溶液的酸度起稳定作用，它的酸度不因外加少量的酸（或碱）、反应中产生的少量酸（或碱），以及稀释而发生显著变化。

缓冲溶液一般由两种成分构成，一种是抗酸成分，另一种是抗碱成分。常把这两种成分称为缓冲对。常见的缓冲对有以下 3 种类型。

弱酸和弱酸盐：如 HAc - NaAc（pH=4~6）。

弱碱和弱碱盐：如 $NH_3 \cdot H_2O$ - NH_4Cl（pH=9~11）。

多元弱酸的两种盐：如 NaH_2PO_4 - Na_2HPO_4（pH=6~8）。

(一) 缓冲作用原理

现以 HAc - NaAc 缓冲体系为例说明其作用原理，它们在水溶液中按下式进行反应：

$$HAc \rightleftharpoons H^+ + Ac^-$$
$$NaAc \longrightarrow Na^+ + Ac^-$$

该缓冲体系的主要成分是 HAc 和 Ac^-。

向此溶液中加少量强酸（如 HCl）时，加入的 H^+ 与溶液中的主要成分 Ac^- 反应生成难解离的 HAc，使 HAc 的解离平衡向左移动，溶液中 $[H^+]$ 增加极少，即 pH 改变不显著，Ac^- 称为抗酸成分。

向此溶液中加少量强碱（如 NaOH）时，加入的 OH^- 与溶液中 H^+ 反应生成 H_2O，促使 HAc 继续解离，平衡向右移动，溶液中 $[H^+]$ 降低也不多，pH 没有明显变化，HAc 称为抗碱成分。

如果将溶液适当稀释，HAc 和 Ac^- 的浓度都相应降低，使 HAc 的解离度相应增大，将在一定程度上抵消因溶液稀释而引起的 $[H^+]$ 下降，因此 $[H^+]$ 或 pH 变化仍然很小。

由上述可知，缓冲溶液有抗酸成分和抗碱成分，当遇到外加少量酸或碱时，仅仅造成了弱电解质的解离平衡的移动，实现了抗酸成分和抗碱成分的互变，借以控制溶液的 $[H^+]$。

(二) 缓冲范围及缓冲溶液的选择

向缓冲溶液加入少量强酸或强碱或将其稍加稀释时，溶液的 pH 基本保持不变。但是，继续加入强酸或强碱，缓冲溶液对酸或碱的抵抗能力就会减小，甚至失去缓冲作用。可见，一切缓冲溶液的缓冲作用都是有限度的。就每一种缓冲溶液而言，只能加入一定量的酸或碱，才能保持溶液的 pH 基本不变。因此，每种缓冲溶液只具有一定的缓冲能力。

缓冲容量是衡量缓冲溶液缓冲能力大小的尺度，它的物理意义是使 1 L 缓冲溶液的 pH 增加一个单位时所需加入强碱的物质的量；或使 1 L 溶液的 pH 减少一个单位时所需要加入强酸的物质的量。

缓冲溶液的缓冲容量越大，其缓冲能力就越强。缓冲容量的大小与缓冲组分的总浓度及其比值有关,当缓冲组分浓度比一定时,总浓度越高,缓冲容量就越大,所以过度稀释将导致缓冲溶液的缓冲能力显著降低。而当缓冲组分总浓度一定时,缓冲组分的浓度比越接近于1,缓冲容量就越大。缓冲组分总浓度一定时,缓冲组分浓度比离1越远,缓冲容量就越小,甚至可能失去缓冲作用,因此缓冲溶液的缓冲作用都有一个有效的pH范围。在实际应用中,常用缓冲组分的浓度比为0.1～10作为缓冲溶液pH的缓冲范围,因而缓冲溶液pH的缓冲范围为:

$$pH = pK_a \pm 1$$

对于碱式缓冲溶液,缓冲范围则为:

$$pH = 14 - (pK_b \pm 1)$$

例如HAc-NaAc缓冲体系,$pK_a=4.74$,其缓冲范围为pH=3.74～5.74；又如NH_3-NH_4Cl缓冲体系,$pK_b=4.74$,缓冲范围为pH=8.26～10.26。

分析化学中用于控制溶液酸度的缓冲溶液很多,通常根据实际情况选择不同的缓冲溶液。缓冲溶液的选择原则如下:

(1)缓冲溶液对测定过程应没有干扰。

(2)缓冲溶液应具有足够的缓冲容量,通常缓冲组分的浓度一般为0.01～1.0 mol/L,以满足实际工作的需要。

(3)所需控制的pH应在缓冲溶液的缓冲范围之内。如果缓冲溶液由弱酸及其共轭碱组成,则pK_a应尽量与所控制的pH一致,即$pH \approx pK_a$；如果缓冲溶液由弱碱及其共轭酸组成,则pK_b应尽量与所控制的pOH一致,即$pOH \approx pK_b$。

一般来讲,pH为0～2,用强酸控制酸度；pH为2～12,用弱酸及其共轭碱或弱碱及其共轭酸组成缓冲溶液控制酸度；pH为12～14,用强碱控制酸度。

任务三 酸碱指示剂的选择

酸碱中和反应通常不发生任何外观(如颜色、沉淀等)的变化,在滴定过程中溶液的pH在不断地变化,为了确定滴定的终点,常采用指示剂法,这种在一定pH范围内变色的指示剂称为酸碱指示剂。常用的酸碱指示剂是一些有机弱酸或弱碱,在溶液中能部分电离成离子,且结构也发生改变,从而呈现不同的颜色。例如酚酞是一种有机弱酸,在酸性溶液中不显色,但在碱性溶液中却显红色。

滴定误差(滴定终点与化学计量点之间的分析误差)的大小主要取决于指示剂的选择,因此选用适当的指示剂才能获得比较准确的分析结果。在滴定分析中,指示剂的变色范围越窄越好。这样,在等量点附近pH稍有改变时,指示剂便立即由一种颜色变为另一种颜色。常用的酸碱指示剂见表2-3-1。

表2-3-1 常用的酸碱指示剂

指示剂	变色范围	酸色	碱色	浓　　度
百里酚蓝	1.2～2.8	红	黄	0.1%(20%乙醇溶液)
甲基橙	3.1～4.4	红	黄	0.1%水溶液

(续)

指示剂	变色范围	酸色	碱色	浓 度
溴酚蓝	3.0～4.6	黄	紫	0.1%(20%乙醇溶液或其钠盐水溶液)
甲基红	4.4～6.2	红	黄	0.1%(60%乙醇溶液或其钠盐水溶液)
溴百里酚蓝	6.2～7.6	黄	蓝	0.1%(20%乙醇溶液或其钠盐水溶液)
中性红	6.8～8.0	红	黄	0.5%水溶液
酚酞	8.0～10.0	无	红	0.5%(90%乙醇溶液)
百里酚酞	9.4～10.6	无	蓝	0.1%(90%乙醇溶液)

在酸碱滴定中，为了使终点颜色变化敏锐或使指示剂的变色范围更窄，常使用混合指示剂。混合指示剂有两类配制方法。一类是将两种或两种以上的指示剂按比例混合，利用颜色的互补作用，使指示剂变色范围更窄，变色更敏锐，有利于判断终点，提高分析的准确度。另一类是在某种指示剂中加入一种不随 H^+ 浓度变化而改变颜色的惰性染料。例如，采用中性红与次甲基蓝混合配制的指示剂，当配比为1∶1时，混合指示剂在pH=7.0时呈现蓝紫色，其酸色为蓝紫色，碱色为绿色，变色很敏锐。常用的酸碱混合指示剂见表2-3-2。

表2-3-2 常用的酸碱混合指示剂

混合指示剂的组成		变色点 (pH)	颜色		备 注
比例	成分		酸色	碱色	
1∶1	0.1%甲基黄乙醇溶液 0.1%次甲基蓝乙醇溶液	3.25	蓝紫	绿	pH=3.4绿色 pH=3.2蓝紫色
1∶1	0.1%甲基橙溶液 0.25%靛蓝二磺酸钠溶液	4.1	紫	黄绿	
3∶1	0.1%溴甲酚绿乙醇溶液 0.2%甲基红乙醇溶液	5.1	酒红	绿	
1∶1	0.1%中性红乙醇溶液 0.1%次甲基蓝乙醇溶液	7.0	蓝紫	绿	pH=7.0紫蓝色
1∶3	0.1%中性红乙醇溶液 0.1%百里酚蓝钠盐溶液	8.3	黄	紫	pH=8.2玫瑰红 pH=8.4清晰的紫色

选择酸碱指示剂的原则如下：
强酸滴定强碱，化学计量点pH≈7时，选用中性范围内变色的指示剂。
强酸滴定弱碱，化学计量点pH<7时，选用酸性范围内变色的指示剂。
强碱滴定弱酸，化学计量点pH>7时，选用碱性范围内变色的指示剂。

任务四 酸碱滴定法

一、酸碱滴定的基本原理

在酸碱滴定过程中，随着标准溶液不断加到未知溶液中，溶液的pH不断变化。因此，必须了解滴定过程中溶液 pH 的变化规律，才能选择合适的指示剂，从而正确地指示滴定终点，获得准确的测量结果。根据酸碱平衡原理，通过计算，以溶液的 pH 为纵坐标，以标准溶液的加入量为横坐标，绘制滴定曲线，展示滴定过程中 pH 的变化规律。下面分别讨论各种类型的滴定曲线，以了解被测定物质的浓度、解离常数等因素对滴定突跃的影响及如何正确选择指示剂等。

（一）一元强酸、强碱的滴定

酸碱滴定中的滴定剂一般选用强酸或强碱。

现以 0.100 0 mol/L 的 NaOH 溶液滴定 20.00 mL 浓度为 0.100 0 mol/L 的 HCl 溶液为例，讨论强碱强酸滴定过程中溶液的 pH 变化情况。

滴定反应为：$H^+ + OH^- \rightleftharpoons H_2O$，整个滴定过程可分为 4 个阶段分别考虑。

1. 滴定开始前 溶液中未加入 NaOH，溶液的组成为 HCl，即溶液的 pH 取决于 HCl 的起始浓度：$[H^+] = c(HCl) = 0.100\ 0$ mol/L，pH=1.00。

2. 滴定开始至化学计量点前 滴定开始，随着 NaOH 溶液的不断加入，溶液中 HCl 的量将逐渐减少，溶液的组成为 HCl 和 NaOH，其 pH 取决于剩余 HCl 的量。当加入 NaOH 溶液 19.98 mL（即滴定进行到 99.90%）时，溶液中的 $[H^+]$ 为：

$$[H^+] = \frac{20.00 - 19.98}{20.00 + 19.98} \times 0.100\ 0$$
$$= 5 \times 10^{-5}\ mol/L$$
$$pH = 4.30$$

从滴定开始至化学计量点前的各点的 pH 都同样计算。

3. 化学计量点时 当加入 20.00 mL NaOH 溶液时，到达化学计量点，NaOH 和 HCl 恰好完全反应，溶液的 H^+ 来自水的电离。

$$溶液中 [H^+] = [OH^-] = 1.0 \times 10^{-7}\ mol/L$$
$$pH = 7.00$$

4. 化学计量点后 化学计量点后，HCl 被中和完毕，溶液的 pH 由过量 NaOH 的量来决定。当滴入 20.02 mL NaOH 溶液（滴定进行到 100.10%）时：

$$[OH^-] = \frac{20.02 - 20.00}{20.02 + 20.00} \times 0.100\ 0 = 5.0 \times 10^{-5}\ mol/L$$
$$pOH = 4.30 \quad pH = 14.00 - 4.30 = 9.70$$

化学计量点后的各点 pH 都同样计算。

如此逐一计算，将计算结果列入表 2-3-3 中，然后以 NaOH 加入量为横坐标（或滴定分数）、对应的 pH 为纵坐标作图，就可以得到强碱滴定强酸的滴定曲线，如图 2-3-1 所示。

由图 2-3-1 和表 2-3-3 可知，在滴定过程中的不同阶段，加入单位体积的标准溶液，溶液 pH 变化的快慢是不相同的。因此，将化学计量点前后±0.1%相对误差范围内 pH 的变化范围称为滴定曲线的突跃范围。滴定到化学计量点附近，溶液 pH 所发生的突跃现象有重要的实际意义，它是选择指示剂的依据。凡是指示剂变色的 pH 范围全部或大部分落在滴定突跃范围之内的酸碱指示剂都可以用来指示滴定终点。在本例子中，凡在突跃范围

(pH＝4.30～9.70)内发生颜色变化的指示剂[如酚酞、甲基红、甲基橙(滴定至黄色)、溴百里酚蓝、酚红等]均可使用。虽然使用这些指示剂确定的终点并非化学计量点，但是可以保证由此差别引起的误差不超过±0.1%。

表2-3-3 用 0.100 0 mol/L NaOH 滴定 20.00 mL 0.100 0 mol/L 的 HCl

加入标准 NaOH 滴定分数(a)	V/mL	剩余 HCl 溶液体积/mL	过量 NaOH 溶液的体积/mL	pH
0	0.00	20.00		1.00
0.900	18.00	2.00		2.28
0.990	19.80	0.02		3.30
0.998	19.96	0.04		4.00
0.999	19.98	0.02		4.30
1.000	20.00	0		7.00
1.001	20.02		0.02	9.70
1.002	20.04		0.04	10.00
0.010	20.20		0.20	10.70
1.100	22.00		2.00	11.70
2.000	40.00		20.00	12.52

通过计算，可以得到不同浓度的 NaOH 滴定不同浓度 HCl 的滴定曲线(图 2-3-2)。

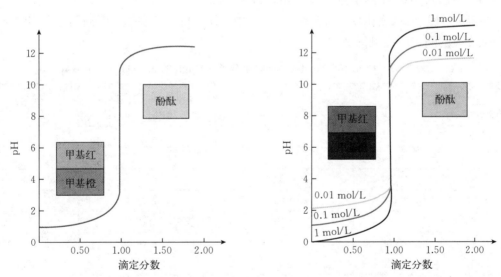

图 2-3-1 0.100 0 mol/L NaOH 滴定 0.100 0 mol/L HCl 时的滴定曲线

图 2-3-2 不同浓度的 NaOH 滴定不同浓度 HCl 的滴定曲线

由图 2-3-2 可知，酸碱溶液的浓度越大，滴定突跃范围越大，可供选择的指示剂越多。用 1 mol/L NaOH 滴定 1 mol/L HCl，滴定突跃范围为 3.3～10.7，此时若以甲基橙为指示剂，滴定至黄色为终点，滴定误差将小于 0.1%；若用 0.01 mol/L NaOH 滴定 0.01 mol/L HCl，滴定突跃范围减小为 5.3～8.7，这时若仍采用甲基橙为指示剂，滴定误差将大于 1%，只能用酚酞、甲基红等指示剂才符合滴定分析的要求。

(二)一元弱酸、弱碱的滴定

一元弱酸、弱碱在水溶液中存在电离平衡,滴定过程中溶液 pH 变化较复杂。现以浓度为 0.100 0 mol/L NaOH 滴定 20.00 mL 的 0.100 0 mol/L HAc 为例,说明滴定过程中溶液 pH 的变化情况。滴定反应如下:

$$HAc + OH^- \rightleftharpoons Ac^- + H_2O$$

同样,把滴定过程中溶液的 pH 变化分为滴定开始前、滴定开始至化学计量点之前、化学计量点时、化学计量点后 4 个阶段来讨论。

1. 滴定开始前 溶液中未加入 NaOH,溶液的组成为 HAc,即溶液的 pH 取决于 HAc 的起始浓度。

2. 滴定开始至化学计量点之前 滴定开始,由于 NaOH 的滴入,溶液中未反应的 HAc 与反应生成的 NaAc 组成缓冲体系,溶液的 pH 可根据缓冲液 pH 计算公式进行计算:

$$pH = pK_a - \lg \frac{c(HAc)}{c(Ac^-)}$$

3. 化学计量点时 化学计量点时,HAc 与 NaOH 定量反应全部生成 NaAc,由于 Ac^- 为弱碱,溶液的 pH 可根据弱碱的有关计算式进行计算。

4. 化学计量点后 化学计量点后,溶液由 NaAc 和过量的 NaOH 组成,由于 NaOH 过量,抑制了 NaAc 的水解,溶液的 pH 主要由过量的 NaOH 决定,其计算方法与强碱滴定强酸相同。当加入 NaOH 体积为 20.02 mL 时,溶液的 pH 为 9.70。

将滴定过程中 pH 变化数据列于表 2-3-4 中,并绘制滴定曲线。用强碱滴定 0.100 0 mol/L 各种强度酸的滴定曲线见图 2-3-3。

表 2-3-4 0.100 0 mol/L NaOH 滴定 20.00 mL 的 0.100 0 mol/L HAc

加入标准 NaOH		剩余 HAc 溶液	过量 NaOH 溶液	pH
滴定分数(a)	V/mL	体积/mL	的体积/mL	
0.000	0.00	20.00		2.89
0.900	18.00	2.00		5.70
0.990	19.80	0.20		6.74
0.999	19.98	0.02		7.74
1.000	20.00	0.00		8.72
1.001	20.02		0.02	9.70
1.010	20.20		0.20	10.70
1.100	22.00		2.00	11.70
2.000	40.00		20.00	12.50

与滴定 HCl 相比,NaOH 滴定 HAc 的滴定曲线有如下特点:

(1)滴定前,pH 比强碱滴定强酸高近 2 个单位,这是因为 HAc 的酸性比同浓度的 HCl 弱。

(2)化学计量点之前,溶液中未反应的 HAc 和反应产物 NaAc 组成缓冲体系,pH 的变化相对较缓。

（3）化学计量点时，由于滴定产物 NaAc 的水解，溶液呈碱性，pH＝8.72。被滴定的酸越弱，化学计量点的 pH 越大。

（4）化学计量点附近，溶液的 pH 发生突跃，滴定突跃范围为 pH＝7.74～9.70，处于碱性范围内，较 NaOH 滴定等浓度的 HCl 溶液的突跃范围（4.30～9.70）减少了很多，因此只能选择在弱碱性范围内变色的指示剂，如酚酞、百里酚酞等来指示滴定终点，而不能使用甲基橙、甲基红等。

滴定弱酸（碱），一般先计算出化学计量点时的 pH，选择的变色点尽可能接近化学计量点的指示剂来确定终点，这样比较简便。

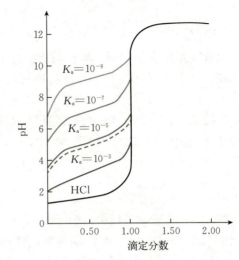

图 2-3-3　用强碱滴定 0.100 0 mol/L 各种强度酸的滴定曲线（其中虚线为 HAc）

关于强酸滴定弱碱，例如用 0.100 0 mol/L HCl 滴定 20.00 mL 的 0.100 0 mol/L $NH_3 \cdot H_2O$ 溶液，也可以采用分 4 个滴定阶段的思路求取其滴定曲线，其与 NaOH 滴定 HAc 的曲线相似，但 pH 变化的方向相反。化学计量点时 NH_4^+ 的水溶液呈酸性（pH＝5.28），滴定突跃范围为（pH＝4.30～6.25），可选甲基红、溴甲酚绿为指示剂。

强酸滴定弱碱时，滴定突跃范围的大小与弱碱的解离常数 K_b 及浓度有关。当 $K_a c \geqslant 10^{-8}$ 时，此弱碱才能用标准强酸溶液直接滴定。

二、酸碱滴定法的应用

(一)肥料、土壤中氮含量的测定

无机铵盐如 NH_4NO_3、$(NH_4)_2SO_4$、NH_4Cl 等，它们都是强酸弱碱盐，虽有酸性，但由于 NH_4^+ 的酸性太弱（K_a＝5.6×10^{-10}），所以不能用 NaOH 直接滴定。常采用甲醛法来测定其含氮量。

铵盐与甲醛作用，生成环六次甲基四胺（乌洛托品），同时放出定量的酸，故可选用酚酞作指示剂，用碱滴定液直接滴定。其反应式如下：

$$4NH_4^+ + 6HCHO \longrightarrow (CH_2)_6N_4 + 4H^+ + 6H_2O$$

由上述反应式可知，铵盐与放出的酸物质的量之比为 1∶1，则铵盐中氮的含量按下式计算：

$$X = \frac{c(NaOH) \times \dfrac{V(NaOH)}{1\,000} \times M(N)}{m(B)} \times 100\%$$

式中　X——铵盐中氮的含量，%；

$c(NaOH)$——NaOH 滴定液的浓度，mol/L；

$m(B)$——试样质量，g；

$M(N)$——氮的摩尔质量，g/mol；

$V(NaOH)$——消耗 NaOH 滴定液的体积，mL。

(二)农产品中总酸度的测定

总酸度是指食品中所有酸性物质的总量,包括已离解的酸的浓度和未离解的酸的浓度。农产品中的有机酸用 NaOH 标准溶液滴定时,被中和成盐类。

$$RCOOH + NaOH = RCOONa + H_2O$$

以酚酞为指示剂,滴定至溶液呈现淡红色且 30 s 内不褪色为终点。根据所消耗的 NaOH 标准溶液的浓度和体积,可计算样品中总酸度:

$$\rho = \frac{c(NaOH) \times V(NaOH) \times M(酸)}{V(酸)}$$

式中　ρ——总酸度,g/L;

$c(NaOH)$——NaOH 滴定液的浓度,mol/L;

$V(NaOH)$——消耗 NaOH 滴定液的体积,mL;

$M(酸)$——对应酸的摩尔质量,g/mol;

$V(酸)$——对应酸的体积,mL。

(三)烧碱中 NaOH 和 Na_2CO_3 含量的测定

烧碱在生产和储存过程中,由于吸收空气中的 CO_2 而成为 NaOH 和 Na_2CO_3 的混合碱,因此,测定 NaOH 含量的同时,要测定 Na_2CO_3 的含量。

准确称取质量为 m 的样品,用适量蒸馏水溶解后,加入酚酞指示剂,用浓度为 c 的 HCl 标准溶液滴定至红色刚消失,指示第一计量点的到达,记下所用 HCl 的体积 V_1,这时 NaOH 全部被中和,而 Na_2CO_3 仅被中和为 $NaHCO_3$。

$$NaOH + HCl = NaCl + H_2O$$
$$Na_2CO_3 + HCl = NaCl + NaHCO_3$$

向溶液中加入甲基橙,继续用 HCl 滴定至橙红色(为了使观察终点明显,在终点前可暂停滴定,加热除去 CO_2),指示第二计量点的到达,记下滴定 $NaHCO_3$ 所消耗 HCl 的体积 V_2。

$$NaHCO_3 + HCl = NaCl + CO_2\uparrow + H_2O$$

由计算关系知,Na_2CO_3 被中和为 $NaHCO_3$ 以及 $NaHCO_3$ 被中和为 H_2CO_3 所消耗 HCl 的体积是相等的,所以

$$\omega(Na_2CO_3) = \frac{c(HCl) \times \frac{V_2}{1\,000} \times M(Na_2CO_3)}{m} \times 100\%$$

$$\omega(NaOH) = \frac{c(HCl) \times \frac{(V_1 - V_2)}{1\,000} \times M(NaOH)}{m} \times 100\%$$

式中　$\omega(Na_2CO_3)$——Na_2CO_3 的含量,%;

$\omega(NaOH)$——NaOH 的含量;

$c(HCl)$——HCl 滴定液的浓度,mol/L;

V_1——到达第一计量点时消耗 HCl 滴定液的体积,mL;

V_2——到达第二计量点时消耗 HCl 滴定液的体积,mL;

$M(Na_2CO_3)$——Na_2CO_3 的摩尔质量，g/mL；

$M(NaOH)$——NaOH 的摩尔质量，g/mol；

m——样品质量，g。

奇妙的酸碱指示剂

酸碱指示剂是一类结构较复杂的有机弱酸或有机弱碱，在溶液中能够部分电离成指示剂的离子和氢离子(或氢氧根离子)，并且由于结构上的变化，其分子和离子具有不同的颜色，因而在不同的 pH 溶液中呈现不同的颜色。

最早发现酸碱指示剂的是英国著名化学家——罗伯特·波义耳，他在一次实验中不小心将浓盐酸溅到一束紫罗兰上，为了清洗花瓣上的酸，他将花浸泡在水中。经过一段时间后，波义耳惊奇地发现紫罗兰变成了红色，于是，他请助手将紫罗兰花瓣分成小片投放到其他的酸溶液中，结果发现花瓣均变成了红色。之后，他又将其他花瓣用于实验中，并制成了花瓣的水或酒精浸取液，用它们来检验未知的物质是否为酸，同时发现用花瓣检验一些碱溶液时也会发生变色现象。此后，波义耳从草药、牵牛花、苔藓、月季花等植物中提取汁液，并用它们制成了试纸，波义耳用这些试纸对酸性溶液和碱性溶液进行多次试验，终于发明了我们现在使用的酸碱指示剂。

在我们的日常生活中所见到的某些植物中含有丰富的花青素和其他有机酸、有机碱，当环境 pH 改变时，有机酸、有机碱的结构改变，致使其颜色发生变化，因而可以作为酸碱指示剂。其中我们常见的一种蔬菜——紫甘蓝中所含的花青素非常丰富。花青素，又称花色素，是自然界中一类广泛存在于植物中的水溶性天然色素，在植物细胞液泡不同的 pH 条件下，花青素使花瓣呈现五彩缤纷的颜色。当我们将紫甘蓝的叶片捣碎、用蒸馏水浸取时可得到呈蓝紫色的浸取液，将浸取液分别加入生活中常见的物质中就会显示出不同的颜色，例如：将其滴到白醋中，无色的白醋迅速变为红色，滴入肥皂水中则迅速变为绿色，滴入碱面水中变为天蓝色。一般而言，花青素遇酸偏红色，遇碱偏蓝色或浅绿色。由此，我们可以利用花青素的变色原理来检验生活中常见物质的水溶液的酸碱性。

知识检测

1. 填空题

(1)酸碱质子理论认为：_____物质都是酸，_____物质都是碱。两个共轭酸碱对之间传递质子的反应统称为_____。

(2)在弱电解质溶液中加入少量的_____具有相同离子的强电解质时，则弱电解质的电离度会降低，这种现象称为_____。

(3)能够抵抗少量外来的_____或者_____而本身 pH 几乎不变的溶液称为_____溶液，常见的缓冲溶液 3 种类型分别为_____、_____、_____。

(4)用强碱滴定强酸时可选用_____作指示剂,用强酸滴定强碱时可选用_____作指示剂,用强碱滴定弱酸时可选用_____作指示剂,用强酸滴定弱碱时可选用_____作指示剂。

2. 选择题

(1)酚酞指示剂的变色范围是(　　)。
A. 3.1～4.4　　　　　　　　B. 4.4～6.2
C. 6.8～8.0　　　　　　　　D. 8.0～10.0

(2)甲基橙指示剂的变色范围是(　　)。
A. 3.0～4.6　　　　　　　　B. 3.1～4.4
C. 4.4～6.2　　　　　　　　D. 8.0～10.0

(3)酸碱滴定时所用的标准溶液的浓度(　　)。
A. 越大,突跃越大,越适合进行滴定分析
B. 越小,标准溶液消耗越小,越适合进行滴定分析
C. 标准溶液的浓度一般在 0.01～1 mol/L
D. 标准溶液的浓度一般在 1 mol/L 以上

(4)酚酞指示剂的碱式色是(　　)。
A. 红色　　　　　　　　　　B. 无色
C. 黄色　　　　　　　　　　D. 橙色

(5)甲基橙指示剂的碱式色是(　　)。
A. 红色　　　　　　　　　　B. 无色
C. 黄色　　　　　　　　　　D. 橙色

3. 用基准物质硼砂($Na_2B_4O_7 \cdot 10H_2O$)标定盐酸溶液时,精密称取 0.549 2 g 硼砂,滴定终点时消耗盐酸 25.64 mL,计算该盐酸溶液的准确浓度。

4. 用基准物质邻苯二甲酸氢钾($KHC_8H_4O_4$)标定 NaOH 溶液,以酚酞为指示剂,精确称取 0.432 8 g 邻苯二甲酸氢钾,到达终点时消耗 NaOH 溶液 21.40 mL,计算 NaOH 溶液的准确浓度。

项目四
其他常见滴定法

学习目标

● 知识目标

1. 了解氧化还原滴定法、沉淀滴定法、配位滴定法的原理和基本概念。
2. 掌握氧化还原滴定法、沉淀滴定法、配位滴定法中所用的指示剂的使用条件和指示终点的方法。
3. 掌握氧化还原滴定法、沉淀滴定法、配位滴定法的具体应用。

● 技能目标

1. 学会高锰酸钾标准溶液的配制与标定。
2. 学会EDTA标准溶液的配制与标定。
3. 能用氧化还原滴定、沉淀滴定、配位滴定的相关方法对某些物质进行分析。

任务一　氧化还原滴定法

一、概述

氧化还原滴定法是以氧化还原反应为基础的滴定分析法，它是以氧化剂或还原剂为标准溶液来测定还原性或氧化性物质含量的方法。很多无机物和有机化合物能直接或间接地利用此法来进行测定，其应用十分广泛。但是氧化还原反应机理比较复杂，反应常常是分步进行的，反应速度通常比较慢，常有副反应发生。因此，必须创造适当的条件，如通过升高溶液的温度、增加反应物的浓度或降低生成物的浓度、添加催化剂等方法，使之符合滴定分析对反应的要求。

氧化还原滴定法中，由于氧化还原反应类型不同，所以应用的标准溶液比较多。通常根据所用标准溶液的名称命名氧化还原滴定法，例如高锰酸钾法、重铬酸钾法和碘量法等（本节重点介绍高锰酸钾法、重铬酸钾法）。

二、氧化还原滴定法指示剂

氧化还原反应通常可以用指示剂指示终点，常用的指示剂有以下3类。

(一)自身指示剂

在氧化还原滴定中,利用标准溶液自身的颜色变化来指示终点的称为自身指示剂。例如,用 $KMnO_4$ 作标准溶液进行滴定时,MnO_4^- 在强酸性溶液中被还原为近乎无色的 Mn^{2+},当滴定至溶液呈现微红色时,即指示达到滴定终点。

(二)氧化还原指示剂

氧化还原指示剂是本身具有氧化还原性质的一类有机化合物,这类指示剂的氧化态和还原态具有不同的颜色。常用的氧化还原指示剂及其颜色变化见表2-4-1。

表 2-4-1 常用的氧化还原指示剂及其颜色变化

指示剂	颜色变化		指示剂溶液
	氧化态	还原态	
亚甲基蓝	蓝色	无色	0.05%水溶液
二苯胺	紫色	无色	0.1% H_2SO_4 溶液
二苯胺磺酸钠	紫红色	无色	0.05%水溶液
邻苯氨基苯甲酸	紫红色	无色	0.1% Na_2CO_3 溶液
邻二氮菲亚铁	浅蓝色	红色	0.025 mol/L 水溶液
硝基邻二氮菲亚铁	浅蓝色	紫红	0.025 mol/L 水溶液

(三)特殊指示剂

本身并不参与氧化还原反应,但能与标准溶液、被测物质或滴定产物发生显色反应而指示滴定终点的物质称为特殊指示剂。例如,可溶性淀粉本身并不具有氧化还原性,但它能与游离碘生成深蓝色配位化合物,当 I_2 全部还原为 I^- 时,深蓝色消失,而 I_2 浓度为 $5×10^{-6}$ mol/L 时即能看到蓝色。因此,淀粉是该氧化还原反应的特殊指示剂。

三、常用的氧化还原滴定法

(一)高锰酸钾法

1. 高锰酸钾法基本原理 高锰酸钾是一种较强的氧化剂,其氧化能力和还原产物与溶液的酸度有关。在强酸性溶液中与还原剂作用,MnO_4^- 被还原为 Mn^{2+}:

$$MnO_4^- + 8H^+ + 5e^- = Mn^{2+} + 4H_2O$$

在弱酸、中性或弱碱性溶液中与还原剂作用,MnO_4^- 被还原为 Mn^{4+}:

$$MnO_4^- + 2H_2O + 3e^- = MnO_2 \downarrow + 4OH^-$$

在强碱性溶液中与还原剂作用,MnO_4^- 被还原为 MnO_4^{2-}:

$$MnO_4^- + e^- = MnO_4^{2-}$$

从强酸性反应式中得知 $KMnO_4$ 获得 5 个电子,所以 $KMnO_4$ 的基本单元为 $1/5\ KMnO_4$。从弱酸或碱性反应中得知 $KMnO_4$ 获得 3 个电子,所以 $KMnO_4$ 的基本单元为 $1/3\ KMnO_4$。

但在分析实验中很少用后一种反应,因为反应后生成的 MnO_2 为棕色沉淀,影响对终点的观察。在酸性溶液中的反应常用 H_2SO_4 酸化而不用 HNO_3,因为 HNO_3 是氧化性酸,能与被测物发生反应;也不用 HCl,因为 HCl 中的 Cl^- 有还原性,也能与 $KMnO_4$ 反应。

利用 $KMnO_4$ 作氧化剂可用直接法测定还原性物质,也可用间接法测定氧化性物质,此时先将一定量的还原剂标准溶液加入被测定的氧化性物质中,待反应完毕后,再用 $KMnO_4$ 标准溶液返滴剩余的还原剂标准溶液。用 $KMnO_4$ 法进行测定是以 $KMnO_4$ 自身为指示剂的。

2. $KMnO_4$ 标准溶液的配制与标定

(1)配制。市售 $KMnO_4$ 纯度仅在 99% 左右,其中含有少量的 MnO_2 及其他杂质,同时蒸馏水中也常含有还原性物质,如尘埃、有机化合物等,这些物质都能使 $KMnO_4$ 被还原,因此 $KMnO_4$ 标准溶液不能用直接法配制,必须先配制成近似浓度,然后再用基准物质标定。为此通过下列步骤配制。

第一步,称取稍多于计算用量的 $KMnO_4$,溶解于一定体积的蒸馏水中,将溶液加热煮沸,保持微沸 15 min,并放置两周,使还原性物质完全被氧化。

第二步,用微孔玻璃漏斗过滤,除去 MnO_2 沉淀,滤液移入棕色瓶中保存,避免 $KMnO_4$ 见光分解。一般配制的 $KMnO_4$ 溶液,经小心配制并在暗处存放,在半年内浓度改变不大。但 0.02 mol/L 的 $KMnO_4$ 溶液不宜长期储存。

具体配制 $c(1/5KMnO_4)=0.1$ mol/L 的方法如下:称取 3.3 g $KMnO_4$,溶于 1 050 mL 水中,缓慢煮沸 15 min,冷却后置于暗处保存两周,用 P_{16} 号玻璃滤埚(事先用相同浓度的 $KMnO_4$ 溶液煮沸 5 min)过滤于棕色瓶(用 $KMnO_4$ 溶液洗 2~3 次)中。

(2)标定。标定 $KMnO_4$ 标准溶液的基准物很多,如 $(NH_4)_2Fe(SO_4)_2 \cdot 6H_2O$、$Na_2C_2O_4$、$H_2C_2O_4 \cdot 2H_2O$(分析纯)和纯铁丝等。其中常用的是 $Na_2C_2O_4$,因为它易于提纯、稳定且没有结晶水,在 105~110 ℃烘至质量恒定即可使用。标定反应如下:

$$2MnO_4^- + 5C_2O_4^{2-} + 16H^+ = 2Mn^{2+} + 10CO_2 \uparrow + 8H_2O$$

具体标定方法:称取 0.2 g 于 105~110 ℃烘至质量恒定的基准草酸钠,精确至 0.000 1 g。溶于 100 mL(8+92)硫酸溶液中,用配制好的 $KMnO_4$ 溶液[$c(1/5KMnO_4)=0.1$ mol/L]滴定,近终点时加热至 65 ℃,继续滴定至溶液呈粉红色并保持 30 s。同时做空白试验。

注意,开始滴定时因反应速度慢,滴定速度要慢,待反应开始后,由于 Mn^{2+} 的催化作用,反应速度变快,滴定速度方可加快。近终点时加热至 65 ℃,是为了使 $KMnO_4$ 与 $Na_2C_2O_4$ 反应完全。

$KMnO_4$ 标准溶液的浓度按下式计算:

$$c(KMnO_4) = \frac{2 \times m(Na_2CO_3) \times 1\,000}{5 \times M(Na_2CO_3) \times V(KMnO_4)}$$

式中　$c(KMnO_4)$——$KMnO_4$ 标准溶液的浓度,mol/L;

$m(Na_2C_2O_4)$——$Na_2C_2O_4$ 的质量,g;

$V(KMnO_4)$——消耗 $KMnO_4$ 溶液的体积,mL;

$M(Na_2C_2O_4)$——$Na_2C_2O_4$ 的摩尔质量,g/mol。

(二)重铬酸钾法

1. 重铬酸钾法基本原理　重铬酸钾法是以 $K_2Cr_2O_7$ 为标准溶液所进行滴定的氧化还原方法。$K_2Cr_2O_7$ 是一种强氧化剂,在酸性溶液中被还原为 Cr^{3+}。

$$Cr_2O_7^{2-} + 14H^+ + 6e^- \rightleftharpoons 2Cr^{3+} + 7H_2O$$

从反应式中得知 $K_2Cr_2O_7$ 获得 6 个电子,其基本单元为 $1/6 K_2Cr_2O_7$,它的摩尔质量 $M(1/6 K_2Cr_2O_7) = 49.03$ g/mol。

$K_2Cr_2O_7$ 是稍弱于 $KMnO_4$ 的氧化剂,它与 $KMnO_4$ 对比具有以下优点:
(1) $K_2Cr_2O_7$ 溶液较稳定,置于密闭容器中,浓度可保持较长时间不改变。
(2) 可在 HCl 介质中进行滴定,$K_2Cr_2O_7$ 不会氧化 Cl^- 而产生误差。
(3) $K_2Cr_2O_7$ 容易制得纯品,因此可作基准物用直接法配制成标准溶液。但用重铬酸钾法测定样品需要用氧化还原指示剂。

2. 重铬酸钾标准溶液的配制　$K_2Cr_2O_7$ 标准溶液通常用直接法配制,如配制 $c(1/6 K_2Cr_2O_7) = 0.1000$ mol/L 溶液 100 mL,将 $K_2Cr_2O_7$ 在 120 ℃ 时烘至质量恒定,置于干燥器中冷却至室温。准确称取 0.4903 g $K_2Cr_2O_7$ 于小烧杯中,加水溶解,转移至 100 mL 容量瓶中,加水至刻度,摇匀,移入试剂瓶中。

四、氧化还原滴定法的应用

(一) 用 $KMnO_4$ 测定 H_2O_2 的含量

用 $KMnO_4$ 测定 H_2O_2 的含量,该反应在室温下的酸性介质中进行。在酸性溶液中 H_2O_2 被 MnO_4^- 定量氧化,其反应为:

$$5H_2O_2 + 2MnO_4^- + 6H^+ \rightleftharpoons 2Mn^{2+} + 5O_2\uparrow + 8H_2O$$

开始时反应速率较慢,随着 Mn^{2+} 的生成反应加快(也可以先加入少量 Mn^{2+} 为催化剂)。

(二) 用 $KMnO_4$ 测定钙的含量

钙是人体和动物的必需元素,很多食品中含有钙,钙本身不具有氧化还原性,但可以用高锰酸钾法的间接滴定法测定钙的含量,其测定步骤为:先将样品用硫酸处理成溶液,使 Ca^{2+} 溶解在溶液中,然后在一定条件下使溶液中的 Ca^{2+} 和 $C_2O_4^{2-}$ 反应,将沉淀过滤洗净,沉淀溶解于热的稀硫酸中,最后用高锰酸钾标准溶液在 75~85 ℃ 标定 $H_2C_2O_4$,从而求出 Ca^{2+} 的含量,其反应为:

$$Ca^{2+} + C_2O_4^{2-} \rightleftharpoons CaC_2O_4\downarrow$$
$$CaC_2O_4 + 2H^+ \rightleftharpoons Ca^{2+} + H_2C_2O_4$$
$$5H_2C_2O_4 + 2MnO_4^- + 6H^+ \rightleftharpoons 2Mn^{2+} + 10CO_2\uparrow + 8H_2O$$

该反应中酸度控制非常重要,在中性或弱碱性溶液中进行沉淀反应,会有部分 $Ca(OH)_2$ 或碱式草酸钙生成而导致测得结果偏低。可先用 H_2SO_4 酸化试液,再加入足够使 Ca^{2+} 沉淀完全的草酸铵,由于在酸性溶液中 $C_2O_4^{2-}$ 大部分以 $H_2C_2O_4$ 形式存在,影响 CaC_2O_4 的生成,所以用稀氨水调节试液酸度到 pH 为 3.5~4.5(甲基橙指示剂显示黄色),在该酸度下可以使沉淀缓慢生成而获得较大颗粒的 CaC_2O_4 沉淀。除此之外,Zn^{2+}、Cd^{2+}、

Ba^{2+} 等能与 $C_2O_4^{2-}$ 定量地生成草酸盐沉淀,都能用高锰酸钾间接测定。

任务二 沉淀滴定法

一、概述

沉淀滴定法是以沉淀反应为基础的滴定分析法。根据滴定分析对化学反应的要求,适用于滴定的沉淀反应必须满足以下条件。

(1)反应必须迅速、定量进行,没有副反应发生。
(2)生成沉淀的溶解度小且组成恒定。
(3)有准确确定化学计量点的方法。
(4)沉淀的吸附现象不影响滴定终点的确定。

由于上述条件的限制,能应用于沉淀滴定法的反应比较少。目前应用较多的是生成难溶银盐的反应,称为银量法。

二、银量法

银量法根据所用指示剂的不同,以创立者的名字命名,分为莫尔法、佛尔哈德法和法扬司法 3 种,本任务重点介绍莫尔法、佛尔哈德法。

(一)莫尔法

1. 基本原理 莫尔法是以硝酸银为标准溶液,以铬酸钾为指示剂,在中性或弱碱性溶液中测定 Cl^- 或 Br^- 含量的方法。

滴定反应:$Ag^+ + Cl^- =\!=\!= AgCl\downarrow$(白色)

终点反应:$2Ag^+ + CrO_4^{2-} =\!=\!= Ag_2CrO_4\downarrow$(砖红色)

在滴定过程中,由于 AgCl 的溶解度比 Ag_2CrO_4 的溶解度小,因此首先析出 AgCl 沉淀。随着硝酸银的不断加入,AgCl 沉淀不断析出,溶液中的 Cl^- 浓度越来越小,当沉淀完全时,稍微过量的 Ag^+ 可与指示剂 CrO_4^{2-} 作用生成砖红色的 Ag_2CrO_4 沉淀,指示达到滴定终点。

2. 滴定条件

(1)指示剂的用量。Ag_2CrO_4 沉淀应恰好在滴定反应化学计量点时产生,滴定时,由于 K_2CrO_4 溶液呈黄色,当其浓度高时颜色较深,不易判断砖红色的出现,因此指示剂的浓度略低些好。但 K_2CrO_4 溶液浓度过低,终点出现过迟,也影响滴定的准确度。一般滴定溶液中 CrO_4^{2-} 浓度宜控制在 5×10^{-3} mol/L。

(2)溶液 pH 的控制。莫尔法测定只能在中性和弱碱性溶液中进行。在酸性溶液中,CrO_4^{2-} 会转化成 $Cr_2O_7^{2-}$,使 Ag_2CrO_4 沉淀出现过迟,终点延迟出现。在碱性溶液中,Ag^+ 容易生成 Ag_2O 沉淀。

3. 适用范围 莫尔法只适用于测定氯化物和溴化物,不适用于测定 I^- 及 SCN^- 的化合物,这是因为 AgI 和 AgSCN 沉淀吸附溶液中的 I^- 及 SCN^- 更为强烈,造成化学计量点前溶液中被测离子浓度降低,影响测定结果的准确性。

(二)佛尔哈德法

佛尔哈德法是以铁铵矾[$NH_4Fe(SO_4)_2$]为指示剂的银量法。根据测定对象的不同,又分为直接滴定法和返滴定法。

1. 直接滴定法 直接滴定法用来测定Ag^+。在酸性溶液中,用NH_4SCN或$KSCN$为标准溶液滴定Ag^+,以铁铵矾为指示剂。溶液中首先析出AgSCN沉淀,当Ag^+定量沉淀后,稍过量的SCN^-与铁铵矾中的Fe^{3+}反应,生成红色络合物,即为到达终点。

滴定反应:$Ag^+ + SCN^- == AgSCN\downarrow$(白色)

终点反应:$Fe^{3+} + SCN^- == FeSCN^{2+}$(红色)

应注意的是,由于AgCl的溶解度较大,易转化为AgSCN沉淀,从而产生很大的误差,需采用一些措施避免已沉淀的AgCl发生转化。

2. 返滴定法 返滴定法可用来测定氯离子。在酸性溶液中,加入过量的$AgNO_3$标准溶液,以铁铵矾为指示剂,用NH_4SCN标准溶液返滴定过量的Ag^+,当溶液中出现$FeSCN^{2+}$红色时,指示达到终点。

未滴定时:$Cl^- + Ag^+$(过量)$== AgCl\downarrow + Ag^+$(剩余)

滴加KSCN时:Ag^+(剩余)$+ SCN^- == AgSCN\downarrow$(白色)

滴定终点时:$Fe^{3+} + SCN^- == FeSCN^{2+}$(红色)

此时,两种标准溶液所用量的差值与被测试液中的Cl^-的物质的量相对应,从而计算出被测物质的含量。

3. 滴定条件

(1)溶液的酸度。佛尔哈德法应在酸性介质中滴定,以防止Fe^{3+}水解生成棕色沉淀,影响对终点的观察。但由于HSCN的$K_a = 1.4 \times 10^{-1}$,酸度不宜过高,通常在0.11~1.0 mol/L HNO_3介质中滴定。

(2)指示剂用量。在滴定分析中,指示剂的用量是保证滴定分析准确的重要条件。指示剂Fe^{3+}的浓度一般以1.5×10^{-2} mol/L为宜,这样产生的误差很小。

直接法滴定Ag^+时,为避免AgSCN吸附Ag^+,在终点时必须剧烈摇动。返滴定法测Cl^-时,为防止AgCl转化为AgSCN,使测定结果值偏低,通常采用两种措施:一是过滤除去AgCl,再用稀HNO_3洗涤沉淀,然后用NH_4SCN标准溶液滴定滤液中的过量Ag^+,这种方法比较麻烦。另一种方法是加入有机溶剂,如加入硝基苯或1,2-二氯乙烷等,这样使AgCl表面覆盖一层有机溶剂,避免与外部溶液接触,阻止了AgCl转化为AgSCN,这种方法简便易行。

三、标准溶液的配制和标定

1. $AgNO_3$标准溶液的配制和标定

(1)配制。用$AgNO_3$优级纯试剂可以用直接法配制标准溶液。如果$AgNO_3$纯度不够,就应先配成近似浓度的溶液,然后再进行标定。

称取17.5 g $AgNO_3$,溶于1 000 mL水中,摇匀。溶液保存于棕色瓶中。其浓度为$c(AgNO_3) = 0.1$ mol/L。

(2)标定。标定$AgNO_3$溶液最常用的基准物是基准试剂NaCl,使用前在500~600 ℃灼烧至质量恒定。一般来说，标定步骤与测定试样的步骤最好相同。下面以银量法标定为例来说明。

称取 0.2 g 于 500~600 ℃ 灼烧至质量恒定的基准 NaCl，精确至 0.000 2 g。将其溶解于 70 mL 水中，加 10 mL 淀粉溶液(10 g/L)，在摇动条件下用配好的 0.1 mol/L 的 $AgNO_3$ 溶液避光滴定，近终点时，加 3 滴荧光黄指示液(5 g/L)，继续滴定至溶液呈粉红色。

$$c(AgNO_3) = \frac{m(NaCl)}{M(NaCl) \times \dfrac{V(AgNO_3)}{1\,000}}$$

式中　$c(AgNO_3)$——$AgNO_3$ 标准溶液的浓度，mol/L；
　　　$m(NaCl)$——NaCl 的质量，g；
　　　$V(AgNO_3)$——消耗 $AgNO_3$ 溶液的体积，mL；
　　　$M(NaCl)$——NaCl 的摩尔质量，g/mol。

2. NH_4SCN 标准溶液的配制和标定

(1) 配制。市售 NH_4SCN 常含有硫酸盐、硫化物等杂质，因此只能用间接法配制。称取 7.6 g NH_4SCN，溶于 1 000 mL 水中，摇匀。其浓度为 $c(NH_4SCN) = 0.1$ mol/L。

(2) 标定。准确吸取 30.00~35.00 mL 已标定过的 $AgNO_3$ 标准溶液 $c(AgNO_3) = 0.1$ mol/L，加 20 mL 水、1 mL 铁铵矾指示液(400 g/L)及 10 mL HNO_3 溶液(25%)，在摇动条件下用配好的 NH_4SCN 溶液 $c(NH_4SCN) = 0.1$ mol/L 滴定，终点前摇动溶液至完全清亮后，继续滴定至溶液呈浅棕红色并保持 30 s。

NH_4SCN 溶液的浓度按下式计算。

$$c(NH_4SCN) = \frac{c(AgNO_3) \times V(AgNO_3)}{V(NH_4SCN)}$$

式中　$c(NH_4SCN)$——NH_4SCN 溶液的浓度，mol/L；
　　　$c(AgNO_3)$——$AgNO_3$ 的浓度，mol/L；
　　　$V(AgNO_3)$——消耗 $AgNO_3$ 溶液的体积，mL；
　　　$V(NH_4SCN)$——消耗 NH_4SCN 溶液的体积，mL。

四、沉淀滴定法的运用

(一) 罐头食品中氯化钠的测定(莫尔法)

取一定量的罐头样品捣碎，使其均匀(颜色深的要先炭化)，用蒸馏水溶解后移入 250 mL 容量瓶中，加蒸馏水定容、摇匀，用干燥的滤纸将样品滤入干燥的烧杯中，用移液管吸取 50 mL 滤液，加酚酞指示剂 3~5 滴，用 NaOH 溶液中和至淡红色，加入铬酸钾指示剂，用硝酸银标准溶液滴定至砖红色，摇动后不褪色为终点。

(二) 蔬菜产品中氯化物含量的测定(佛尔哈德法)

蔬菜在生长过程中常会喷洒氯化物的农药、化肥等，可采用佛尔哈德法测定氯化物含量。样品磨碎或捣碎，使其均匀，准确称取适量样品于烧杯中，加入 100 mL 蒸馏水混匀，加热至沸并保持 1 min，冷却后转入 250 mL 容量瓶中，加硝酸定容，静置 15 min 过滤去渣，用移液管吸取滤液，加入 5 mL 硫酸和 5 mL 硝酸，加入铁铵矾指示剂和过量的硝酸银标准溶液，再加入 3 mL 硝基苯并用力摇动，促使沉凝聚，再用 NH_4SCN 溶液滴定至出红色并保持 5 min 不褪色为终点。

任务三　配位滴定法

一、配位化合物

(一)配位化合物的概念

1. 配位化合物的定义　配位化合物简称配合物，是一类较为复杂的化合物，广泛存在于自然界中。例如，大多数金属离子在水溶液或土壤中，都是以复杂的水合配离子或配合物的形式存在的。在一些简单无机化合物的分子中（如 H_2SO_4、$NaOH$、$FeCl_3$ 等），各元素的原子间都有确定的整数比，符合经典的化合价理论。另外，还有许多由简单化合物加合而成的物质。例如：

$$CuSO_4 + 4NH_3 = [Cu(NH_3)_4]SO_4$$
$$AgCl + 2NH_3 = [Ag(NH_3)_2]Cl$$

在此类加合过程中，没有电子得失和价态的变化，也没有形成共用电子的共价键。在这类化合物中，都含有稳定存在的复杂离子，这些离子是由中心离子（或原子）与几个中性分子或阴离子以配位键结合而成的，称为配离子。含有配离子的化合物称为配合物。

2. 配合物的组成　配合物结构比较复杂，通常配合物是由配离子和带相反电荷的其他离子所组成的化合物。

配合物分为两个组成部分，即内界和外界，外界和内界以离子键结合。在配合物内，提供电子对的分子或离子称为配位体；接受电子对的离子或原子称为中心离子（原子）。中心离子（原子）与配位体以配位键结合组成配合物的内界，书写化学式时，用"[ ]"把内界括起来。配合物中的其他离子构成配合物的外界，写在括号外面。

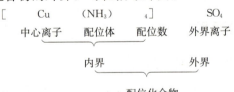

配位化合物

(1)中心离子（原子）。中心离子（原子）是配合物的形成体，是配合物的核心部分，位于配合物的中心位置。中心离子绝大多数是过渡金属阳离子，如 Fe^{2+}、Fe^{3+}、Cu^{2+}、Co^{2+}、Ni^{2+}、Zn^{2+} 等，因为过渡金属离子的价电子轨道，因此能形成配位键。中心离子也可能是一些金属原子或高氧化数的非金属元素。

(2)配位体。配位体是指与中心离子（原子）直接相连的分子或离子。能提供配位体的物质称为配位剂，例如下面反应式中的 KI 就是配位剂。

$$HgCl_2 + 4KI = K_2[HgI_4] + 2KCl$$

配位体位于中心离子周围，它可以是中性分子，如 NH_3、H_2O 等，也可以是阴离子，如 Cl^-、CN^-、OH^-、S^{2-} 等。配位体以配位键与中心离子（原子）结合。配位体中与中心离子(原子)直接相连的原子称为配位原子,如 NH_3 中的 N 原子,H_2O 中的 O 原子,CO 中的 C 原子等。一般常见的配位原子主要是周期表中电负性较大的非金属原子,如 F、Cl、Br、I、O、N、S、P、C 等。

根据配位体所含配位原子的数目不同,可分为单齿配位体和多齿配位体。单齿配位体只含有一个配位原子,如 X^-、NH_3、H_2O、CN^- 等。多齿配位体中含有两个或两个以上的配位原子,如乙二胺、$C_2O_4^{2-}$、EDTA 等。

(3)配位数。直接和中心离子(原子)相连的配位原子总数称为该中心离子(原子)的配位数。计算中心离子的配位数时,如果配位体是单齿的,配位体的数目就是该中心离子(原子)的配位数,配位体的数目和配位数相等。如果配位体是多齿的,配位体的数目就不等于中心离子(原子)的配位数,如配离子 $[Ni(NH_2-CH_2-CH_2-NH_2)_2]^{2+}$ 中,乙二胺(简写为 en)是双齿配位体,Ni^{2+} 的配位数是 4 而不是 2。

(4)配离子的电荷数。配离子的电荷数等于中心离子和配位体总电荷的代数和。例如在 $[Fe(CN)_6]^{4-}$ 中,由于中心离子 Fe^{2+} 带两个单位正电荷,配位体共有 6 个 CN^-,每一个 CN^- 带一个单位负电荷,所以配离子 $[Fe(CN)_6]^{4-}$ 带 4 个单位负电荷。配离子的电荷数还可以根据外界离子的电荷总数和配离子的电荷总数相等而符号相反这一原则来推断。例如在 $K_4[Fe(CN)_6]$ 中,外界有 4 个 K^+,可推断出配离子带 4 个单位负电荷。

(二)配位化合物的命名

配位化合物的结构组成较复杂,不能再按一般简单的无机物命名,其命名原则如下:
(1)配位体名称列在中心原子之前,配位体的数目用一、二、三、四等数字表示。
(2)不同配位体名称之间以居中圆点"·"分开。
(3)配位体与中心离子之间用"合"字连接,即在最后一个配位体名称之后缀以"合"字。
(4)中心离子后用罗马数字标明氧化数,并加括号。
例如:

$[Cu(NH_3)_4]SO_4$ 硫酸四氨合铜(Ⅱ)
$[Ag(NH_3)_2]Cl$ 氯化二氨合银(Ⅰ)
$[Pt(NH_3)_6]Cl_4$ 四氯化六氨合铂(Ⅳ)
$K_2[SiF_6]$ 六氟合硅(Ⅳ)酸钾
$[PtCl_4(NH_3)_2]$ 四氯·二氨合铂(Ⅳ)

二、配位滴定法

(一)概述

1. 配位滴定法及配位滴定对化学反应的要求   配位滴定法是以配位反应为基础的滴定分析方法。配位反应非常普遍,但用于配位滴定的反应除了能满足一般滴定分析对反应的要求外,还必须具备以下条件。
(1)配位反应必须迅速且有适当的指示剂指示终点。
(2)配位反应严格按照一定的反应式定量进行,只生成一种配位比的配位化合物。
(3)生成的配位化合物要相当稳定,以保证反应进行完全。

在配位反应中提供配位原子的物质称为配位剂。配位滴定法是用配位剂作为标准溶液直接或间接滴定被测金属离子的滴定分析法。配位剂分为无机配位剂和有机配位剂。无机配位剂大多是单齿配体(只有一个配位原子),它可与金属形成多级配合物。有机配位剂分子中常含有两个以上的配位原子,是多齿配体,它与金属离子形成具有环状结构的螯合物,不仅稳定性高,且一般只形成一种类型的配合物。这类配位剂克服了无机配位剂的缺点,在分析化学中被广泛应用。目前最常用的配位剂是乙二胺四乙酸(EDTA)。

2. 常用的配位剂 乙二胺四乙酸(EDTA)是一种白色结晶状粉末,在水中溶解度很小,难溶于酸和有机溶剂,易溶于氨水和氢氧化钠溶液。在配位滴定中,通常用它的二钠盐——乙二胺四乙酸二钠,但习惯上仍简称为EDTA。该盐在水中溶解度较大,它能与许多金属离子定量反应,形成稳定的可溶性配合物。可用已知浓度的EDTA滴定液直接或间接滴定某些物质,用适宜的金属指示剂指示终点。根据消耗的EDTA滴定液浓度和体积,可计算出被测物的含量。EDTA配合物的特点如下。

(1)普遍性好,因EDTA有6个配位能力很强的原子,几乎能与周期表中绝大多数金属离子形成1∶1的配合物。

(2)稳定性高,EDTA与金属离子形成5个五元环结构的螯合物。

(3)带电易溶,EDTA与金属离子形成的配合物大多带电荷,能溶于水,使滴定在水溶液中进行。

(4)EDTA与无色金属离子形成无色配合物,与有色金属离子形成颜色更深的配合物。

3. 间接滴定法 利用阴离子与某种金属离子的沉淀反应,再用EDTA滴定液滴定剩余的金属离子,间接测出阴离子含量。

(二)金属指示剂

1. 金属指示剂应具备的条件 金属指示剂应具备以下条件:

(1)指示剂与金属离子形成的配合物(MIn)应与指示剂本身的颜色有明显的差别。

(2)金属离子与指示剂形成的有色配合物稳定性要适当。它既要有足够的稳定性,又要比该金属离子与EDTA形成的配合物的稳定性小。

(3)显色反应灵敏、迅速,且有良好的变色可逆性。

(4)形成的显色配合物应易溶于水。

(5)金属指示剂应比较稳定,便于储存和使用。

2. 常用的金属指示剂

(1)铬黑T。铬黑T简称EBT,与二价金属离子形成的配合物都是红色的或紫红色的。因此,只有在pH=7~11范围内使用,指示剂才有明显的颜色变化。根据实验,最适宜的酸度为pH=9~10.5。铬黑T常用作测定Mg^{2+}、Zn^{2+}、Pb^{2+}、Mn^{2+}、Cd^{2+}、Hg^{2+}等离子的指示剂。

铬黑T固体性质稳定,但其水溶液只能保存几天,因此,常将铬黑T与干燥的NaCl或KNO_3或Na_2SO_4等中性盐按1∶100的比例混合,配成固体混合物,也可配成三乙醇胺溶液使用。

(2)钙指试剂。钙指试剂又称NN指示剂或钙红,钙指示剂纯品为紫黑色粉末。它与Ca^{2+}形成粉红色的配合物,常用作在pH=12~13时滴定Ca^{2+}的指示剂,终点由粉红色变为纯蓝色，变色灵敏。

(三)标准溶液的配制与标定

由于蒸馏水中或容器器壁可能污染金属离子，所以 EDTA 标准溶液大都采用间接配制法，即先配制成近似浓度的溶液，然后用基准物质标定。常用乙二胺四乙酸二钠配制标准溶液，浓度一般为 0.01～0.05 mol/L。例如，0.02 mol/L EDTA 标准溶液的配制和标定如下：

1. 配制 称取 8 g 乙二胺四乙酸二钠，加 1 000 mL 水，加热溶解，冷却，摇匀。

2. 标定 称取 0.42 g 于(80±5)℃的高温炉中灼烧至恒重的基准试剂氧化锌，用少量水湿润，加 3 mL 盐酸溶液(20%)溶解，移入 250 mL 容量瓶中，稀释至刻度，摇匀。取 25 mL，加 70 mL 蒸馏水，用氨水溶液(10%)调节溶液 pH 至 7～8，加 10 mL 氨水-氯化铵($NH_3 \cdot H_2O$-NH_3Cl)缓冲溶液(pH=10)及 5 滴铬黑 T(5 g/L)指示液，用配好的 EDTA 溶液滴至溶液由紫色变为纯蓝色。同时做空白试验。

计算：

$$c(\text{EDTA}) = \frac{m(\text{ZnO}) \times \frac{25}{250} \times 1\,000}{(V_1 - V_0) \times M(\text{ZnO})}$$

式中 $c(\text{EDTA})$——EDTA 标准溶液的浓度，mol/L；

$m(\text{ZnO})$——氧化锌的质量，g；

V_1——消耗 EDTA 溶液的体积，mL；

V_0——空白试验消耗 EDTA 溶液的体积，mL；

$M(\text{ZnO})$——氧化锌的摩尔质量，g/mol。

二、配位滴定法的运用

用配位滴定法可测定水的总硬度和钙、镁离子的含量。天然水中含有 Ca^{2+}、Mg^{2+}、Fe^{2+}、Zn^{2+} 等离子，但除了 Ca^{2+}、Mg^{2+} 外，其他金属离子的含量甚微，可忽略不计，所以测定水的总硬度就是测定水中 Ca^{2+}、Mg^{2+} 的含量。以铬黑 T 为指示剂，在 pH=10 的 $NH_3 \cdot H_2O$-NH_4Cl 缓冲溶液中进行测定。

测定时，先取一定量的水样，在 pH=10 的 $NH_3 \cdot H_2O$-NH_4Cl 缓冲溶液中进行测定，可测得 Ca^{2+}、Mg^{2+} 的总量。移取一定量的水样，先用 6 mol/L NaOH 调节水样的 pH 约为 12，使 Mg^{2+} 生成 $Mg(OH)_2$ 沉淀后加入钙指示剂，终点时试液由红色变为蓝色，可测得 Ca^{2+} 的含量，从而得到水的总硬度和 Ca^{2+}、Mg^{2+} 的含量。

> **拓展小知识**
>
> **配位化合物在生命科学中的应用**
>
> 在生命科学中，配位化合物起着非常重要的作用，生物体中的许多金属元素都是以配合物的形式存在的，如叶绿素是镁的配合物，血红蛋白是铁的配合物，配位化合物与呼吸作用密切相关。生物体内对各种生化作用起催化作用的各种酶分子，几乎都是复杂的配合物，它们控制着生物体内重要的化学反应。动物体内的血红蛋白和肌红蛋白都含有血红蛋

白，这是一种 Fe^{2+} 的复杂有机配合物。维生素 B_{12} 是一种金属配合物，它是唯一含有金属元素的维生素，常被称为钴胺素，对生物体内核酸合成具有重要作用，同时它也具有抗癌的作用。随着工农业生产的发展，环境污染日趋严重，金属元素污染对人体健康的影响已受到人们的普遍重视，若查明污染金属元素使人体中毒的作用机制，便可采用合适的螯合剂，将体内过多的有害元素排出体外。例如，当人体铅、汞中毒时，可肌内注射含有 EDTA 离子的溶液，以形成可溶性的螯合物从人体中排除；EDTA 的钙盐还是人体内铀、钍等放射性元素的高效解毒剂。

知识检测

1. 填空题

(1) 氧化还原滴定法是以_____为基础的滴定分析方法。

(2) 根据所用标准溶液的名称，氧化还原滴法主要有_____、_____、_____等方法。

(3) 氧化还原滴定法常用的指示剂有_____、_____、_____。

(4) 沉淀滴定法中银量法根据所用指示剂不同，分为_____、_____、_____ 3 种。

(5) 莫尔法所用指示剂为_____，佛尔哈德法所用指示剂为_____。

(6) EDTA 的化学名称为_____，配位滴定法测定水中 Ca^{2+}、Mg^{2+} 总量时，以_____作为指示剂，滴定至溶液由_____色变为_____色即为终点。

2. 准确称取 1.324 0 g 经烘干至恒重的 $Na_2C_2O_4$，将其溶解在硫酸溶液中，配制成 250 mL 溶液。移取该溶液 25 mL 于锥形瓶中，然后用 $KMnO_4$ 标准溶液滴定至终点，消耗 $KMnO_4$ 标准溶液体积为 21.00 mL，计算 $KMnO_4$ 标准溶液的浓度。

3. 准确称取 $Na_2S_2O_3$ 基准试剂 0.200 0 g，溶于水后加酸酸化，再加入足量的 KI，以淀粉为指示剂，用 $Na_2S_2O_3$ 标准溶液滴定，消耗 $Na_2S_2O_3$ 标准溶液 25.20 mL，计算 $Na_2S_2O_3$ 标准溶液的浓度。

项目五
吸光光度法

学习目标

● **知识目标**

1. 了解吸光光度法的原理。
2. 了解光的本质与颜色、光吸收曲线、显色反应和显色条件的选择。
3. 理解光的吸收定律。

● **技能目标**

1. 学会操作常用的分光光度计。
2. 学会吸收光谱曲线和标准工作曲线的绘制。
3. 掌握用吸光光度法测定微量组分。

任务一 概 述

吸光光度法又称为分光光度法,是根据物质对光的选择性吸收而建立起来的分析方法,可对物质进行定性分析和定量分析,吸光光度法包括比色分析法、紫外-可见分光光度法、可见分光光度法等。

吸光光度法与滴定分析法相比具有以下特点。

1. 灵敏度高 吸光光度法具有较高的灵敏度,适用于测定微量物质。测定的最低浓度可达 10^{-6} mol/L,相当于含量为 0.000 1% 的微量组分。

2. 准确度较高 吸光光度法的相对误差为 2%~5%,其准确度虽不如滴定分析法,但对微量组分来说还是令人满意的,因为在这种状况下,滴定分析难以测定。

3. 操作简单,测定速度快 吸光光度法的仪器设备均不复杂,操作简便。如果采用灵敏度高、选择性好的显色剂,再用掩蔽剂消除干扰,就可不经分离直接进行测定了。

4. 应用广泛 几乎所有的无机离子和大多数有机化合物都可直接或间接地用吸光光度法进行测定。例如,有一试样含铁 0.01 g/mL,使用 1.81 mol/L 的 $KMnO_4$ 滴定,需 0.02 mL,滴定管的读数误差就有 0.02 mL,所以必须采用分光光度法进行测定。

本部分重点讨论可见光区的吸光光度法。

任务二　光的基本原理

一、物质的颜色及对光的选择吸收

(一)光的基本性质

光是一种电磁波，同时具有波动性和微粒性。光的传播，如光的折射、衍射、偏振和干涉等现象可用光的波动性来解释。描述波动性的重要参数是波长(λ)和频率(ν)。

自然界中存在各种不同波长的电磁波。通常把人眼能感觉到的光称为可见光，其波长范围为 400～760 nm；波长范围为 10～400 nm 的为紫外光区；波长大于 760 nm 范围的为红外光区。

可见光区的白光是由不同颜色的光按一定强度比例混合而成的。如果让一束白光通过一个特制的三棱镜，就可分解为红、橙、黄、绿、青、蓝、紫 7 种颜色的光，这种现象称为光的色散。每种颜色的光都有一定的波长范围。通常白光称为复合光，而只具有一种颜色的光称为单色光。

实验证明，7 种单色光可混合成白光，如果把适当的两种单色光按一定强度比例混合，也可复合为白光，故把具有这种性质的两种单色光彼此称为互补色光。如红光与青光互补，橙光与青蓝光互补，黄光与蓝光互补，绿光与紫光互补，它们两者之间按一定的强度比例混合均可成为白光(图 2-5-1)。

图 2-5-1　光的互补色示意

(二)物质的颜色和对光的选择性吸收

1. 物质对光产生选择性吸收的原因　由于不同物质的分子的组成和结构不同，它们所具有的特征能级也不同，故能级差不同，而各物质只能吸收与它们分子内部能级差相当的光辐射，所以不同物质对不同波长光的吸收具有选择性。

2. 物质的颜色与光吸收的关系　物质之所以有颜色，是因为它对不同波长的可见光具有选择性吸收。物质呈现出的颜色恰恰是它所吸收光的互补色，而且溶液颜色的深浅取决于溶液吸收光的量的多少，即取决于吸光物质浓度的高低。一些溶液的颜色与吸收光颜色的互补对应关系如表 2-5-1 所示。

表 2-5-1　一些溶液的颜色与吸收光颜色的互补对应关系

溶液呈现的颜色	吸收光	
	颜色	波长范围/nm
黄绿	紫	380～435
黄	蓝	435～480
橙红	蓝绿	480～500

(续)

溶液呈现的颜色	吸收光	
	颜色	波长范围/nm
红紫	绿	500～560
紫	黄绿	560～580
蓝	黄	580～595
绿蓝	橙	595～650
蓝绿	红	650～760

二、光吸收定律——朗伯-比耳定律

1760 年，朗伯指出，当单色光通过浓度一定的、均匀的吸收溶液时，该溶液对光的吸收程度与液层厚度 b 成正比，这种关系称为朗伯定律，其数学表达式为：

$$\lg(I_0/I) = K_1 \times b$$

1852 年，比耳指出，当单色光通过一定的、均匀的吸收溶液时，该溶液对光的吸收程度与溶液中吸光物质的浓度 c 成正比。这种关系称为比耳定律，其数学表达式为：

$$\lg(I_0/I) = K_2 \times c$$

将朗伯定律和比耳定律结合起来，可得：

$$A = \lg(I_0/I) = K \times b \times c$$

式中　A——吸光度；

I_0/I——入射光强度和透射光强度之比；

b——光通过的液层厚度，cm；

c——吸光物质的浓度，g/L；

K——吸光系数，L/(g·cm)。

该式称为朗伯-比耳定律的数学表达式。

上式的物理意义是：当一束平行的单色光通过某一均匀的吸收溶液时，溶液对光的吸收程度与吸光物质的浓度和光通过的液层厚度成正比。朗伯-比耳定律不仅适用于可见光区，也适用于紫外光区和红外光区，不仅适用于溶液，也适用于其他均匀的非散射吸光物质，是各类吸光光度法的定量依据。

在朗伯-比尔定律的数学表达式中，K 是一个新的比例常数，定义为吸光系数，又称为吸收系数。吸光系数是吸光物质在单位浓度及单位厚度时的吸光度。在给定单色光、溶剂和温度等条件下，吸光系数是物质的特性常数，表明物质对某一特定波长光的吸收能力。不同物质对同一波长的单色光可有不同的吸光系数。吸光系数越大，表明该物质的吸光能力越强，灵敏度越高，所以吸光系数是定性和定量依据。

三、影响朗伯-比耳定律的因素

(一)物理因素

1. 非单色光(单色光不纯)**引起的偏离**　严格地讲，朗伯-比耳定律只对一定波长的单色光才成立。但在光度分析仪器中，使用的是连续光源，用单色器分光，用狭缝控制光谱带的宽度，因此投射到吸收溶液的入射光常常是一个一定宽度的光谱带（具有一定波长范围的单色光），而不是真正的单色光。由于不同波长的吸光系数不同，在这种情况下，吸光度与浓度并不完全呈直线关系，因而导致了对朗伯-比耳定律的偏离。为了克服非单色光引起的偏离，应尽量设法得到比较窄的入射光谱带，这就需要有比较好的单色器。棱镜和光栅的谱带宽度仅几纳米，对于一般光度分析足够应用。此外，还应将入射光波长选择在被测物的最大吸收波长处。这不仅是因为在 λ_{max} 处测定的灵敏度最高，还由于在 λ_{max} 附近的一个小范围内吸收曲线较为平坦，在 λ_{max} 附近各波长的光的 ε_{max} 值大体相等，因此在 λ_{max} 处由于非单色光引起的偏离要比在其他波长处小得多。

2. 非平行入射光引起的偏离 若入射光不是垂直通过吸收池，就会使通过吸收池溶液的实际光程大于吸收池厚度 b，实际测得的吸光度将大于理论值。

3. 介质不均匀引起的偏离 朗伯-比耳定律要求吸光物质的溶液是均匀的。如果溶液不均匀，例如产生胶体或发生混浊，就会发生工作曲线偏离直线。当入射光通过不均匀溶液时，除了被吸光物质所吸收的那部分光强以外，还将有部分光强因散射等原因而损失。

(二)化学因素

1. 溶液浓度过高引起的偏离 朗伯-比耳定律是建立在吸光质点之间没有相互作用的前提下。但当溶液浓度较高时，吸光物质的分子或离子间的平均距离减小，从而改变物质对光的吸收能力，即改变物质的摩尔吸收系数。浓度增加，相互作用增强，导致在高浓度范围内摩尔吸收系数不恒定而使吸光度与浓度之间的线性关系被破坏。

2. 化学变化引起的偏离 溶液中吸光物质常因解离、缔合、形成新的化合物或在光照射下发生互变异构等，从而破坏了平衡浓度与分析浓度之间的正比关系，也就破坏了吸光度与分析浓度之间的线性关系，产生对朗伯-比耳定律的偏离。

基于以上因素，在测定物质吸光度时，吸光度处于 0.2~0.8 为好。

任务三　吸光光度法及分光光度计

一、吸光光度法

(一)基本原理

吸光光度法就是利用专门的仪器，对溶液中物质对某种单色光的吸光度进行测量的方法，即通过调节单色器，连续改变单色光的波长(λ)，以测量有色溶液对不同波长光线的吸光度(A)，从而绘制被测物质的光吸收曲线。从光吸收曲线上可以查出该有色物质的最大吸收波长(λ_{max})，然后以 λ_{max} 作为入射光的波长，测定出有色溶液的吸光度，再通过标准曲线法或比较法，求出待测溶液的浓度。

(二)定量测定方法

1. 标准曲线法(工作曲线法) 标准曲线法是实际工作中应用最多的一种定量方法。测量步骤：先配制与被测物质含有相同组分的一系列标准有色溶液，置于相同厚度的吸收池中，以空白溶液作为参比溶液，选用最大吸收波长（λ_{max}）的单色光，在分光光度计上分别测定其吸光度（A）。然后以浓度（c）为横坐标，吸光度（A）为纵坐标作图，得到一条通过原点的直线，称为标准曲线或工作曲线，如图 2-5-2 所示。

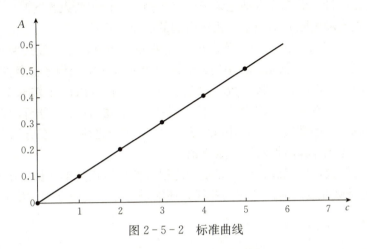

图 2-5-2 标准曲线

在测定被测物质溶液浓度时，用与绘制曲线时相同的操作方法和测量条件，测定出待测溶液的吸光度，再从标准曲线上查出其吸光度所对应的浓度。

2. 比较法 将待测溶液和标准溶液在相同的条件下显色，然后分别测定其吸光度（A）。根据朗伯-比尔定律有：

$$A_{标}=K_1 \cdot b \cdot c_{标} \quad A_{测}=K_2 \cdot b \cdot c_{测}$$

由于待测溶液和标准溶液是同一物质，入射光波长相同，液层厚度相同，温度也相同，故

$$K_1=K_2$$

$$\frac{A_{标}}{A_{测}}=\frac{c_{标}}{c_{测}} \quad c_{测}=c_{标} \times \frac{A_{测}}{A_{标}}$$

运用上述关系进行计算时，只有当 $c_{测}$ 和 $c_{标}$ 非常接近时，结果才是可靠的，否则会产生较大的误差。

二、分光光度计

分光光度计根据使用波长范围的不同可分为可见分光光度计（400~760 nm）和紫外-可见分光光度计（200~1 000 nm）。可见分光光度计只能用于测定对可见光有吸收的有色溶液，而紫外-可见分光光度计可以测定在紫外光区、可见光区及近红外光区有吸收的物质。

（一）紫外-可见分光光度计的类型

1. 单光束分光光度计 单光束分光光度计是由一束经过单色器的光，轮流通过参比溶液和样品溶液，以进行光强度测量的仪器。

这种分光光度计的特点是结构简单、价格便宜，主要适于做定量分析；缺点是测量结果受电源的波动影响较大，容易给定量结果带来较大误差。此外，这种仪器操作麻烦，不适于

做定性分析。

2. 双光束分光光度计 通过单色器分光后经反射镜分解为强度相等的两束光,一束通过参比池,一束通过样品池。光度计能自动比较两束光的强度,此比值即为试样的透射比,经对数变换将其转换成吸光度并作为波长的函数记录下来。

双光束分光光度计一般都能自动记录吸收光谱曲线。由于两束光同时分别通过参比池和样品池,因此还能自动消除光源强度变化所引起的误差。

3. 双波长分光光度计 由同一光源发出的光被分成两束,分别经过两个单色器,得到两束不同波长(λ_1 和 λ_2)的单色光。利用切光器使两束光以一定的频率交替照射同一吸收池,然后经过光电倍增管和电子控制系统,最后由显示器显示出两个波长处的吸光度差值 $\Delta A (\Delta A = A_{\lambda_1} - A_{\lambda_2})$。在多组分混合物、混浊试样(如生物组织液)分析,以及存在背景干扰或共存组分吸收干扰的情况下,利用双波长分光光度法往往能提高方法的灵敏度和选择性。利用双波长分光光度计能够获得导数光谱。

通过光学系统转换,使双波长分光光度计能很方便地转化为单波长工作方式。如果能在 λ_1 和 λ_2 处分别记录吸光度随时间变化的曲线,还能进行化学反应动力学研究。

(二)分光光度计的结构原理

分光光度计的基本结构见图 2-5-3。

图 2-5-3 分光光度计的基本结构

1. 光源(或称辐射源) 光源的作用是提供符合要求的入射光,几乎所有的光度计都采用稳压调控的钨灯。钨灯适用于作 340~900 nm 范围的光源。更先进的分光光度计外加有稳压调控的氢灯。氢灯适用于作 200~360 nm 的紫外分光分析的光源。

2. 单色器(分光系统) 单色器的作用是把光源发出的连续光谱分解为单色光,包括狭缝和色散元件两部分。色散元件用棱镜或光栅制成。

棱镜是根据光的折射原理将复合光色散为不同波长的单色光,然后再让所需波长的光通过一个很窄的狭缝照射到吸收池上。由于狭缝很窄,只有几纳米,故得到的单色光比较纯。

光栅是根据光的衍射和干涉原理来达到色散目的元件。它也是让所需波长的光经过狭缝照射到吸收池上,所以得到的单色光也比较纯。光栅色散的波长范围比棱镜宽,而且色散均匀。

3. 吸收池 吸收池又称为比色皿,是由无色透明的光学玻璃或熔融石英制成的,用于盛装试液和参比溶液。注意保护吸收池的质量是取得好的分析结果的重要条件之一。不得用粗糙、坚硬物质接触吸收池,不能用手拿吸收池的光学面,吸收池用后要用水及时冲洗,不得残留测定液。

4. 检测器 检测器是把透过吸收池后的透射光强度转换成电信号的装置,故又称光电转换器。检测系统包括光电管和指示器,具有灵敏度高、对透过光的响应时间短、同响应的线性关系好,以及对不同波长的光具有相同的响应可靠性等特点。

5. 信号显示系统 信号显示系统的作用是将检测器产生的电信号放大并显示出来。分光光度计中常用的显示装置为较灵敏的检流计。检流计用于测量光电池受光照射后产生的电流，但其面板上标示的不是电流值，而是透光率 T 和吸光度 A，这样就可直接从检流的面板上读取透光率和吸光度。因为 $A=-\lg T$，故板面上吸光度的刻度是不均匀的。

任务四　显色反应

一、显色反应和显色剂

(一)显色反应

在光度分析中，将试样中被测组分转变成有色化合物的化学反应称为显色反应。与被测组分化合成有色物质的试剂称为显色剂。显色反应主要有配位反应和氧化还原反应两大类，配位反应是最主要的显色反应。显色反应一般应满足以下要求。

(1)选择性好。一种显色剂最好只与一种被测组分起显色反应，干扰离子容易消除，或者显色剂与被测组分和干扰离子生成的有色化合物的吸收峰相隔较远。

(2)灵敏度高。灵敏度高的显色反应有利于微量组分的测定。灵敏度的高低可从摩尔吸光系数值的大小来判断。灵敏度高的同时还应注意选择性。

(3)有色化合物的组成更恒定，化学性质要稳定。

(4)显色剂和有色化合物之间的颜色差别要大。一般要求两者之 λ_{max} 之差在 60 nm 以上。

(5)显色反应的条件要易于控制，使测定结果的再现性好。

(二)显色剂

能与无色物质反应并将其转化成有色物质的试剂称为显色剂。显色剂主要有无机显色剂和有机显色剂两大类。

(1)无机显色剂。许多无机显色剂能与金属离子发生显色反应，但由于灵敏度不高、选择性较差等原因，具有实用价值的并不多。常用的无机显色剂主要有硫氰酸盐、钼酸铵、氨水以及过氧化氢等。例如 Cu^{2+} 与氨水生成 $Cu(NH_3)_4^{2+}$，硫氰酸盐与 Fe^{3+} 生成红色的配离子 $FeSCN^{2+}$ 或 $Fe(SCN)_5^{2-}$ 等。

(2)有机显色剂。有机显色剂与金属离子形成的配合物的稳定性、灵敏度和选择性都比较高，而且有机显色剂的种类较多，实际应用广。

二、显色反应条件的选择

(一)显色剂用量

显色剂用量的多少要根据实验来确定。方法是：保持待测组分浓度不变，作吸光度随显色剂浓度变化的曲线，选取吸光度恒定时的显色剂用量。

(二)溶液酸度

酸度对显色反应的影响很大，必须通过实验确定适宜的酸度范围，方法如下：固定其他条件不变，配制一系列 pH 不同的溶液，分别测定它们的吸光度 A。以 pH 为横坐标，吸光度 A 为纵坐标作图，曲线中间一段 A 较大而又恒定的平坦部分所对应的 pH 范围就是适宜的酸度范围。

(三)显色时间

显色时间对显色反应的影响表现在两个方面：一方面显色时间反映了显色反应速度的快慢，另一方面显色时间反映了显色络合物的稳定性。因此，测定时间的选择必须综合考虑这两个方面。对于慢反应，应等待反应达到平衡后再进行测定；而对于不稳定的显色络合物，则应在吸光度下降之前及时测定。

(四)干扰物质的影响

样品中干扰物质的影响主要有两种情况：一种情况是干扰物质本身有颜色，另一种情况是干扰物质与显色剂反应生成了有色化合物。消除干扰物质的方法有以下几种。

(1)控制溶液的酸度。
(2)加入适当的掩蔽剂。
(3)选择合适的参比溶液。
(4)用有机溶剂萃取、离子交换、蒸馏挥发等方法进行分离。

知识检测

1. 填空题

(1)吸光光度法是根据_____而建立起来的分析方法，它具有_____、_____、_____、_____等特点。

(2)吸光光度法主要用于对试样溶液进行_____；以不同波长单色光作为入射光测得的某一溶液的吸光度为纵坐标，入射光波长为横坐标作图，所得曲线称为_____。

(3)当温度和溶剂种类一定时，溶液的吸光度与_____和_____成正比，这称为_____定律。

(4)光度分析中，显色反应是指_____的化学反应，显色剂是指_____的试剂。

(5)在吸光光度法中，工作曲线是_____和_____之间的关系曲线。当溶液符合比耳定律时，此关系曲线应为_____。

2. 选择题

(1)人眼能感觉到的光称为可见光，其波长范围是(　　)。
　A. 400~760 nm　　　　　　B. 200~400 nm
　C. 200~600 nm　　　　　　D. 400~1 000 nm

(2)吸光光度法属于(　　)。
　A. 滴定分析法　　　　　　B. 重量分析法
　C. 仪器分析法　　　　　　D. 化学分析法

(3)在光度分析中，某有色溶液的最大吸收波长(　　)。

A. 随溶液浓度的增大而增大　　B. 随溶液浓度的增大而减小
C. 与有色溶液浓度无关　　　　D. 随溶液浓度的变化而变化

(4) 在吸光光度法中，宜选用的吸光度读数范围是(　　)。
A. 0～0.2　　　　　　　　　　B. 0.1～0.3
C. 0.3～1.0　　　　　　　　　D. 0.2～0.8

(5) 在光度分析中，某有色溶液的吸光度(　　)。
A. 随溶液浓度的增大而增大　　B. 随溶液浓度的增大而减小
C. 与有色溶液浓度无关　　　　D. 随溶液浓度的变化而变化

3. 某标准 Fe^{2+} 溶液，浓度为 7.80 μg/mL，其吸光度为 0.430，有一待测液在相同条件下测得吸光度为 0.703，求待测液中铁的含量。

实验技能训练

实验一　滴定分析常用仪器的操作技术

【实验目的】
1. 学会移液管、吸量管、滴定管等滴定常用仪器的洗涤和使用。
2. 初步掌握滴定操作技术。

【实验原理】

教学视频：
滴定管介绍

将一种已知浓度的试剂溶液准确地滴加到待测物质的溶液中,根据所消耗的溶液体积和浓度,计算待测物质的含量的方法称为滴定分析法。滴定分析法中经常涉及溶液的配制和溶液体积的准确量取,需用到容量瓶、移液管、吸量管、滴定管等容量仪器。正确地掌握这些容量仪器的使用方法是滴定分析中一项基本操作技能,也是获得准确分析结果的必要条件。

【实验用品】

1. 仪器　50 mL 酸式滴定管、50 mL 碱式滴定管、25 mL 移液管、10 mL 吸量管、250 mL 锥形瓶、烧杯、洗耳球、滴定管架、洗瓶等。

2. 试剂　0.1 mol/L HCl 溶液、0.1 mol/L NaOH 溶液、甲基橙指示剂、酚酞指示剂。

【实验内容与步骤】

一、仪器使用基本练习

(1) 容量瓶。用自来水练习容量瓶的试漏、洗涤、转移、定容和摇匀操作。
(2) 移液管(吸量管)。用自来水反复练习移液管(吸量管)的洗涤、移液、放液操作。
(3) 滴定管。用自来水练习滴定管试漏、润洗、装溶液、排气泡、读数及液流控制的操作。
(4) 用锥形瓶练习滴定过程中的两手配合操作。

二、溶液滴定练习

1. 氢氧化钠溶液滴定盐酸(用酚酞作指示剂)

(1) 将碱式滴定管用 0.1 mol/L 氢氧化钠溶液润洗、装管、排气泡、调好零点,待用。
(2) 用移液管准确移取 0.1 mol/L 盐酸溶液 25.00 mL 于锥形瓶中,滴入 1~2 滴酚酞指示剂,此时溶液为无色。
(3) 用 0.1 mol/L 氢氧化钠溶液滴定,至溶液呈现出微红色并在 30 s 内不褪色为止。记下所用氢氧化钠溶液的体积。平行测定 3 次。

2. 盐酸溶液滴定氢氧化钠(用甲基橙作指示剂)

(1) 将酸式滴定管用 0.1 mol/L 盐酸溶液润洗、装管、排气泡、调好零点,待用。

(2)用吸量管准确移取 10.00 mL 0.1 mol/L 氢氧化钠溶液于锥形瓶中，滴入 1 滴甲基橙指示剂，溶液为黄色。

(3)用 0.1 mol/L 盐酸溶液滴定，至溶液呈浅橙色时，记下所用盐酸溶液的体积。平行测定 3 次。

教学视频：滴定操作   教学视频：滴定管的试漏和洗涤

【数据记录及处理】

1. 氢氧化钠滴定盐酸(表 2-6-1)

表 2-6-1

项目	滴定次数		
	第一次	第二次	第三次
$V(HCl)/mL$			
氢氧化钠溶液初读数/mL			
氢氧化钠溶液终读数/mL			
$V(NaOH)/mL$			
$V(NaOH)$ 平均值/mL			

2. 盐酸滴定氢氧化钠(表 2-6-2)

表 2-6-2

项目	滴定次数		
	第一次	第二次	第三次
$V(NaOH)/mL$			
盐酸溶液初读数/mL			
盐酸溶液终读数/mL			
$V(HCl)/mL$			
$V(HCl)$ 平均值/mL			

【思考题】

(1)滴定用的锥形瓶是否需要干燥？是否需要用待测溶液润洗几次以除去其水分？

(2)滴定管和移液管在使用前应如何处理？为什么？

(3)移液管移液完毕，残留在下端尖嘴部的少量溶液应如何处理？

(4)在对滴定管进行读数时，如果视线高于或低于凹液面，所读数值与正确的数值相比有何不同？

实验二　盐酸标准溶液的标定

【实验目的】

1. 掌握差减称量法称取试样的方法。
2. 掌握滴定操作基本技术。
3. 学会用硼砂标定盐酸溶液的方法。

【实验原理】

标定盐酸标准溶液的准确浓度，常用的基准物质有硼砂($Na_2B_4O_7 \cdot 10H_2O$)或无水碳酸钠(Na_2CO_3)。硼砂比较容易提纯，不易吸湿，性质比较稳定，而且摩尔质量很大，可以减少称量误差。硼砂与盐酸的反应为：

$$Na_2B_4O_7 \cdot 10H_2O + 2HCl = 4H_3BO_3 + 2NaCl + 5H_2O$$

在化学计量点时，生成的硼酸是弱酸，溶液的 pH 为 5.27，可选用甲基橙作指示剂，溶液由黄色变为浅橙色即为终点。根据所称取硼砂的质量和滴定所消耗盐酸溶液的体积，可以求出盐酸溶液的准确浓度，计算式为：

$$c(HCl) = \frac{2 \times m(Na_2B_4O_7 \cdot 10H_2O) \times 1\,000}{M(Na_2B_4O_7 \cdot 10H_2O) \times V(HCl)}$$

式中 $c(HCl)$——HCl 标准滴定溶液的浓度，mol/L；

$m(Na_2B_4O_7 \cdot 10H_2O)$——$Na_2B_4O_7$ 基准物质的质量，g；

$M(Na_2B_4O_7 \cdot 10H_2O)$——$Na_2B_4O_7$ 基准物质的摩尔质量，g/mol；

$V(HCl)$——滴定时消耗 HCl 标准滴定溶液的体积，mL。

【实验用品】

1. **仪器** 分析天平、称量瓶、50 mL 酸式滴定管、250 mL 锥形瓶、洗瓶等。
2. **试剂** 0.1 mol/L HCl 溶液、硼砂（分析纯）、甲基橙指示剂。

【实验内容与步骤】

在分析天平上用差减法称取 0.3~0.4 g（精确至 0.000 1 g）硼砂试样 3 份，分别置于 250 mL 锥形瓶内，在每只锥形瓶中各加入约 20 mL 蒸馏水，微热溶解，冷却后，滴入 2 滴甲基橙指示剂，然后用待标定的盐酸溶液滴定至溶液由黄色变为浅橙色，即为终点，记录数据。由硼砂的质量及实际消耗的盐酸体积，计算 HCl 溶液的浓度和测定结果的相对偏差。

【数据记录及处理】

见表 2-6-3。

表 2-6-3

项目	测定次数		
	第一次	第二次	第三次
硼砂质量/g			
HCl 溶液初读数/mL			
HCl 溶液终读数/mL			
$V(HCl)$/mL			
$c(HCl)$/(mol/L)			
$c(HCl)$ 平均值/(mol/L)			
相对平均偏差			

【思考题】

(1) 为什么配制盐酸标准溶液不用直接配制法而要用标定法？

(2) 称入硼砂的锥形瓶内壁是否必须干燥？为什么？

(3) 溶解硼砂时，所加水的体积是否需要准确？为什么？

实验三　氢氧化钠标准溶液的标定

【实验目的】
1. 进一步练习差减称量法称取试样的方法。
2. 熟练掌握滴定操作基本技术。
3. 学会用邻苯二甲酸氢钾标定氢氧化钠溶液的方法。

【实验原理】
固体氢氧化钠容易潮解，不能用直接法进行配制，其浓度的确定可以用基准物质来标定。常用于标定氢氧化钠溶液浓度的基准物质有邻苯二甲酸氢钾和草酸等。本实验采用邻苯二甲酸氢钾作为基准物质对氢氧化钠溶液进行标定，它与氢氧化钠的反应如下：

$$KHC_8H_4O_4 + NaOH = KNaC_8H_4O_4 + H_2O$$

在化学计量点时，溶液的组成为 $KNaC_8H_4O_4$，pH＝9.1，呈弱碱性，可用酚酞作指示剂，滴定至溶液呈微红色，且 30 s 内不褪色即为终点。按下式计算出氢氧化钠溶液的准确浓度：

$$c(NaOH) = \frac{m(KHC_8H_4O_4) \times (25.00/250.0) \times 1\,000}{M(KHC_8H_4O_4) \times V(NaOH)}$$

式中　$c(NaOH)$——NaOH 标准滴定溶液的浓度，mol/L；
　　　$m(KHC_8H_4O_4)$——邻苯二甲酸氢钾基准物质的质量，g；
　　　$M(KHC_8H_4O_4)$——邻苯二甲酸氢钾基准物质的摩尔质量，g/mol；
　　　$V(NaOH)$——滴定时消耗 NaOH 标准滴定溶液的体积，mL。

【实验用品】
1. 仪器　分析天平、50 mL 碱式滴定管、250 mL 锥形瓶、250 mL 容量瓶、25 mL 移液管、烧杯、洗瓶等。
2. 试剂　0.05 mol/L 氢氧化钠溶液、邻苯二甲酸氢钾（分析纯）、酚酞指示剂。

【实验内容与步骤】
在分析天平上用差减法称取 1.500 0～1.600 0 g（精确至 0.000 1 g）邻苯二甲酸氢钾试样于小烧杯中，用蒸馏水溶解，转移至容量瓶中定容成 250 mL 溶液。用 25 mL 移液管准确移取该溶液 3 份，分别置于 250 mL 锥形瓶中，再各滴入 2 滴酚酞指示剂，用待标定的氢氧化钠溶液滴定至溶液由无色变为微红色，且在 30 s 内不褪色为止，记录读数。计算 NaOH 溶液的浓度和测定结果的相对偏差。

【数据记录及处理】
见表 2-6-4。

表 2-6-4

项目	测定
邻苯二甲酸氢钾质量/g	
NaOH 溶液初读数/mL	

(续)

项目	测定
NaOH 溶液终读数/mL	
$V(\text{NaOH})$/mL	
$c(\text{NaOH})$/(mol/L)	
$c(\text{NaOH})$ 平均值/(mol/L)	
相对平均偏差	

【思考题】

(1) 用邻苯二甲酸氢钾标定氢氧化钠溶液时，为什么用酚酞作指示剂而不是用甲基红或甲基橙作指示剂？

(2) 用邻苯二甲酸氢钾标定氢氧化钠比用草酸标定有什么好处？

(3) 某同学用邻苯二甲酸氢钾标定氢氧化钠溶液浓度时，终点颜色由无色变为深红色，对测定结果有何影响？

实验四　高锰酸钾标准溶液的配制与标定

【实验目的】

1. 学会高锰酸钾标准溶液的配制和保存。
2. 掌握用基准试剂草酸钠标定高锰酸钾的方法。
3. 掌握高锰酸钾自身指示剂滴定终点的确定。

【实验原理】

高锰酸钾法是以氧化剂高锰酸钾为标准溶液的一种氧化还原滴定法，广泛用于许多还原性物质的测定。由于高锰酸钾性质不稳定，易分解，不易得到很纯的试剂，所以必须用间接法配制标准溶液。

可用于标定高锰酸钾的基准物质有草酸、草酸钠（$Na_2C_2O_4$）、三氧化二砷、纯铁丝等，其中常用的是草酸钠，因为它易于提纯、稳定，没有结晶水，在 105～110 ℃ 烘至质量恒定即可使用。本实验采用草酸钠标定浓度近 0.02 mol/L 的高锰酸钾溶液。反应式为：

$$2KMnO_4 + 5Na_2C_2O_4 + 8H_2SO_4 = 2MnSO_4 + 10CO_2\uparrow + 8H_2O + 5Na_2SO_4 + K_2SO_4$$

准确称取一定质量的草酸钠，溶解后，用待标定的高锰酸钾溶液滴定至终点，按下式计算高锰酸钾的准确浓度：

$$c(KMnO_4) = \frac{2 \times m(Na_2C_2O_4) \times 1\,000}{5 \times M(Na_2C_2O_4) \times V(KMnO_4)}$$

式中　$c(KMnO_4)$——$KMnO_4$ 标准溶液的浓度，mol/L；

$m(Na_2C_2O_4)$——草酸钠的质量，g；

$M(Na_2C_2O_4)$——草酸钠的摩尔质量，g/mol；

$V(KMnO_4)$——消耗高锰酸钾溶液的体积，mL。

【实验用品】

1. 仪器 托盘天平、分析天平、50 mL酸式滴定管、250 mL锥形瓶、量筒(10 mL、50 mL)、棕色试剂瓶(500 mL)、烧杯、洗瓶等。

2. 试剂 3 mol/L H_2SO_4 溶液、高锰酸钾(分析纯)、草酸钠(分析纯)。

【实验内容与步骤】

1. 0.02 mol/L $KMnO_4$ 标准溶液的配制 在托盘天平上称取1.7 g高锰酸钾，置于小烧杯中，加适量蒸馏水溶解，将该溶液煮沸10 min左右，将清液倒入500 mL棕色试剂瓶中，继续加水溶解未溶的部分，将其转入试剂瓶中，全部溶完后，加水稀释至500 mL，摇匀。静置约一周后，过滤备用。

2. 0.02 mol/L $KMnO_4$ 标准溶液的标定 在分析天平上准确称取已经烘干至恒重的分析纯草酸钠3份，质量在0.13~0.15 g(精确至0.000 1 g)，分别置于250 mL锥形瓶中，各加入40 mL蒸馏水和10 mL 3 mol/L H_2SO_4 溶液，使草酸钠溶解，缓慢加热至75~85 ℃(锥形瓶口有蒸汽冒出即可)。用待标定的高锰酸钾进行滴定。开始时滴定速度要慢，滴入第一滴溶液后，不断振荡，待紫红色褪去后再滴第二滴。待溶液中 Mn^{2+} 生成后，反应速度加快。接近终点时，减慢滴定速度，并充分摇匀。最后滴定至微红色，并且30 s内不消失即为终点，记录读数。

【数据记录及处理】

见表2-6-5。

表2-6-5

项目	测定次数		
	第一次	第二次	第三次
$Na_2C_2O_4$ 质量/g			
$KMnO_4$ 溶液初读数/mL			
$KMnO_4$ 溶液终读数/mL			
$V(KMnO_4)$/mL			
$c(KMnO_4)$/(mol/L)			
$c(KMnO_4)$平均值/(mol/L)			
相对平均偏差			

【思考题】

(1)用草酸钠标定高锰酸钾溶液时，为什么要加硫酸？

(2)滴定高锰酸钾标准溶液时，为什么高锰酸钾加入第一滴时红色褪去很慢，过后褪色较快？

(3)为什么要加热？溶液温度过高或过低有什么影响？

实验五　EDTA 标准溶液的配制与标定

【实验目的】

1. 学会 EDTA 标准溶液的配制。
2. 掌握 EDTA 标定的原理和方法。
3. 熟悉金属指示剂的应用。

【实验原理】

EDTA 在水中溶解度很小，通常用其二钠盐——乙二胺四乙酸二钠（$Na_2H_2Y \cdot 2H_2O$）配制。市售 EDTA 通常吸附 0.3% 水分且含有杂质，所以主要标准溶液常采用间接法配制。由于 EDTA 与金属形成 1∶1 配合物，因此标定 EDTA 溶液常用的基准物是一些金属以及它们的氧化物和盐，如 Zn、ZnO、$CaCO_3$、Pb、$ZnSO_4 \cdot 7H_2O$ 等。

本实验选用碳酸钙（$CaCO_3$）为基准物，在 pH=10 的 $NH_3 \cdot H_2O$-NH_4Cl 缓冲溶液中，以铬黑 T 为指示剂，进行标定（标定条件与测定条件一致）。用待标定的 EDTA 溶液滴至溶液由紫红色变为纯蓝色即为终点。

$$c(\text{EDTA}) = \frac{m(\text{CaCO}_3) \times (25/250) \times 1\,000}{(V_1 - V_0) \times M(\text{CaCO}_3)}$$

式中　$c(\text{EDTA})$——EDTA 标准溶液的浓度，mol/L；

$m(\text{CaCO}_3)$——碳酸钙的质量，g；

V_1——消耗 EDTA 溶液的体积，mL；

V_0——空白试验消耗 EDTA 溶液的体积，mL。

$M(\text{CaCO}_3)$——碳酸钙的摩尔质量，g/mol。

【实验用品】

1. 仪器　分析天平、50 mL 酸式滴定管、移液管、250 mL 锥形瓶、250 mL 容量瓶、细口瓶、烧杯、洗瓶、表面皿等。

2. 试剂　乙二胺四乙酸二钠（$Na_2H_2Y \cdot 2H_2O$）（分析纯）、$CaCO_3$（分析纯）、10% 氨水、铬黑 T 指示剂、$NH_3 \cdot H_2O$-NH_4Cl 缓冲溶液（pH=10）。

【实验内容与步骤】

1. 0.01 mol/L EDTA 标准溶液的配制　称取乙二胺四乙酸二钠 0.95 g，溶于 150~200 mL 温水中，必要时过滤，冷却后，用蒸馏水稀释至 250 mL，摇匀，转移到细口瓶中，备用。

2. EDTA 标准溶液的标定　准确称取 $CaCO_3$ 基准物 0.25 g，置于 100 mL 烧杯中，用少量水先润湿，盖上表面皿，慢慢滴加 1∶1 HCl 5 mL，待其全部溶解后，加去离子水 50 mL，微沸数分钟以除去 CO_2，冷却后用少量水冲洗表面皿及烧杯内壁，定量转移入 250 mL 容量瓶中，用水稀释至刻度，摇匀。移取 25.00 mL Ca^{2+} 标准溶液于 250 mL 锥形瓶中，加入 20 mL 水和 5 mL Mg^{2+}-EDTA 溶液，再加入 10 mL 氨性缓冲溶液、3 滴铬黑 T 指示剂，立即用待标定的 EDTA 溶液滴定至溶液由紫红色变为纯蓝色，即为终点，记录读数。

【数据记录及处理】

见表 2-6-6。

表 2-6-6

项目	测定次数		
	第一次	第二次	第三次
CaCO₃ 质量/g			
EDTA 溶液初读数/mL			
EDTA 溶液终读数/mL			
V(EDTA)/mL			
c(EDTA)/(mol/L)			
c(EDTA)平均值/(mol/L)			
相对平均偏差			

【思考题】
(1)为什么不用乙二胺四乙酸而要用其二钠盐配制 EDTA 标准溶液？
(2)加入 $NH_3 \cdot H_2O$ - NH_4Cl 缓冲溶液有何作用？
(3)铬黑 T 指示剂适用的 pH 范围是多少？

实验六　粗食盐中氯含量的测定

【实验目的】
1. 掌握银量法中硝酸银标准溶液的标定方法。
2. 熟悉沉淀滴定法的基本操作。
3. 掌握沉淀滴定法对氯离子含量的测定。

【实验原理】
以 K_2CrO_4 作为指示剂，用 $AgNO_3$ 标准溶液在中性或弱碱性溶液中对 Cl^- 进行测定，形成溶解度较小的白色 AgCl 沉淀和溶解度相对较大的砖红色 Ag_2CrO_4 沉淀。溶液中首先析出 AgCl 沉淀，至接近反应等当点时，Cl^- 浓度迅速降低，沉淀剩余 Cl^- 所需的 Ag^+ 则不断增加，当增加到生成 Ag_2CrO_4 所需的 Ag^+ 浓度时，则同时析出 AgCl 及 Ag_2CrO_4 沉淀，溶液呈现砖红色，指示到达终点。

等当点前反应式：$Ag^+ + Cl^- \rightleftharpoons AgCl\downarrow$（白色）（$K_{sp} = 1.8 \times 10^{-10}$）；

等当点时反应式：$2Ag^+ + CrO_4^{2-} = Ag_2CrO_4\downarrow$（砖红色）（$K_{sp} = 2.0 \times 10^{-12}$）。

【实验用品】
1. **仪器**　分析天平、25 mL 移液管、250 mL 锥形瓶、250 mL 容量瓶、烧杯、洗瓶等。
2. **试剂**　5% K_2CrO_4 溶液、$AgNO_3$（分析纯）、NaCl（分析纯）、粗食盐样品（待测试样）。

【实验内容与步骤】
1. **0.1 mol/L $AgNO_3$ 标准溶液的配制**　在分析天平上称取 $AgNO_3$ 4.2~4.3 g（精确至 0.000 1 g），溶于水中，移入 250 mL 容量瓶内，加水至刻度，摇匀，待用。
2. **0.1 mol/L $AgNO_3$ 标准溶液的标定**　准确称取干燥 NaCl 0.10~0.12 g（精确至 0.000 1 g），置于 250 mL 锥形瓶中，加 50 mL 水溶解后，加 1 mL 5% 的 K_2CrO_4 溶液，充

分摇匀。用 0.1 mol/L 的 $AgNO_3$ 标准溶液滴定至出现稳定的砖红色。平行测定 3 次。根据下面公式，计算 $AgNO_3$ 溶液的浓度。

$$c(AgNO_3) = \frac{m(NaCl)}{M(NaCl) \times \dfrac{V(AgNO_3)}{1\,000}}$$

式中　$c(AgNO_3)$——$AgNO_3$ 溶液的浓度，mol/L；

$m(NaCl)$——氯化钠的质量，g；

$M(NaCl)$——氯化钠的摩尔质量，g/mol；

$V(AgNO_3)$——$AgNO_3$ 标准溶液的体积，mL。

3. 待测样品的测定　准确称取 1.5 g 粗食盐试样（精确至 0.000 1 g），置于小烧杯中，加水溶解后，转移到 250 mL 容量瓶中，加水至刻度，摇匀。用移液管吸取 25 mL 该溶液，置于 250 mL 的锥形瓶中，加入 1 mL 5‰ 的 K_2CrO_4 溶液，摇匀。用 0.01 mol/L 的 $AgNO_3$ 标准溶液滴定至出现稳定的砖红色。记录消耗 $AgNO_3$ 溶液的体积。

根据下面公式，计算 Cl^- 含量。

$$w(Cl^-) = \frac{c(AgNO_3) \times V(AgNO_3) \times (M(NaCl)/1\,000)}{m(样品)} \times \frac{250}{50} \times 100\%$$

式中　$w(Cl^-)$——Cl^- 的含量，%；

$c(AgNO_3)$——$AgNO_3$ 的物质的量浓度，mol/L；

$V(AgNO_3)$——$AgNO_3$ 的体积，mL；

$M(NaCl)$——NaCl 的摩尔质量，g/mol；

$m(样品)$——粗食盐的质量，g。

【数据记录及处理】

见表 2-6-7。

表 2-6-7

项目	测定次数		
	第一次	第二次	第三次
粗食盐的质量/g			
配成 NaCl 溶液的体积/mL			
取用 NaCl 溶液的体积/mL			
$AgNO_3$ 溶液终读数/mL			
$AgNO_3$ 溶液初读数/mL			
$V(AgNO_3)$/mL			
$c(AgNO_3)$/(mol/L)			
$\omega(Cl^-)$			
$\omega(Cl^-)$ 平均值			
相对平均偏差			

【思考题】

(1) 在滴定过程中为什么要充分振荡溶液？

(2) 滴定过程中为什么要控制指示剂 K_2CrO_4 的用量？

实验七　水的总硬度及 Ca^{2+}、Mg^{2+} 含量的测定

【实验目的】
1. 了解水硬度常用的表示方法。
2. 掌握配位滴定法中的直接滴定法，学会用配位滴定法测定水的总硬度。
3. 掌握铬黑 T 指示剂、钙指示剂的使用条件和终点颜色变化。

【实验原理】

水的硬度主要由水中钙盐和镁盐的含量决定，通常以 Ca^{2+}、Mg^{2+} 总量来表示水的总硬度。测定水的硬度常采用配位滴定法，用 EDTA 进行水的总硬度及 Ca^{2+}、Mg^{2+} 含量的测定时，可先测 Ca^{2+}、Mg^{2+} 的总量，再测 Ca^{2+} 含量，由 Ca^{2+}、Mg^{2+} 总量与 Ca^{2+} 含量之差求得 Mg^{2+} 的含量。

1. 测定水的总硬度　在 pH=10 的 $NH_3 \cdot H_2O-NH_4Cl$ 缓冲溶液中，以铬黑 T(EBT) 为指示剂，用 EDTA 标准溶液滴定至溶液由紫红色变为纯蓝色即为终点。若水样中存在 Fe^{3+}、Al^{3+} 等微量杂质时，可用三乙醇胺进行掩蔽，Cu^{2+}、Pb^{2+}、Zn^{2+} 等重金属离子可用 Na_2S 或 KCN 掩蔽。

2. Ca^{2+} 含量的测定　用 NaOH 溶液调节 pH 为 12~13（此时氢氧化镁沉淀），用钙指示剂进行测定，溶液中的部分 Ca^{2+} 立即与之反应生成红色配合物，随着 EDTA 的不断加入，溶液中的 Ca^{2+} 逐渐被滴定，当溶液由红色变为蓝色时，到达滴定终点。根据消耗 EDTA 标准溶液的体积可计算出 Ca^{2+} 含量。Mg^{2+} 含量可由 Ca^{2+}、Mg^{2+} 的总量减去 Ca^{2+} 含量求出。

计算公式如下：

$$总硬度(°) = \frac{c(EDTA) \times V_1 \times M(CaO) \times 1\,000}{50.00 \times 10}$$

$$\rho(Ca^{2+}) = \frac{c(EDTA) \times V_2 \times M(Ca) \times 1\,000}{50.00}$$

$$\rho(Mg^{2+}) = \frac{c(EDTA) \times (V_1-V_2) \times M(Mg) \times 1\,000}{50.00}$$

式中　$\rho(Ca^{2+})$——钙含量，mg/L；
　　　$\rho(Mg^{2+})$——镁含量，mg/L；
　　$c(EDTA)$——EDTA 标准溶液的浓度，mol/L；
　　　　V_1——铬黑 T 终点 EDTA 的用量，mL；
　　　　V_2——钙指示剂终点 EDTA 的用量，mL；
　　　$M(Ca)$——Ca 的摩尔质量，g/mol；
　　$M(CaO)$——CaO 的摩尔质量，g/mol；
　　　50.00——水样的体积，mL。

【实验用品】

1. 仪器　酸式滴定管、移液管、锥形瓶、烧杯、洗瓶等。

2. 试剂　EDTA 标准溶液、铬黑 T(EBT) 指示剂、钙指示剂、$NH_3 \cdot H_2O-NH_4Cl$ 缓冲溶液(pH=10)、10% NaOH 溶液、天然水样。

【实验内容与步骤】

1. Ca^{2+}、Mg^{2+} 总量测定 移取天然水样 50.00 mL 于 250 mL 锥形瓶中,加入 5 mL $NH_3 \cdot H_2O - NH_4Cl$ 缓冲溶液,再加少许(约 0.1 g)铬黑 T(EBT)指示剂,摇匀,用 EDTA 标准溶液滴定至溶液由紫红色变为纯蓝色,即为终点(注意接近终点时应慢滴多摇)。记录 EDTA 用量 V_1,平行测定 3 次。

2. Ca^{2+} 含量的测定 另移取天然水样 50.00 mL 于 250 mL 锥形瓶中,加入 10% NaOH 溶液 5 mL,摇匀,加少许(约 0.1 g)钙指示剂,用 EDTA 标准溶液滴定至溶液由酒红色变为纯蓝色,即为终点。记录 EDTA 用量 V_2,平行测定 3 次。

3. Mg^{2+} 含量的测定 Ca^{2+}、Mg^{2+} 总量减去 Ca^{2+} 含量,即可求得 Mg^{2+} 含量。

【数据记录及处理】

1. 水样总硬度的测定(表 2-6-8)

表 2-6-8

项目	测定次数		
	第一次	第二次	第三次
水样的体积/mL			
EDTA 溶液初读数/mL			
EDTA 溶液终读数/mL			
V_1(EDTA)/mL			
c(EDTA)/(mol/L)			
c(EDTA)平均值/(mol/L)			
总硬度/°			
总硬度平均值/°			
相对平均偏差			

2. Ca^{2+} 含量的测定(表 2-6-9)

表 2-6-9

项目	测定次数		
	第一次	第二次	第三次
水样的体积/mL			
EDTA 溶液初读数/mL			
EDTA 溶液终读数/mL			
V_2(EDTA)/mL			
c(EDTA)/(mol/L)			
c(EDTA)平均值/(mol/L)			

(续)

项目	测定次数		
	第一次	第二次	第三次
$\rho(Ca^{2+})$含量/(mg/L)			
$\rho(Ca^{2+})$平均含量/(mg/L)			
相对平均偏差			

【思考题】

(1)为什么滴定Ca^{2+}、Mg^{2+}总量时要控制溶液pH＝10？Ca^{2+}含量测定中，加入NaOH的作用是什么？

(2)水样中如有Fe^{3+}、Al^{3+}等微量杂质，会影响测定结果吗？应如何消除？

实验八　滴定分析操作技能考核

【考核目标】

1. 考核学生对滴定分析仪器操作的掌握程度。
2. 考核学生对滴定终点的判断和读数的记录。
3. 考核学生对实验结果的处理及准确度。

【考核内容】

题目1　用0.1 mol/L NaOH标准溶液测定HCl未知溶液的浓度。

题目2　用0.1 mol/L HCl标准溶液测定NaOH未知溶液的浓度。

【考核所需用品】

1. 仪器　50 mL酸式滴定管、50 mL碱式滴定管、25 mL移液管、250 mL锥形瓶、烧杯、洗耳球、滴定管架、洗瓶。

2. 试剂　0.1 mol/L HCl溶液、0.1 mol/L NaOH溶液、甲基橙指示剂、酚酞指示剂、未知浓度NaOH溶液、未知浓度HCl溶液。

【考核要求】

(1)考核内容中题目1、题目2选做，或教师指定做一题。

(2)考核时间为30 min。

(3)考核项目包括：准备工作，对移液管、滴定管、锥形瓶的操作，终点判断，读数及记录，结果处理，结束整理。

【评分标准】

主要从实验操作过程和实验结果处理两方面进行考核。

(1)准备工作(5分)

(2)滴定管的正确选择(5分)

(3)指示剂的正确选用(5分)

(4)仪器操作规范(30分)

① 移液管操作正确(5分)。

② 滴定管的润洗、装液(5分)。
③ 滴定管排气泡、调零(5分)。
④ 滴定方式正确(5分)。
⑤ 终点判断准确(5分)。
⑥ 滴定管读数正确(5分)。

(5)实验数据(30分)。见表 2-6-10。

表 2-6-10

项目	滴定次数		
	1	2	3
V(待测液)/mL			
标准液浓度/(mol/L)			
标准液初读数/mL			
标准液终读数/mL			
V(标准液)/mL			
V(标准液)平均值/mL			

(6)实验结果处理(20分)。

根据公式_____，计算出未知液浓度为_____。

(7)结束工作(5分)。

实验九　吸收曲线的绘制

【实验目的】

1. 学会紫外-可见分光光度计的操作技术。
2. 学会绘制有色溶液的吸收曲线。
3. 能根据吸收曲线确定最大吸收波长。

【实验原理】

物质呈现的颜色与光有着密切关系，当一束白光(混合光)通过某溶液时，如果该溶液对可见光区各种波长的光都没有吸收，即入射光全部通过溶液，则该溶液呈无色透明状；当溶液对可见光区各种波长的光全部吸收时，则该溶液呈黑色；如果某溶液对可见光区某种波长的光选择性地吸收，则该溶液呈现被吸收光的互补色光的颜色。

有色溶液对不同波长的光的吸收能力不同，将不同波长的单色光，分别通过厚度一定、浓度不变的有色溶液，测定有色溶液在每一波长下相应的吸光度，以波长(λ)为横坐标，以吸光度(A)为纵坐标，用描点法作图即得吸收曲线。曲线上凸起的部分即为吸收峰，吸收峰最高处对应的波长就是此有色溶液的最大吸收波长。

【实验用品】

1. 仪器　紫外-可见分光光度计、擦镜纸、烧杯、洗瓶。

2. 试剂　0.05 mg/mL $KMnO_4$ 溶液、0.03 mg/mL $KMnO_4$ 溶液、蒸馏水。

【实验内容与步骤】

接通紫外-可见分光光度计电源，打开开关，预热 20 min 左右。取 3 只比色皿，一只装入蒸馏水作参比溶液，另两只装入不同浓度 $KMnO_4$ 溶液，用擦镜纸小心拭去比色皿上的水珠。将装有蒸馏水的比色皿放入样品室的第一格，装有 $KMnO_4$ 溶液的两只比色皿分别放入样品室的第二格和第三格，并且将比色皿光面紧贴出光口。在波长 460~580 nm 范围内，每隔 20 nm 测一次两种溶液的吸光度，完成表 2-6-11。在最大吸收峰附近，每隔 5 nm 再测量一次吸光度。测定完毕，关掉电源，取出比色皿，倒掉溶液，比色皿用蒸馏水洗干净，倒置于滤纸上晾干，收于比色皿盒中。

在同一个坐标上，以波长(λ)为横坐标，吸光度(A)为纵坐标，绘制不同浓度的吸光度(A)与波长(λ)关系的吸收曲线，并在两条吸收曲线上分别找出其最大吸收波长。

【数据记录】

见表 2-6-11。

表 2-6-11

波长 λ/nm	460	480	500	520	540	560	580
吸光度 A_1							
吸光度 A_2							

实验十　高锰酸钾的比色测定

【实验目的】

1. 掌握紫外-可见分光光度计的操作技术。
2. 学会标准曲线(工作曲线)的绘制。
3. 学会用工作曲线法测定未知物浓度。

【实验原理】

配制一系列标准有色溶液，选用最大吸收波长的单色光，在紫外-可见分光光度计上分别测定其吸光度(A)。以溶液浓度为横坐标，吸光度为纵坐标，作图，得到一条通过原点的直线，称为标准曲线或工作曲线。

【实验用品】

1. 仪器　紫外-可见分光光度计、擦镜纸、吸量管、比色管、烧杯、洗瓶。

2. 试剂　0.125 0 mg/mL $KMnO_4$ 溶液、蒸馏水。

【实验内容与步骤】

1. 标准系列的配制　取 5 支 25 mL 的比色管，用吸量管分别依次加入 $KMnO_4$ 溶液(0.125 0 mg/mL) 1.00 mL、2.00 mL、3.00 mL、4.00 mL、5.00 mL，用蒸馏水稀释至 25 mL 标线处，摇匀。所得标准系列溶液的浓度依次为每毫升含 $KMnO_4$：5μg、10μg、15μg、20μg、25μg。

2. 样品液的配制　在第 6 支比色管中，用吸量管准确加入 5.00 mL 样品液，用蒸馏水稀释至 25 mL 标线处，摇匀。

3. **测定** 用紫外-可见分光光度计分别测出各比色管中溶液的吸光度。

4. **绘制标准曲线** 以溶液浓度为横坐标，吸光度为纵坐标，绘制标准曲线，从标准曲线上查出样品液吸光度相对应的浓度，即为样品比色液的浓度。

5. **计算**

$$\rho(原样)=\rho(样品比色液)\times 样品稀释倍数$$

【数据记录】

见表 2-6-12。

表 2-6-12

标准系列浓度 $\rho/(\mu g/mL)$	5	10	15	20	25
吸光度 A					

实验十一 磷的定量测定(钼蓝法)

【实验目的】

1. 掌握钼蓝法测定磷含量的方法。
2. 学会吸光光度法工作曲线的绘制。

【实验原理】

微量磷的测定常采用钼蓝法。测定时，先将磷酸盐在酸性溶液中与钼酸铵作用，生成黄色钼磷酸。

$$PO_4^{3-}+12MoO_4^{2-}+27H^+ =\!\!=\!\!= H_3P(Mo_3O_{10})_4(钼磷酸)+12H_2O$$

钼酸磷用 $SnCl_2$ 还原，可生成磷钼蓝，溶液呈蓝色，蓝色的深浅与磷的含量成正比。磷的含量为 $0.05\sim 2.0\ \mu g/mL$ 时，服从朗伯-比尔定律，磷钼蓝的最大吸收波长为 690 nm，可在此波长下测定溶液的吸光度。

【实验用品】

1. **仪器** 紫外-可见分光光度计、擦镜纸、吸量管、比色管、烧杯、洗瓶。

2. **试剂** $5\ \mu g/mL\ PO_4^{3-}$ 标准溶液、$SnCl_2$-甘油溶液(溶解 2.5 g $SnCl_2$ 于 100 mL 甘油中)、钼酸铵-硫酸混合液(溶解 2.5 g 钼酸铵于 100 mL 5 mol/L 硫酸中)、含磷试液。

【实验内容与步骤】

1. **绘制工作曲线** 取 6 支 25 mL 比色管，洗净，编号。用吸量管分别吸取 $5\ \mu g/mL$ PO_4^{3-} 标准溶液 0 mL、2.00 mL、4.00 mL、6.00 mL、8.00 mL、10.00 mL 于已编号的比色管中。分别加 5 mL 蒸馏水，各加入 1.5 mL 钼酸铵-硫酸混合液，摇匀，再分别加入 $SnCl_2$ 甘油溶液 2 滴后摇匀，用蒸馏水定容至 25.00 mL，充分摇匀，静置 10 min。按编号顺序，从空白溶液开始，依次将溶液装入已用待测溶液润洗过的比色皿中，在紫外-可见分光光度计上测出各比色管中标准溶液的吸光度。

在坐标纸上，以 PO_4^{3-} 的浓度($\mu g/mL$)为横坐标，吸光度 A 为纵坐标，绘制浓度与吸光度关系的工作曲线。

2. 试样溶液中磷的含量　用吸量管吸取试样溶液 10.00 mL 于 25 mL 比色管中，在与标准溶液相同的条件下显色定容，并测定其吸光度。从工作曲线上查出相应磷的含量，并计算试样溶液中磷的含量（μg/mL）。

【数据记录】

见表 2-6-13。

表 2-6-13

比色管编号	1	2	3	4	5	6	7（试样溶液）
磷的含量/(μg/mL)	0	0.2	0.4	0.6	0.8	1.0	
吸光度 A							

【思考题】

(1) 配制钼酸铵-硫酸溶液时为什么要加硫酸？

(2) 加入 $SnCl_2$ 的作用是什么？

实验十二　吸光光度法技能考核

【考核目标】

1. 考核学生对紫外-可见分光光度计的掌握程度。
2. 考核学生是否能用工作曲线法测定未知物浓度。

【考核内容】

题目：用吸光光度法测定未知高锰酸钾溶液的浓度。

【考核所需用品】

1. 器材　紫外-可见分光光度计、擦镜纸、烧杯、洗瓶、比色管、吸量管、移液管、胶头滴管。

2. 试剂　高锰酸钾未知样、蒸馏水。

【考核要求】

(1) 考核时间为 30 min。

(2) 考核项目包括：准备工作，对比色皿、紫外-可见分光光度计的操作，结果处理，结束整理。

(3) 稀释倍数：5～50 倍。

【评分标准】

主要从实验操作过程和实验结果及处理两方面进行考核。

(1) 准备工作（5 分）。

(2) 比色皿的使用（10 分）。

(3) 实验过程（30 分）。

① 波长的选择（5 分）。

② 移液管或者吸量管的使用（5 分）。

③ 未知样稀释倍数的选择（5 分）。

④ 比色管的使用（5 分）。

⑤ 紫外-可见分光光度计的操作（10 分）。

(4)实验数据(30分)

高锰酸钾最大吸收波长 $\lambda_{max}=$ _____ nm。

测得未知高锰酸钾溶液吸光度 $A=$ _____。

查找未知高锰酸钾溶液浓度 $c=$ _____。

(5)实验结果处理(计算未知样的浓度)(20分)。

(6)结束工作(5分)。

模块三

有机化学基础

项目一

烃

学习目标

● 知识目标

1. 了解有机化合物的结构、分类和特性。
2. 熟悉烃的结构、分类，学会烃的命名。
3. 理解烃的主要化学性质。

● 技能目标

1. 学会用系统命名法给烷烃、烯烃、炔烃、环烷烃及芳香烃命名。
2. 能够利用各种烃的特殊化学性质进行定性检验。

任务一　有机化合物概述

根据物质的分子组成、结构特点和化学特性等，可以把自然界里的物质分为两大类：一类是无机化合物，简称无机物；另一类是有机化合物，简称有机物。研究表明，有机化合物都含有碳，所以有机化合物是指含有碳元素的化合物。应该注意的是，一氧化碳、二氧化碳、碳酸、碳酸盐等，虽然也含有碳元素，但它们归属于无机化合物。

人们对有机化合物的认识经历了一个非常漫长的过程。19世纪初期，瑞典化学家柏齐利乌丝将来自生命体的动物物质和植物物质统称为有机化合物。直到1828年，德国化学家维勒第一次在实验室用氰酸铵制得了尿素，尿素是人类最早人工合成的有机化合物。此后，人们又相继在实验室人工合成了醋酸、糖、油脂等有机化合物。随着科学技术的不断进步，人类的衣、食、住、行已经离不开有机化合物，如合成橡胶、合成纤维、植物生长调节剂、有机农药、合成激素、合成树脂及许多药物、染料、食品等。人们把研究有机化合物的组成、结构、性质及其变化规律的科学称为有机化学。

一、有机化合物的特性

至今，有机化合物已达三千多万种，且在不断增加，而无机化合物只有十几万种，主要原因有以下三个：①有机化合物分子中碳原子之间的成键能力很强，成键方式多样，不仅可形成单键，还可以形成双键和叁键；②碳原子之间还可以以不同方式形成链状或者环状；③

大多数有机物分子存在同分异构体。

有机化合物与无机化合物相比，有其特殊的性质，有机化合物和无机化合物的主要区别见表3-1-1。

表3-1-1 有机化合物与无机化合物的主要区别

特性	有机物	无机物
溶解性	多数不溶于水，易溶于有机溶剂	多数易溶于水，不易溶于有机溶剂
耐热性	多数不耐热，固体熔点低(一般≤400 ℃)	多数耐热，难熔化，一般熔点较高
可燃性	多数可燃烧	多数不可燃烧
导电性	多数为非电解质，难电离，不导电	多数为电解质，可导电
结构特点	一般结构复杂，副反应多，反应速率较慢	一般结构简单，副反应少，反应速率较快

二、有机化学与农业生产的关系

有机化学与农业生产息息相关，有机化学的研究成果常常是农业生产的科学依据，例如有机肥料的生产与施用、有机农药的生产与应用、环境保护、土壤分析、病毒的分析与控制、疾病的检测与防治等。

有机化学与农业科学的发展密切相关。对于农林类专业的高等职业院校学生，许多专业课均涉及有机化学的基本知识，如植物生长环境、微生物学、动物病理、动物药理、植物保护、生物化学、食品应用化学、农作物营养学、饲料生产技术等课程，均与有机化学相关。随着科学的不断进步，有机化学必将在农业生产中发挥更大的作用。

三、有机化合物的结构

(一)碳原子的结构特点

碳原子位于元素周期表第二周期ⅣA族，含4个价电子，可与其他原子形成4个共价键。有机物中除了含有碳元素外，通常还含有氢元素，有的还含有氧、氮、硫、磷、卤素等元素。有机物结构的最大特点是碳原子以共价键相互之间结合或以共价键与其他原子相结合。由于碳原子有2个电子层，外层有4个电子，在形成有机物分子时，既难得到4个电子，也难失去4个电子，但容易以4个共价键与其他原子或原子团相结合，也可与另外的碳原子以不同的方式结合(单键、双键、叁键)，而且碳原子可按照不同的连接方式形成链状或环状化合物，构成有机物分子的基本骨架。

(二)碳原子之间的成键方式

碳原子不仅能跟H、O、N等原子或原子团形成共价键，而且也能通过共用一对电子、两对电子或三对电子与另一碳原子结合形成碳碳单键、碳碳双键或碳碳叁键。

—C—C—　　—C=C—　　—C≡C—
碳碳单键　　碳碳双键　　碳碳叁键

碳原子之间以共价键相结合时，可以结合成链状"碳骨架"，还可以结合成环状"碳骨架"。C 与 H 只能形成 C—H 单键，与 O 可形成 C—O 单键和 C═O 双键。

(三)有机化合物结构的表示方法

物质名称	电子式	结构式	结构简式	分子式
甲烷	H:C:H (四周H)	H—C—H (四周H)	CH_4	CH_4

有机物分子中，用两个小圆点表示一对共用电子对的式子称为电子式；分子中各原子之间用短线代表共价键将其相连的式子称为结构式；把有机物分子中的碳氢键省略，只保留特征官能团的简单的式子称为结构简式。

四、有机化合物的分类

针对有机物数量繁多且结构比较复杂的特点，为了便于学习，根据有机物的性质特点或者其结构特点，将有机物进行分类，目前的分类方法主要有以下两种：一种方法是按有机物分子中"碳骨架"进行分类，另一种方法是按有机物分子中的官能团进行分类。

(一)按"碳骨架"进行分类

根据有机物分子中基本"碳骨架"的不同，将有机物分为链状化合物和环状化合物。

1. 链状化合物 此类化合物分子中"碳骨架"形成一条链状，故称为链状化合物。由于链状化合物最早被发现存在脂肪中，因此链状化合物又称为脂肪族化合物。

例如： $H_3C—CH_2—CH_3$ $H_2C═C—CH_3$ $CH_3—CH_2—OH$
                                           |
                                           H

　　　　　丙烷　　　　　　　　丙烯　　　　　　　　　乙醇

2. 环状化合物 此类有机物分子中的主要"碳骨架"形成闭合的环状结构，故称为环状化合物。当有机物分子中形成"碳骨架"的原子全部是碳原子时，称为碳环化合物；当有机物分子中形成"碳骨架"的原子除了碳原子外，还有氮原子、硫原子和氧原子等其他原子时，称为杂环化合物。

(1)碳环化合物。碳环化合物又分为脂环族化合物和芳香族化合物。环丙烷和环己酮是脂环族化合物，它们的性质与脂肪族化合物相似。

例如：

环丙烷　　　环己酮

有些化合物分子中含有苯环，并具有与脂肪族和脂环族化合物不同的性质，由于其最初是从具有芳香味的有机物和香树脂中发现的，故称为芳香族化合物。

例如：

苯　　　　甲苯

(2)杂环化合物。此类化合物中的碳环上还含有其他杂原子。

例如：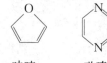

呋喃　　吡嗪

(二)按官能团进行分类

官能团是指决定有机物主要化学性质的原子、原子团或者一些特殊结构。有机反应主要发生在有机物的官能团上，因此具有相同官能团的化合物有相似的化学性质。有机物主要的官能团及其结构如表3-1-2所示。

表3-1-2　有机物主要的官能团及其结构

官能团名称	官能团结构	化合物类型	化合物举例
双键	$\mathrm{C{=}C}$	烯烃	$H_2C{=}CH_2$
叁键	$-C{\equiv}C-$	炔烃	$HC{\equiv}CH$
卤素	$-X(F, Cl, Br, I)$	卤代烃	CH_3-CH_2Cl
羟基	$-OH$	醇	CH_3-CH_2OH
酚羟基	$-OH$	酚	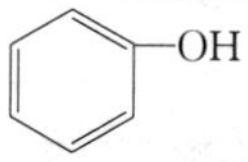 苯-OH
醚键	$-O-$	醚	CH_3-O-CH_3
醛基	$-\underset{}{\overset{O}{C}}-H$	醛	$CH_3-\underset{}{\overset{O}{C}}-H$
酮基	$-\underset{}{\overset{O}{C}}-$	酮	$CH_3-\underset{}{\overset{O}{C}}-CH_3$
羧基	$-\underset{}{\overset{O}{C}}-OH$	羧酸	$CH_3-\underset{}{\overset{O}{C}}-OH$
氨基	$-NH_2$	胺	$CH_3-CH_2-NH_2$

任务二　饱和链烃——烷烃

分子中只含碳、氢两种元素的有机物称为碳氢化合物，简称烃，烃是有机物中最简单的一类。烃分子中的氢原子能被其他原子或原子团所取代，从而衍生成其他有机物，因此常把烃看成是有机物的母体,故有机物实质上就是烃及其衍生物。按照分子的碳架,烃可分为链烃和环烃两大类。

$$
烃\begin{cases}链烃\begin{cases}饱和链烃:烷烃(只含\ C—C\ 单键)\\不饱和链烃\begin{cases}烯烃(含有\ C\!=\!C\ 双键)\\炔烃(含有\ C\!\equiv\!C\ 叁键)\end{cases}\end{cases}\\环烃\begin{cases}脂环烃\begin{cases}环烷烃\\环烯烃\end{cases}\\芳香烃\end{cases}\end{cases}
$$

一、烷烃的分子结构

(一)烷烃的同系列和通式

烷烃是含碳碳单键和碳氢单键的链烃。最简单的烷烃是甲烷,甲烷的分子式是 CH_4。此外,乙烷的分子式是 C_2H_6,丙烷的分子式是 C_3H_8,丁烷的分子式是 C_4H_{10},戊烷分子式是 C_5H_{12}。不难看出,甲烷分子中含一个碳原子,从甲烷开始,当碳原子增加一个,烷烃中的氢原子就相应地增加 2 个。那么,假设碳原子的数目为 n,则氢原子的数目即为 $2n+2$,所以我们可以用一个式子来表达直链烷烃分子式,即 C_nH_{2n+2},这个式子称为烷烃的通式。

例如:当 $n=8$ 时,分子式为 C_8H_{18};当 $n=14$ 时,分子式为 $C_{14}H_{30}$。

凡是结构相似,分子组成上相差一个或多个 CH_2 的化合物,称为同系列。同系列中的各种化合物互称同系物。同系物由于有相似的结构,所以具有相似的化学性质。

烷烃分子中的碳原子,按照它们所连的碳原子数目的不同,可分为 4 类:其中只连 1 个碳原子的称为伯碳原子(或称为第一碳原子),通常用"1°"表示;连 2 个碳原子的称为仲碳原子(或称为第二碳原子),常用"2°"表示;连有 3 个碳原子的称为叔碳原子(或称为第三碳原子),常用"3°"表示;连有 4 个碳原子的称为季碳原子(或称为第四碳原子),常用"4°"表示。与伯、仲、叔碳原子相连的氢原子分别称为伯、仲、叔氢原子。例如:

$$
\underset{2°}{\overset{1°}{H_3C}}-\underset{}{CH_2}-\underset{3°}{\overset{\overset{CH_3}{|}}{CH}}-\underset{2°}{CH_2}-\underset{1°}{\overset{\overset{\overset{CH_3}{|}}{4°}}{\underset{|}{C}}}-CH_3
$$
$$
\qquad\qquad\qquad\qquad\qquad CH_3
$$

(二)烷烃的同分异构现象

有一些有机化合物的分子组成相同,性质却不相同。

例如:分子式为 C_4H_{10} 的有机物有两种不同的结构式:

	$H_3C—CH_2—CH_2—CH_3$	$H_3C—\overset{\overset{\displaystyle CH_3}{\|}}{CH}—CH_3$
	正丁烷	异丁烷
熔点/℃	−138.4	−159.6
沸点/℃	−0.5	−11.7
液态密度/(g/cm³)	0.578 8	0.557

这种结构不同，分子式相同的现象，称为同分异构现象。具有同分异构现象的化合物互称为同分异构体。

例如：C_4H_{10} 有 2 种同分异构体，C_5H_{12} 有 3 种同分异构体，C_6H_{14} 有 5 种同分异构体。

二、烷烃的命名

(一)烃基

当烃分子失去 1 个或几个氢原子后剩下的部分称为烃基，用"—R"表示。烷烃失去 1 个氢原子后剩余的部分称为烷基，通式表示为 $-C_nH_{2n+1}$。

例如，甲基：$-CH_3$ 乙基：$-CH_2CH_3$ 丙基：$-CH_2CH_2CH_3$

(二)普通命名法

对于碳原子较少的简单烷烃常采用普通命名法命名，即按有机物分子中碳原子总数称为某烷。十个碳原子以内的烷烃分别对应"天干"的甲、乙、丙、丁、戊、己、庚、辛、壬、癸。

对于碳原子数较少的烷烃的同分异构体，也可用正、异、新烷来区分。直链的称为"正"某烷(有时"正"字可以省略)；碳链中第二个碳原子上有一个甲基的烷烃称为"异"某烷；第二个碳原子上有两个甲基的烷烃称为"新"某烷，如正戊烷、异戊烷和新戊烷。有机物分子中碳原子数大于 10 个的化合物用汉字基数表示，如十五烷、二十烷等。

(三)系统命名法

1979 年国际纯粹和应用化学协会公布了有机化合物的统一命名原则。后来中国化学会根据国际通用的命名原则，结合中国的语言特点编写了一种标准命名法，称为系统命名法，此命名法的具体步骤如下：

1. 选择主链　选择有机物结构中含有碳原子数最多的碳链为主链，称为"某烷"。注意当几个等长的碳链均可做主链时，选择取代基较多的为主链。碳原子数 10 个以内的用"天干"的甲、乙、丙、丁、戊、己、庚、辛、壬、癸表示。碳原子数大于 10 个的用汉字基数表示，如十三烷、二十六烷等，同普通命名法。

2. 给主链编号　用阿拉伯数字 1、2、3……从靠近取代基的一端开始编号。小的基团在前，大的基团在后，当等距离两端同时遇到相同基团时，则依次比较第二个基团，这样就可以确定取代基的位置，同时注意取代基的代数和要最小。命名时把取代基的位次和名称写在"某烷"的前面，二者之间用"-"隔开。

3. 取代基命名　相同的取代基可以合并，其数目可以用二、三、四等表示，数目之间用","隔开。若同一碳原子上连有不同取代基，则把简单的取代基的位次和名称写在前面，复杂的取代基位次和名称写在后面。

4. 命名　依次写出取代基的位次、个数、名称，最后写出某烷。

例如：

$$\overset{1}{C}H_3-\overset{2}{C}H-\overset{3}{C}H_2-\overset{4}{C}H_2-\overset{5}{C}H_3$$
$$\qquad\quad |$$
$$\qquad\quad CH_3$$

2-甲基戊烷

$$\overset{1}{C}H_3-\overset{2}{C}H-\overset{3}{C}H-\overset{4}{C}H_3$$
$$\qquad\; |\qquad |$$
$$\qquad CH_3\ CH_3$$

2,3-二甲基丁烷

$$\overset{1}{C}H_3-\overset{2}{C}H_2-\overset{3}{C}H-\overset{4}{C}H-\overset{5}{C}H_2-\overset{6}{C}H_3$$
$$\qquad\qquad\quad |\quad\; |$$
$$\qquad\qquad CH_3\ CH_2$$
$$\qquad\qquad\qquad\quad |$$
$$\qquad\qquad\qquad\; CH_3$$

3-甲基-4-乙基己烷

三、烷烃的性质

(一)物理性质

随着相对分子质量的逐渐增加，烷烃的物理性质(如熔点、沸点、相对密度等)呈现出有规律的变化，熔点、沸点随着碳原子的增加逐渐增加。常温时，直链烷烃从甲烷到丁烷为气态，戊烷到十六烷为液态，从十七烷开始都是固态。所有烷烃均难溶于水，易溶于乙醇、乙醚等有机溶剂。

(二)化学性质

由于烷烃中的碳原子与其他原子之间以共价单键相结合。因此，一般情况下，烷烃不与强酸、强碱、强氧化剂、强还原剂及活泼金属起反应，但在特殊条件下，例如高温、光照、过氧化物和催化剂等条件下，可以和卤素、氧气等发生化学反应。

1. 燃烧　烷烃在空气中能燃烧，完全氧化生成二氧化碳和水，同时放出大量的热。

例如：
$$CH_4+2O_2\xrightarrow{点燃}CO_2+2H_2O+Q$$

2. 取代反应　烷烃可以与氯气、溴水等卤素单质等在光照条件下发生取代反应，生成卤代烷。卤代烷是指烷烃中的氢原子被卤素原子取代形成的化合物。

例如：
$$CH_4+Cl_2\xrightarrow{光照}CH_3Cl(一氯甲烷)+HCl$$

$$CH_3Cl+Cl_2\xrightarrow{光照}CH_2Cl_2(二氯甲烷)+HCl$$

$$CH_2Cl_2+Cl_2\xrightarrow{光照}CHCl_3(三氯甲烷)+HCl$$

$$CHCl_3+Cl_2\xrightarrow{光照}CCl_4(四氯化碳)+HCl$$

四、重要的烷烃

(一)甲烷

甲烷大量存在于自然界中，是石油气、天然气和沼气的主要成分。甲烷是无色无臭的气体，易溶于酒精、乙醚等有机溶剂，微溶于水(20 ℃时20体积水可溶解1体积甲烷)。甲烷容易燃烧，富含甲烷的天然气和沼气是优良的气体燃料。甲烷燃烧不充分会产生浓厚的烟炱。烟炱是炭的微细颗粒，俗称炭黑。炭黑可做黑色颜料、墨汁以及橡胶的填料。

甲烷与空气混合(甲烷的体积分数为 5.3%～14%)，遇火就会爆炸。煤矿坑道必须有良好的通风，家用煤气或沼气点火时应该小心，防止发生爆炸事故。除用作燃料外，甲烷也是一种有用的化工原料，可制造炭黑，局部氧化可制备甲醇、甲醛，与水蒸气制作"合成气"($CO+H_2$)等，"合成气"是合成氨或尿素的原料。

(二)石油

从油田开采出来的原油是黄褐色、暗绿色或棕黑色的黏稠液体。其主要成分是各类烷烃的复杂混合物，也含有一些环烷烃和芳香烃。有一些产区的石油成分是以环烷烃和芳香烃为主的。

近年来，人们发现一些微生物能在石油或某些石油成分中生存，它们在生活过程中会产生一些有机酸、氨基酸、糖、蛋白质、维生素等有机物。因此，可以石油产品为原料，通过微生物发酵法制取有机化合物。

任务三　不饱和链烃

直链有机物分子中含有不饱和键时，称为不饱和链烃。根据结构的不同将不饱和链烃分为烯烃和炔烃。单烯烃的通式是 C_nH_{2n}，单炔烃的通式是 C_nH_{2n-2}。例如：乙烯的分子式为 C_2H_4，乙炔的分子式为 C_2H_2。

一、烯烃

充分发育的水果(如香蕉、苹果、柑橘、梨等)，能合成乙烯，乙烯不仅能促进水果本身的成熟与着色，也能促进其他水果的成熟。

(一)烯烃的结构

分子结构中含有碳碳双键(—C=C—)的开链不饱和烃称为烯烃。乙烯是最简单的烯烃。丙烯的结构简式是 CH_3—CH=CH_2，丁烯的结构简式是 CH_3—CH_2—CH=CH_2，它们在组成上均相差一个或几个 CH_2 原子团，所以都与乙烯互为同系物。

(二)烯烃的同分异构体

烯烃除有烷烃那样因碳架不同而引起的碳链异构外，还有因碳碳双键在碳链中的位置不同所引起的位置异构，其同分异构体的数目比相同碳原子数的烷烃多，所以烯烃的同分异构体比相应的烷烃要复杂。

例如：丁烯 C_4H_8 同分异构体有以下 3 种。

H_3C—H_2C—HC=CH_2　　　H_3C—HC=CH—CH_3　　　H_2C=C—CH_3
　　　　　　　　　　　　　　　　　　　　　　　　　　　　　　　　　$|$
　　　　　　　　　　　　　　　　　　　　　　　　　　　　　　　　　CH_3

　　　1-丁烯　　　　　　　　　　2-丁烯　　　　　　　　　　2-甲基丙烯

此外，碳碳双键是由一个 σ 键和一个 π 键组成的，因此不能自由旋转，双键两侧的基团在空间上会有所不同，从而造成异构现象，该异构现象称为顺反异构。若两个相同的原子或基团处在双键的同侧，称为顺式结构；若两个相同原子位于双键的两侧，称为反式结构。

例如：

顺-2-丁烯　　　　　　　反-2-丁烯

(三) 烯烃的命名

由于双键是烯烃的官能团，因此烯烃命名时要选择含有双键的最长碳链作为主链，编号要从双键近的一端开始，其余的命名步骤与烷烃相同。

例如：

$\overset{1}{H_3C}-\overset{2}{HC}=\overset{3}{CH}-\overset{4}{CH_3}$　　　　2-丁烯

$\overset{5}{H_3C}-\overset{4}{HC}-\overset{3}{HC}=\overset{2}{CH}-\overset{1}{CH_3}$　　　　4-甲基-2-戊烯
　　　　　　|
　　　　　CH₃

$\overset{1}{H_3C}-\overset{2}{C}=\overset{3}{C}-\overset{4}{CH_2}-\overset{5}{CH_3}$　　　　2,3-二甲基-2-戊烯
　　　|　|
　　CH₃ CH₃

$\overset{4}{H_3C}-\overset{3}{CH}-\overset{2}{C}=\overset{1}{CH_2}$　　　　3-甲基-2-乙基-1-丁烯
　　　|　|
　　CH₃ CH₂CH₃

(四) 烯烃的性质

1. 物理性质　在室温条件下，从乙烯到丁烯均为气态，从戊烯到十八烯均为易挥发的液态，从十九烯开始均为固态，熔点、沸点、密度与烷烃相似，随碳原子数目增加而升高，所以烯烃都难溶于水，易溶于有机溶剂。

2. 化学性质　烯烃的官能团是双键，因此易发生加成反应、氧化反应和聚合反应等。

(1) 氧化反应。烯烃和烷烃一样可以与氧气在点燃的条件下发生反应，生成二氧化碳和水。

例如：$CH_2=CH_2+3O_2 \xrightarrow{\text{点燃}} 2CO_2+2H_2O+1\,410.8\text{ kJ/mol}$

烯烃可以被高锰酸钾等强氧化剂氧化。将丙烯通入酸性 $KMnO_4$ 溶液中，溶液的紫色逐渐褪去，最终生成乙酸、二氧化碳和水。将乙烯通入冷的碱性 $KMnO_4$ 溶液中，$KMnO_4$ 溶液的紫色褪去，此方法可以用于鉴别甲烷和乙烯。

用氯化钯-氯化铜作催化剂，乙烯则被氧化成乙醛：

$$CH_2=CH_2+\frac{1}{2}O_2 \xrightarrow[100\ ℃,\ 1\text{ MPa}]{PdCl_2-CuCl_2} CH_3CHO(乙醛)$$

(2) 加成反应。有机物分子中不饱和的碳原子跟其他原子或原子团直接结合生成饱和有机物的反应称为加成反应。

① 与氢气的加成反应。例如：烯烃可以在一定的条件下，与 H_2 发生加成反应。

$$CH_2=CH_2+H_2 \xrightarrow{Ni/Pd} CH_3-CH_3$$

② 与 Cl_2 和 Br_2 的加成反应。

$$H_2C=CH_2 + Cl-Cl \xrightarrow[40\ ℃]{FeCl_3} \underset{\underset{Cl\ \ \ Cl}{|\ \ \ \ |}}{H_2C-CH_2}$$

1,2-二氯乙烷

将乙烯通入溴的四氯化碳溶液中，溴的棕色褪去。此法可用于鉴别烯烃的存在。

$$H_2C=CH_2 + Br-Br \longrightarrow \underset{\underset{Br\ \ \ Br}{|\ \ \ \ |}}{H_2C-CH_2}$$

1,2-二溴乙烷

③ 与 HCl 的加成反应。

$$CH_2=CH_2 + HCl \xrightarrow{无水\ AlCl_3} CH_3-CH_2Cl$$

19 世纪，俄国化学家马尔可夫尼科夫根据大量实验，得出了一条规律：当不对称的烯烃与卤化氢等试剂发生加成时，试剂中的氢原子加到烯烃中含氢原子较多的双键碳原子上，卤素原子加到含氢较少的双键碳原子上。这就是著名的马尔可夫尼科夫加成规则，简称马氏规则。根据马氏规则，可以预测烯烃加成反应中的主要产物。

④ 与水的加成反应。在酸作为催化剂的条件下，烯烃与水直接发生加成反应，生成醇类化合物。不对称烯烃与水的加成反应符合马氏规则。

例如：

$$H_3C-HC=CH_2 + H-OH \xrightarrow[300\ ℃,\ 7MPa]{磷酸-硅藻土} CH_3CH_2CH_2OH\ (乙醇)$$

（3）聚合反应。在特定条件下，烯烃分子中的双键可发生相互加成反应。从小分子化合物生成大分子化合物的反应称为聚合反应。

例如：乙烯在一定温度、压力及催化剂条件下，可发生聚合反应，生成聚乙烯。

$$nH_2C=CH_2 \xrightarrow[催化剂]{温度、压力} +H_2C-CH_2+_n\ (聚乙烯)$$

氯乙烯也可以在一定温度、压力及催化剂条件下发生聚合反应，生成聚氯乙烯。

$$n\underset{\underset{Cl}{|}}{H_2C=CH} \xrightarrow[催化剂]{温度、压力} +H_2C-\underset{\underset{Cl}{|}}{CH}+_n\ (聚氯乙烯)$$

聚乙烯没有气味，也没有毒性，且化学稳定性好，应用比较广泛，工业上用来制造农用塑料薄膜、食品包装等，是目前塑料中产量最大的一个品种。

聚氯乙烯简称 PVC，对光和热的稳定性都很差，长时间阳光曝晒或者温度达到 100 ℃以上时，就会分解而产生氯化氢，过多的氯化氢对人体是有毒害的。

二、炔烃

(一)炔烃的结构

炔烃分子结构里含有碳碳叁键，除乙炔（$CH≡CH$）外，还有丙炔（$CH_3-C≡CH$）、丁炔

(CH≡C—CH₂—CH₃)等。炔烃的结构通式为C_nH_{2n-2}。碳碳叁键是炔烃的官能团,它是由1个σ键和2个π键组成,故炔烃和烯烃的化学性质相似,也可以发生取代反应、氧化反应、加成反应和聚合反应等。

(二)炔烃的异构现象及命名

炔烃的异构现象与烯烃相似,也存在碳链异构和官能团的位置异构现象,不同的是叁键所连的两个碳原子均在一条直线上,所以炔烃没有顺反异构体。

例如:戊炔(C_5H_8)只有3种同分异构体:

CH₃—CH₂—CH₂—C≡CH　　　　CH₃—CH₂—C≡C—CH₃　　　　H₃C—CH(CH₃)—C≡CH

1-戊炔　　　　　　　　　　　2-戊炔　　　　　　　　　　3-甲基-1-戊炔

炔烃的系统命名法与烯烃相似,只需将"烯"字改为"炔"字即可。例如:

H₃C—H₂C—C≡CH　　　　1-丁炔

H₃C—C≡C—CH₂—CH₃　　　　2-戊炔

H₃C—HC(CH₃)—C≡CH　　　　3-甲基-1-丁炔

H₃C—C(CH₃)₂—C≡C—CH₂—C(CH₃)₃　　　　2,2,6,6-四甲基-3-庚炔

(三)炔烃的性质

1. 物理性质　最简单的炔烃是乙炔。烷烃、烯烃和炔烃的物理性质都相似,都是随着分子中碳原子数的增加而呈现出规律性的变化。室温条件下,从乙炔到丁炔都是气态,从戊炔到十七炔都是液态,从十八炔开始是固态,炔烃的熔点、沸点均随碳原子数目增加而增大,通常比相同碳原子数的烷烃、烯烃略高。相同碳原子数的烃类有机物的相对密度炔烃大于烯烃,烯烃大于烷烃。炔烃难溶于水,极易溶于极性较小的有机溶剂(如乙醚、苯、四氯化碳等)中。

2. 化学性质

(1)氧化反应。

① 燃烧。 $2CH≡CH + 5O_2 \xrightarrow{点燃} 4CO_2 + 2H_2O$

空气中混有乙炔时,遇到明火易发生爆炸。由于乙炔存放在丙酮中非常稳定,因而储存和运输乙炔时,应该将乙炔溶解在丙酮中进行存放。

② 与高锰酸钾的反应。炔烃和烯烃分子中都有不饱和键,所以炔烃的性质和烯烃相似,也能如烯烃那样被酸性高锰酸钾氧化,使酸性高锰酸钾溶液的紫色褪去。

(2)加成反应。炔烃和烯烃一样都可以在特定条件下和氢气、卤化氢、卤素单质等发生加成反应。

① 与 H_2 的加成反应。例如：乙炔在 Ni 或者 Pd 等催化剂的条件下，与氢气发生加成反应。

$$CH\equiv CH + H_2 \xrightarrow{Ni/Pd} CH_2=CH_2 \xrightarrow[H_2]{Ni/Pd} CH_3-CH_3$$

② 与卤化氢的加成反应。例如：乙炔在 150～160 ℃时，在 $HgCl_2$ 作为催化剂的条件下，与 HCl 发生加成反应。

$$CH\equiv CH + H-Cl \xrightarrow[150\sim160\ ℃]{HgCl_2} CH_2=CHCl$$

③ 与卤素的加成反应。例如：将乙炔通入溴水溶液或 Br_2 的 CCl_4 溶液中，可使溴水或 Br_2 的 CCl_4 溶液褪色。

$$HC\equiv CH + Br-Br \longrightarrow \underset{\underset{Br\ \ Br}{|\ \ \ |}}{HC}=CH$$

1,2-二溴乙烯

$$HC=CH + Br-Br \longrightarrow H-\underset{\underset{Br\ Br}{|\ |}}{\overset{\overset{Br\ Br}{|\ |}}{C}}-C-H$$

1,1,2,2-四溴乙烷

(3) 与某些金属盐发生取代反应。将乙炔通入银氨溶液中，会生成白色乙炔银沉淀；将乙炔通入硝酸银溶液中，立即生成白色乙炔银（$AgC\equiv CAg$）沉淀，此方法可用来鉴定乙炔的存在。乙炔银干燥时，受到撞击或者受热时容易发生爆炸，所以反应完以后要用盐酸或硝酸进行处理，使乙炔银分解，避免发生危险。

$$CH\equiv CH + 2AgNO_3 \longrightarrow CAg\equiv CAg\downarrow（乙炔银）+ 2NH_4NO_3 + 2NH_3$$

需要注意的是：不是所有的炔烃都会发生该反应，只有炔烃分子中叁键上含有氢原子时才会发生，所以该方法只能用来鉴定含有 $RH\equiv CH$ 结构的炔烃，也可以用该方法来区别乙炔和乙烯。

(4) 聚合反应。在特定条件下，炔烃也能和烯烃一样自身发生聚合反应，生成大分子化合物。
例如：在一定条件下，乙炔能聚合成苯。

$$3CH\equiv CH \xrightarrow[600\sim650\ ℃]{催化剂} 苯$$

四、重要的不饱和链烃

(一)乙烯

乙烯是一种无色、稍带有甜香味的气体，不溶于水，易溶于乙醚、丙酮和苯等有机溶剂。乙烯在植物体内有很多生理功能。目前，在农林业生产上，使用的乙烯利(2-氯乙基酸)主要用于未成熟果实的催熟，防止苹果、橄榄等落果，促进棉桃在收获前张开等。乙烯是石油化工的基本原料，用于大规模地生产塑料、纤维、橡胶及精细化工产品的中间体。

(二)乙炔

纯乙炔是无色无味的气体，但由于含有微量的 H_2S 和 PH_3 而具有特殊难闻的气味。乙炔不溶于水易溶于丙酮等有机溶剂中。乙炔在氧气中燃烧时温度可达 3 000 ℃ 以上，它的火焰被称为氧炔焰，可以将金属熔化，常用来切割和焊接金属。乙炔是重要的工业原料，主要由电石与水作用或由石油馏分高温裂解而制得。

任务四　环烷烃和芳香烃

有机物分子中具有碳环结构的烷烃称为环烷烃，其性质与链状脂肪烃相似；分子中含有类似苯环结构的烃是芳香烃，此类烃多数有特殊的气味。

一、环烷烃

(一)环烷烃的分类

环烷烃分子中含有 3 个碳原子的称为环丙烷，含有 4 个碳原子的称为环丁烷，含有 5 个碳原子的称为环戊烷，含有 6 个碳原子的称为环己烷。目前发现的最大环有三十碳环。根据环烷烃分子中碳环的数目还可将环烷烃分为单环烷烃、二环烷烃或多环烷烃。

(二)环烷烃的异构现象

单环烷烃的通式和烯烃的通式相同，都是 $C_nH_{2n}(n \geqslant 3)$，因此同碳原子数的单环烷烃和烯烃互为同分异构体。

例如：分子式为 C_4H_8 的异构体有以下 5 种。

□	△	$CH_2=CH-CH_2-CH_3$	$CH_2=\overset{\overset{\displaystyle CH_3}{\mid}}{C}-CH_3$	$CH_3-CH=CH-CH_3$
环丁烷	甲基环丙烷	1-丁烯	2-甲基丙烯	2-丁烯

(三)环烷烃的命名

对于单环烷烃，未取代的单环烷烃的命名与烷烃相似，只需要在烷烃名称前加上"环"字，对于环上有取代基的单环烷烃，需要对环上的碳原子进行编号。编号的原则是：从取代基开始编号，但要注意小的取代基在前，大的取代基在后。

例如：

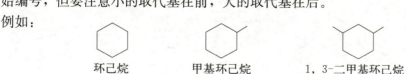

环己烷　　甲基环己烷　　1,3-二甲基环己烷

(四)环烷烃的性质

在常温条件下,环丙烷和环丁烷是气态;从环戊烷到环十一烷是液态;从环十二烷开始为固态。环烷烃的熔点、沸点随其分子中碳原子数的增加而增大。相同碳原子数的环烷烃熔点和沸点都比开链烷烃的高一些。环烷烃都不溶于水,易溶于有机溶剂。

环烷烃与烷烃都是饱和烃,二者的分子中原子都是以单键相连。所以化学性质相似,可以发生氧化反应和取代反应。例如:环己烷在光照或 300 ℃条件下,环上的氢原子可以被卤素原子取代生成卤代环烷烃。

在常温下,环烷烃遇到一般的氧化剂时不发生氧化反应,而在强氧化剂、加热条件下会发生反应。

二、芳香烃

芳香烃最早是从植物的树脂中得到的,其中有很多具有特殊的香味,因此称这类物质为芳香族化合物。现在我们所说的芳香族化合物是指分子中具有苯环结构的化合物。芳香烃的通式为 C_nH_{2n-6} ($n \geqslant 6$)。苯是最简单的芳香烃,其化学式是 C_6H_6,它是芳香烃的代表。

(一)芳香烃的分类

1865 年凯库勒首先提出苯分子的结构式,我们把以下结构式称为凯库勒式。

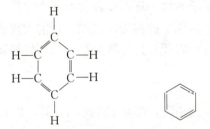

苯分子的结构式　　苯分子的结构简式

根据芳香烃结构中含有环状结构的数目将其分为以下 3 类:

1. 单环芳烃　芳香烃分子中只含有一个苯环的芳烃。如苯、甲苯等。

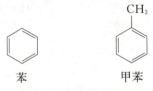

苯　　　　甲苯

2. 稠环芳烃　芳香烃分子中含有两个或两个以上的苯环分别共用两个相邻的碳原子而成的芳烃。如萘、蒽等。

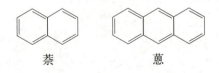

萘　　　蒽

3. 多环芳烃 芳香烃分子中含有两个或两上以上苯环的芳烃，如联苯。

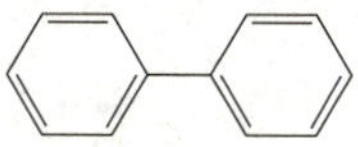

联苯

(二) 芳香烃的命名

当苯环上有一个取代基时，在芳香烃名称前加上取代基名称即可，如甲苯、乙苯等。

当苯环上有两个取代基时，可以把两个取代基的相对位置以邻、间、对加以表示，也可以把带有一个取代基的位置定为1，其他取代基的位置取最小数字表示。例如二甲苯有3种同分异构体，其命名如下：

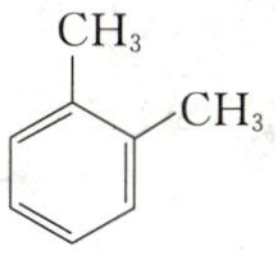

邻-二甲苯
(或1,2-二甲苯)

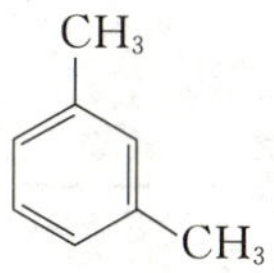

间-二甲苯
(或1,3-二甲苯)

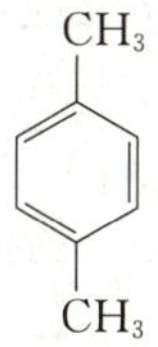

对-二甲苯
(或1,4-二甲苯)

当苯环上的氢原子被不饱和烃基或者构造更复杂的基团取代时，可将苯环作为取代基来命名。例如：

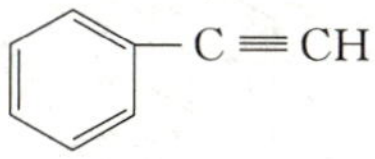

苯乙炔 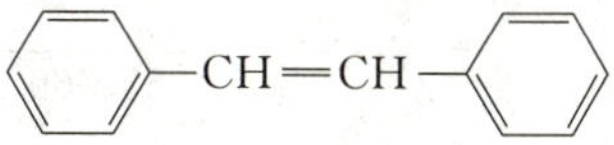   1,2-二苯乙烯

(三) 苯的化学性质

苯分子中的6个碳碳键完全相同，既不是碳碳单键也不是碳碳双键，而是介于碳碳单键和碳碳双键之间，把这种特殊的碳碳键称为芳香键。苯环分子中的6个碳原子之间形成6个 σ 键和6个碳原子共用的1个环状大 π 键，其稳定性较高。苯易发生环上氢原子的取代反应，不易发生加成反应和氧化反应。在一般情况下，苯不与酸性 $KMnO_4$ 溶液发生反应，所以苯及其同系物不易氧化，也不易发生加成反应。

1. 取代反应 苯分子中的氢原子易被卤素原子、硝基、磺酸基等基团所取代。

(1)硝化反应。在一定条件下，苯与浓 HNO_3 和浓 H_2SO_4 的混合酸发生取代反应。

苯分子中的氢原子被—NO_2 取代的反应称为硝化反应。生成的硝基苯是一种淡黄色的油状液体，具有苦杏仁味，密度比水大，难溶于水，易溶于乙醇和乙醚。硝基苯有毒，若人

吸入或与皮肤接触，可引起中毒。

甲苯上的氢原子更易发生硝化反应。

$$\text{C}_6\text{H}_5\text{CH}_3 + 3\text{HO—NO}_2(浓) \xrightarrow{浓\text{H}_2\text{SO}_4} \text{C}_6\text{H}_2(\text{NO}_2)_3\text{CH}_3 + 3\text{H}_2\text{O}$$

2,4,6-三硝基甲苯

2,4,6-三硝基甲苯俗称"梯恩梯"(TNT)，它是一种烈性炸药。

(2)磺化反应。苯和浓硫酸共热时，发生取代反应，当苯分子中的氢原子被—SO_3H 取代时，该反应称为磺化反应，—SO_3H 称为磺酸基。

$$\text{C}_6\text{H}_5\text{—H} + \text{HO—HSO}_3(浓) \xrightarrow{70\sim80\ ℃} \text{C}_6\text{H}_5\text{—SO}_3\text{H} + \text{H}_2\text{O}$$

苯磺酸

(3)卤代反应。当 Fe 或 $FeCl_3$($FeBr_3$)作催化剂时，苯与氯(Cl_2)或溴(Br_2)可以发生取代反应，当苯分子中的氢原子被卤原子(—X)取代时，该反应称为卤代反应。

$$\text{C}_6\text{H}_5\text{—H} + \text{Cl—Cl} \xrightarrow[55\sim60\ ℃]{\text{FeCl}_3} \text{C}_6\text{H}_5\text{—Cl} + \text{HCl}$$

2. 氧化反应

(1)与高锰酸钾的反应。苯与高锰酸钾不发生氧化反应，但芳香烃的环上有取代基且与苯环相连的碳原子上有氢原子的烷基苯在重铬酸钾、高锰酸钾等强氧化剂作用下，均被氧化成苯甲酸。

苯甲酸无色，微溶于水，易溶于有机溶剂(如乙醇、苯等)。将苯甲酸加热到 370 ℃时会分解为苯和二氧化碳。

(2)燃烧。苯在空气中燃烧生成二氧化碳、炭黑和水，并发生明亮的带有浓烟的火焰。

$$2\text{C}_6\text{H}_6 + 11\text{O}_2 \xrightarrow{点燃} 8\text{CO}_2 + 4\text{C} + 6\text{H}_2\text{O}$$

3. 加成反应 苯分子结构中虽然不具备双键的特点，但在特定条件下，苯可与氢气、氯气发生加成反应。

例如：苯在 Ni 作催化剂、180~250 ℃的条件下，会发生加成反应，生成环己烷。

$$\text{C}_6\text{H}_6 + 3\text{H}_2 \xrightarrow[180\sim250\ ℃]{\text{Ni}} \text{C}_6\text{H}_{12}$$

环己烷

苯在光照条件下,可与氯气发生加成反应,生成六氯环己烷($C_6H_6Cl_6$),即"六六六",它是一种典型的农药。但六氯环己烷的化学性质很稳定,残存在植物表面,不易去除而造成污染,且其毒性很大,目前已被我国禁止使用。

三、芳香烃的用途

煤和石油是制备一些简单芳香烃如苯、甲苯等的原料。简单芳香烃可以用于制备高级芳香族化合物,煤在无氧条件下加热至 1 000 ℃,产生煤焦油。煤焦油中含有苯、甲苯、二甲苯、萘以及其他芳香族化合物。苯是一种很好的有机溶剂,可以用作黏合剂、油性涂料、油墨等的溶剂,也被广泛用于生产合成纤维、橡胶、药物塑料、炸药和染料等。苯及其同系物对人体有毒害作用,短时间内吸入大量苯蒸气可引起急性中毒而导致中枢神经系统麻醉,严重时会导致呼吸及心跳停止,长期吸入其蒸气能损坏神经系统和造血器官,所以苯的储存和使用场所应注意加强通风,操作人员在取用苯时也要注意采取保护措施,避免苯中毒。稠环芳香烃如萘俗称卫生球,过去用来驱蚊防霉,然而人若长期接触或吸入稠环芳烃则会致癌。稠环芳烃(如苯并芘等)都有强烈的致癌作用。香烟、树叶、秸秆等物质不完全燃烧时产生的烟雾中含有较多量的稠环芳烃,我国一些城市已经禁止焚烧树叶和秸秆,同时提醒青少年远离香烟,珍爱生命。

📚 拓展小知识

打破"生命力"学说的人——维勒

19 世纪初,人们把来源于矿物界的物质称为无机物,把来源于动植物体的物质称为有机物,并且认为有机物是有"生命"之物,只能在一种神秘的"生命力"的作用下才能从生物体中获得,这就是所谓的"生命力"学说。这一学说认为有机物与无机物之间互不联系,因而阻碍了有机物的发展。直到 1828 年,德国年轻的化学家维勒通过加热氰酸铵得到了尿素,首次用人工的方法从无机物中制得了有机物,"生命力"学说从此被打破。

1800 年 7 月 31 日,维勒出生于德国法兰克福附近的埃舍尔斯海姆(Eschersheim),1820 年考入玛尔堡大学医学院。维勒在大学时代便致力于氰基化合物的研究,确定了氰酸的组成,和李比希确定的雷酸的组成一致,让人们认识了同分异构体。1825 年,维勒发表了题为《关于氰基化合物》的论文,在论文中他提到:"将氰气通入氨水中时,并未产生所预想的氰酸铵,而是生成草酸铵和其他物质,包括若干白色结晶物质。"1828 年,维勒发表《论尿素的人工合成》一文,公布了用无机物合成尿素的方法。杜马和李比希等理论家对维勒的观点都表示赞许,他俩把维勒实验结果的意义进行宣传,给"生命力"学说以狠狠的一击。

现在,人们不但能够合成自然界里已有的有机物,而且能够合成自然界中原来没有的有机物,如合成纤维、合成橡胶、合成树脂和许多药物、农药、染料等。因此,有机化合物的"有机"两字早已失去了它原来的含义,但由于习惯,一直沿用至今。

知识检测

1. 填空题

(1)有机物中碳与碳之间的成键方式有_____、_____和_____。

(2)烷烃的通式为_____,烯烃的通式为_____。某烷烃的分子式为C_nH_8,则$n=$_____,某烯烃的分子式为C_3H_m,则$m=$_____。

(3)苯_____使酸性高锰酸钾溶液褪色,苯的同系物_____使酸性高锰酸钾溶液褪色。

2. 名词解释

(1)有机化合物   (2)烷烃   (3)同分异构现象
(4)同系物   (5)加成反应   (6)聚合反应

3. 单项选择题

(1)自然界中化合物种类最多的是( )。

A. 糖类   B. 铝的化合物   C. 有机物   D. 无机物

(2)在下列物质中,属于无机物的是( )。

A. C_2H_6 B. H_2CO_3 C. C_3H_8 D. C_2H_5OH

(3)天然气的主要成分是( )。

A. 甲烷   B. 丁烷   C. 乙炔   D. 乙烯

(4)烃是( )的有机物。

A. 含有碳元素   B. 含有碳、氢等元素

C. 燃烧生成CO_2和H_2O D. 仅由碳、氢元素组成

(5)下列物质中,可用作果实催熟剂的是( )。

A. C_2H_6 B. C_6H_6

C. C_2H_2 D. C_2H_4

(6)下列物质中,能发生加成反应的是( )。

A. 乙炔   B. 乙烷   C. 环丙烷   D. 环丁烷

(7)下列烃分子中,不能使高锰酸钾酸性溶液和溴水褪色的是( )。

A. C_2H_6 B. C_3H_6 C. C_4H_6 D. $C_6H_5-CH_3$

(8)乙烯与氢气在催化剂作用下生成乙烷的反应属于( )反应。

A. 取代   B. 加成   C. 氧化   D. 聚合

4. 写出下列烷烃结构简式

(1)2-甲基戊烷   (2)2,2-二甲基戊烷

(3)2,5-二甲基己烷   (4)2-甲基-3-乙基己烷

(5)2-丁烯   (6)1,2-二氯乙烷

5. 用系统命名法命名下列化合物

(1)
$$H_3C-H_2C-\underset{\underset{CH_3}{|}}{CH}-\underset{\underset{CH_2}{|}}{CH}-CH_2-CH_2-CH_3$$
$$CH_3$$

(2) $H_3C-CH_2-CH-CH_2-CH_3$
          $|$
          $CH-CH_3$
          $|$
          CH_3

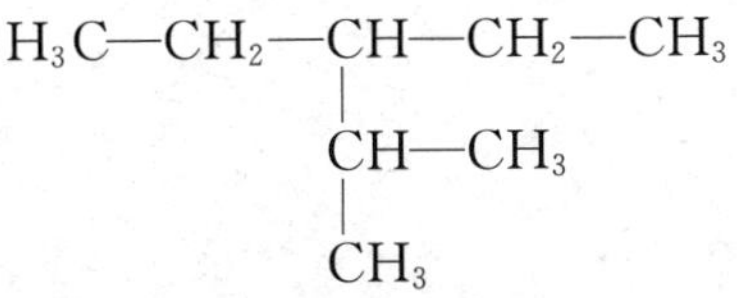

(3) $H_3C-C=C-CH_3$
         $|\ \ \ |$
         $H\ \ CH_3$

(4) $H_3C\underset{}{\bigcirc}CH_3$ (1,3-dimethylcyclohexane)

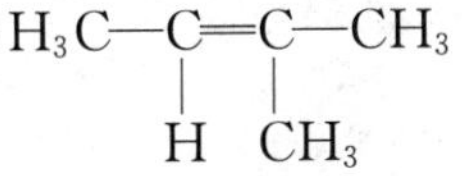

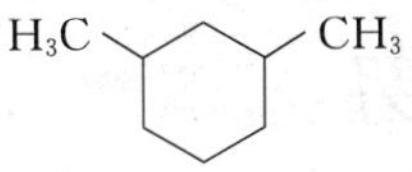

(5) $HC\equiv C-\underset{\underset{CH_3}{|}}{\overset{\overset{H}{|}}{C}}-CH_3$

(6) $\underset{}{\bigcirc}CH_3$ (methylcyclohexane)

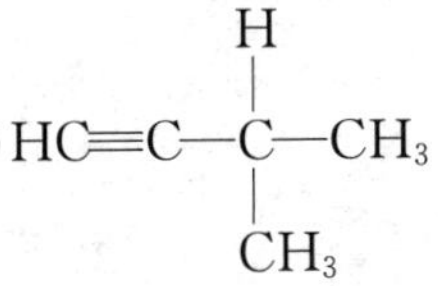

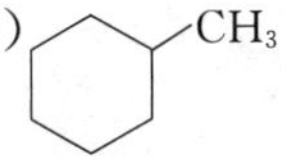

项目二 烃的衍生物

学习目标

● 知识目标

1. 认识烃的衍生物的结构特点、分类及其命名。
2. 理解烃的衍生物的主要化学性质。
3. 熟悉重要烃的衍生物的性质及其在农业生产中的应用。

● 技能目标

1. 学会分辨各种烃的衍生物的官能团，并且能够准确判断其属于哪种烃的衍生物。
2. 学会利用各种烃的衍生物的重要性质进行鉴别。

烃的衍生物是烃分子中的氢原子被其他原子或原子团取代后的生成物。烃的衍生物有很多种，醇、酚、醚、醛、酮、羧酸及胺都是烃的衍生物，它们都有不同的官能团。醇和酚都含有羟基，不同的是醇的羟基与脂肪烃基相连，酚的羟基与芳香环直接相连。醚可看作是醇和酚的羟基氢原子被烃基取代后的产物。醛、酮的官能团是羰基。羰基是用一个双键和氧相连的原子团，羧酸的官能团是羧基。胺是烃或者芳香环的氢原子被氨基取代的产物。烃的衍生物在医药生产和农业生产中具有很重要的作用，也是从分子水平上理解研究其应用的理论依据。

任务一 醇

一、醇的结构、分类及命名

(一)醇的结构

醇是指烃分子中的氢原子被羟基(—OH)取代后的生成物。醇的官能团是羟基(—OH)，饱和一元醇的通式为 $C_nH_{2n+1}OH$。

$$CH_3OH \qquad CH_3CH_2OH \qquad CH_3CH(OH)CH_2CH_3$$
甲醇　　　　　　　乙醇　　　　　　　　2-丁醇

(二)醇的分类

醇的分类方法有多种，主要有以下3种：

(1)根据醇分子中羟基所连碳原子的种类不同,可将醇分为一级醇(伯醇)、二级醇(仲醇)、三级醇(叔醇)。

(2)根据醇分子中羟基所连的烃基的种类不同,可将醇分为脂肪醇、脂环醇和芳香醇。

(3)根据分子中羟基数目的不同,可将醇分为一元醇、二元醇和多元醇。

(三)醇的命名

1. 普通命名法 对于结构简单的醇,可根据羟基所连的烃基来命名。

例如:

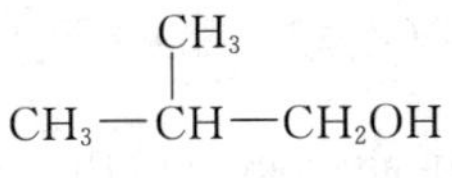

$$CH_3-CH(CH_3)-CH_2OH \qquad (CH_3)_3C-OH \qquad \text{环己醇} \qquad C_6H_5-CH_2OH$$

异丁醇 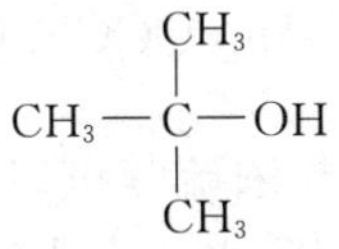　　　　　　叔丁醇 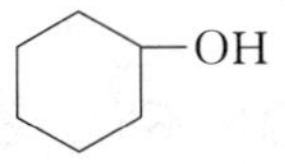　　　　　　环己醇 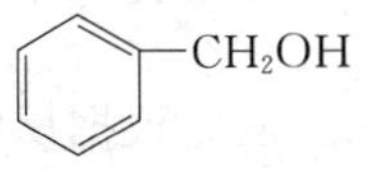　　　　　　苄醇

2. 系统命名法 醇类化合物的系统命名法与烃的命名类似,先选择含有羟基的最长碳链为主链,从离羟基最近端开始编号,根据主链碳原子数命名为"某醇",必须要注明羟基的位置。

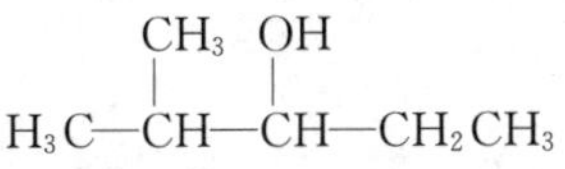

2-甲基-3-戊醇 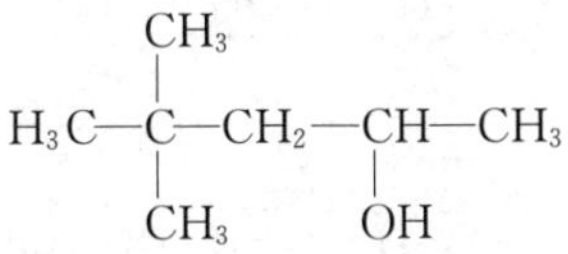　　　　　　4,4-二甲基-2-戊醇

多元醇命名则要选取含有尽可能多的羟基的碳链作主链,并且注明羟基的位置及个数,羟基的数目写在醇字的前面,用二、三、四等来表示。

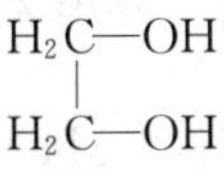

乙二醇 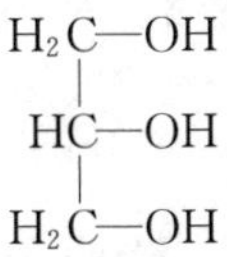　　　　　　丙三醇

二、醇的性质

(一)物理性质

常温下,碳原子个数为4~11的饱和一元醇是无色液体,碳原子个数为12个以上的则是无味的蜡状固体,有明显的酒气或者不愉快的气味。

醇分子中的羟基氧原子的电负性比较大,导致醇分子是极性分子,醇分子之间可通过氢键缔合,因此直链饱和一元醇的沸点随着相对分子质量的增加而增大,且与分子质量相近的烃近似。

甲醇、乙醇和丙醇都能与水任意互溶,从丁醇开始,溶解度明显下降。多元醇的溶解度一般都比一元醇大。一元醇的相对密度都比1小,多元醇的相对密度都大于1。

(二)化学性质

醇的化学性质主要由醇的官能团羟基决定,同时 C—O、O—H 都比较活泼,所以醇的化学反应大多都发生在这两个部位上。

1. 与活泼金属反应 醇能与活泼金属钠、钾等发生反应，并生成氢气。

$$2C_2H_5-OH+2Na \longrightarrow 2C_2H_5-ONa(乙醇钠)+H_2\uparrow$$

金属 Na 与醇的反应较之与水的反应要缓慢得多，产生的热量也不足以使氢气自燃，所以可以利用乙醇与金属 Na 的反应销毁残余的金属钠。生成物醇钠易水解生成相应的醇和氢氧化钠。醇与金属钠的反应活性由大到小排序如下：甲醇＞伯醇(乙醇)＞仲醇＞叔醇。

2. 成酯反应 醇与羧酸反应生成酯。

$$CH_3COOH+CH_3CH_2OH \xrightarrow[\triangle]{浓硫酸} CH_3COOCH_2CH_3(乙酸乙酯)+H_2O$$

3. 脱水反应 根据反应温度不同，乙醇与浓硫酸可以发生两种脱水反应。一种反应是分子内脱水，生成烯烃；另一种反应是分子间脱水，生成醚类。

(1) 分子内脱水：

$$2CH_2-CH_2 \xrightarrow{H_2SO_4, 170℃} CH_2=CH_2+H_2O$$
$$||$$
$$HOH$$

(2) 分子间脱水：

$$C_2H_5-O\!-\!H+HO\!-\!C_2H_5 \xrightarrow{H_2SO_4, 140℃} C_2H_5-O-C_2H_5+H_2O$$

通常情况下，醇在温度较高时发生分子内脱水，在较低温度时发生分子间脱水。

4. 氧化反应

(1) 燃烧。乙醇在氧气中燃烧，发出淡蓝色火焰，放出大量的热。

$$C_2H_5-OH+3O_2 \xrightarrow{燃烧} 2CO_2+3H_2O+Q$$

(2) 与氧化剂反应。含有 α-H 原子的醇，由于受羟基的影响易被氧化，伯醇被氧化为醛，仲醇被氧化成酮，叔醇一般很难被氧化。

$$CH_3CH_2OH \xrightarrow[[H^+]]{[O]} CH_3CHO(乙醛)$$

$$\begin{array}{c} OH \\ | \\ CH_3CH_2CH_3 \end{array} \xrightarrow[[H^+]]{[O]} CH_3COCH_3(丙酮)$$

三、重要的醇类化合物

1. 甲醇 甲醇最早是由木材干馏得到的，因此俗称木醇。甲醇是无色具有挥发性的易燃液体，沸点 65 ℃，有毒，口服或者吸入其蒸气都会引起中毒，轻则引起失明，重则引起死亡。工业酒精中含有少量甲醇，所以不能饮用。甲醇可作车用燃料，是一类新型可再生能源。

2. 乙醇 乙醇为无色、有酒味的液体，沸点 79 ℃，俗称酒精。乙醇的应用较广，可作为燃料，是重要的化工原料。医药上常用 70%～75% 的乙醇杀菌消毒。工业上主要用发酵法制取乙醇。

3. 丙三醇 丙三醇俗称甘油，为无色具有甜味的黏稠液体，沸点 290 ℃。丙三醇与水能以任意比互溶，有很强的吸湿性，对皮肤有润滑作用，因此丙三醇可用于制药和制作护肤品，例如便秘时，可使用适量的开塞露缓解，而开塞露的主要成分是丙三醇。丙三醇有弱酸性，能与新制的氢氧化铜发生反应，生成蓝色的甘油酮，用此方法可以鉴别丙三醇。

4. 苯甲醇 苯甲醇有芳香气味，为无色液体，俗称苄醇，微溶于水。苯甲醇有麻醉作用和防腐作用，医药上用苯甲醇配制注射剂来减轻疼痛，10%的苯甲醇可以止痒。

任务二　酚和醚

一、酚的结构、分类和命名

酚是羟基直接与芳环相连的化合物，即芳环上的氢原子被羟基取代的化合物。酚的官能团是酚羟基（—OH）。根据其分子中的芳环的不同，将酚分为苯酚、萘酚和蒽酚等，根据其分子中芳环上的羟基数目分为一元酚、二元酚、多元酚等。酚的命名一般是在芳环的名称后加上酚字，但要注明取代基的位置、数目和名称。

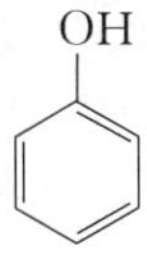

苯酚 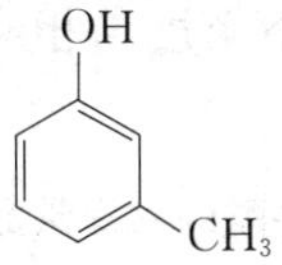　　3-甲基苯酚　　2-氯苯酚　　1，4-苯二酚
　　　　（间甲苯酚）　（邻氯苯酚）　（对苯二酚）

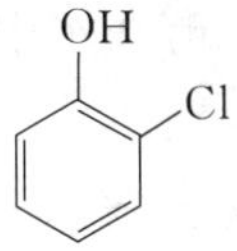

二、酚的性质

(一)物理性质

常温下，酚多数为固体，少数烷基酚为液体。由于分子间可以形成氢键，所以酚类沸点都比较高，一般微溶于水。纯净的酚是无色的，但由于易被氧化往往带有红色至褐色。酚的毒性很大。

(二)化学性质

由于酚羟基直接与苯环相连，所以酚与醇在性质上有差别。

1. 酸性 苯酚呈弱酸性，酸性比碳酸弱。酚可溶于 NaOH 但不溶于 $NaHCO_3$。酚的这种性质常被用来回收和处理含酚污水。在苯酚钠的水溶液中通入 CO_2，苯酚就会游离出来。

2. 显色反应 多数酚能与 $FeCl_3$ 溶液发生显色反应，生成不同颜色的化合物，故此反应可用来鉴定酚。苯酚与 $FeCl_3$ 溶液反应时，溶液呈现紫色。

3. 取代反应 苯酚与溴水在常温下可立即反应生成 2，4，6-三溴苯酚白色沉淀。此反应很灵敏，因此此反应可用作苯酚的鉴别和定量测定。

$$\underset{}{\text{C}_6\text{H}_5\text{OH}} + 3\text{Br}_2 \longrightarrow \underset{2,4,6\text{-三溴苯酚}}{\text{Br}_3\text{C}_6\text{H}_2\text{OH}} \downarrow + 3\text{HBr}$$

4. 氧化反应 酚易被氧化，因此酚露置在空气中会被氧化成粉红色，逐渐变成红色，最后变成深褐色。蔬菜、水果去皮后长时间放置会变褐色就是因为它们中的酚类化合物被氧化的结果。

三、醚的结构、命名和性质

醚可以看作醇或者酚的羟基氢原子被烷基、烯基或芳基取代后的化合物。C—O—C 称为醚键，是醚的官能团。

简单的醚一般用普通命名法命名，在烃基前面加上"醚"字即可。单醚在命名时，称"二某醚"，"二"字也可以省略。

例如：　　　CH_3OCH_3　　　　$CH_3CH_2OCH_2CH_3$　　　　$CH_3OCH_2CH_3$
　　　　　　甲醚　　　　　　　　乙醚　　　　　　　　　　甲乙醚

在常温下，甲醚和甲乙醚是气体，大多数醚为无色、有香味、易挥发、易燃烧的液体。醚分子可与水分子形成氢键，所以醚在水中的溶解度与相应的醇相近。一些醚的物理常数见表 3-2-1。

表 3-2-1　一些醚的物理常数

名称	熔点/℃	沸点/℃	密度/(g/cm³)
苯甲醚	−37.5	155	0.994
甲醚	138.5	−25	0.661
正丁醚	95.3	142	0.769
二苯醚	26.8	258	1.074
乙醚	−116	34.5	0.714

醚分子不活泼，对碱、氧化剂、还原剂都十分稳定。但其稳定性是相对的，由于醚键（C—O—C）的存在，醚又可以发生一些特殊的反应。醚类应避免长期暴露在空气中，应避光保存。使用前应该检验醚中是否有过氧化物存在。检验方法：硫酸亚铁和硫氰化钾混合液与醚振摇，若醚中有过氧化物则显红色。加入少量硫酸亚铁等还原剂可除去过氧化物。

四、重要的酚和醚

1. 苯酚　苯酚俗称石炭酸。有毒，可用作防腐剂和消毒剂，皮肤接触苯酚会使局部蛋白质变性。医疗上用苯酚的水溶液对医疗器械进行消毒。

2. 甲酚　甲酚俗称煤酚。难溶于水，易溶于肥皂液。甲酚的杀菌能力比苯酚强，毒性比苯酚小，因此医疗上用来消毒的"来苏水"就是 47%～53% 的甲酚的肥皂溶液。

3. 对苯二酚　对苯二酚本身是很好的还原剂，可把感光后的溴化银还原为金属银，可作为冲洗胶片的显影剂。

4. 邻苯二酚 邻苯二酚俗名儿茶酚,有毒,对中枢神经、呼吸系统有刺激作用。它的衍生物肾上腺素在临床上用于升高血压。另一衍生物去甲肾上腺素用于治疗胃出血。

5. 乙醚 乙醚是最常见的醚,常温下是无色液体,沸点 35 ℃,易挥发,遇火发生爆炸,因此应该远离火源保存。乙醚有麻醉作用,在对家畜做外科手术时用乙醚作麻醉剂。

任务三 醛和酮

一、醛和酮的结构、分类和命名

醛、酮的分子中都含有羰基 $\diagdown C=O$。一个烃基与羰基相连时为醛,醛的官能团为醛基($-CHO$);两个烃基与羰基相连为酮,酮的官能团为酮基($-\overset{O}{\underset{}{C}}-$)。

根据分子中所含的羰基数目将醛分为一元醛、二元醛和多元醛,酮分为一元酮、二元酮和多元酮;根据分子中烃基的不同将醛分为脂肪醛和芳香醛,酮分为脂肪酮和芳香酮;根据分子中的烃基是否饱和将醛分为饱和醛和不饱和醛,酮分为饱和酮和不饱和酮。

醛、酮的命名一般采用系统命名法。选择含有羰基的最长碳链作为主链,支链视为取代基,从靠近羰基的一端开始编号。以主链碳原子的数目称为"某醛"或者"某酮"。同时注明羰基的位置以及双键和叁键的位置。

例如:

$H_3C-\underset{\underset{CH_3}{|}}{CH}-CH_2-\overset{O}{\underset{}{C}}H$

3-甲基丁醛

苯甲醛

$H_3C-\overset{O}{\underset{}{C}}-CH_3$

丙酮

$H_3C-\underset{\underset{CH_3}{|}}{HC}-\overset{O}{\underset{}{C}}-CH_2-CH_3$

2-甲基-3-戊酮

二、醛、酮的性质

(一)物理性质

常温下,除甲醛是气体外,碳原子个数为 12 以下的醛、酮都是液体,高级的醛、酮是固体。低级醛常带有刺鼻的气味,中级醛有花果香。低级酮有清爽味,中级酮也有香味。羰基氧能与水分子形成氢键,故低级醛、酮易溶于水。

(二)化学性质

由于醛、酮分子中都含有羰基,所以它们的化学性质有相似之处。但由于醛、酮分子中的羰基所连接的基团不同(醛有一个氢原子直接连在羰基上),所以化学性质也有所不同。醛比酮的化学性质活泼，易发生氧化反应，而酮类化合物则较难氧化。

1. 与氢气发生的加成反应 醛、酮在催化剂作用下可与氢气加成，生成醇。

$$CH_3CHO + H_2 \xrightarrow[\triangle]{Ni} CH_3CH_2OH$$

$$\underset{H_3C}{\overset{O}{\underset{\|}{C}}}\!-\!CH_3 + H_2 \xrightarrow[\triangle]{Ni} H_3C\!-\!\underset{OH}{\overset{}{\underset{|}{C}H}}\!-\!CH_3$$

2. 氧化反应 醛、酮都能被氧化，但难易程度不同。醛不仅能被强氧化剂（如高锰酸钾）氧化，而且能被弱氧化剂（如托伦试剂、斐林试剂）氧化，但酮只能被弱氧化剂氧化，这是区别醛和酮常用的方法。

托伦试剂是硝酸银的氨溶液，它与醛共热时，会生成银，附着在容器内壁，形成银镜，因此此反应又称为银镜反应。

硫酸铜溶液与氢氧化钠的酒石酸钾钠溶液的混合溶液即为斐林试剂。醛与斐林试剂共热时，生成砖红色的氧化亚铜沉淀，但芳香醛不能使斐林试剂发生氧化反应。

班氏试剂是硫酸铜、碳酸钠和柠檬酸钠的混合溶液，醛与班氏试剂反应也能生成砖红色氧化亚铜沉淀，临床上利用此反应检验尿糖和血糖。

3. 与希夫试剂的显色反应 希夫试剂是品红亚硫酸试剂，醛与希夫试剂反应，溶液颜色由无色变为紫红色，利用此反应可以鉴别醛的存在，而酮不与希夫试剂反应。

三、重要的醛、酮化合物

1. 甲醛 甲醛俗称蚁醛，常温条件下是无色的有强烈刺激性气味的气体，易溶于水。甲醛能凝固蛋白质，因而有杀菌和防腐能力，它的31%～40%水溶液（常含8%甲醇作稳定剂）称为"福尔马林"，农业上用"福尔马林"浸泡种子，医药上用"福尔马林"液浸泡动物尸体。甲醛有毒，对皮肤有刺激作用，过量吸入甲醛蒸气会引起中毒。

2. 苯甲醛 苯甲醛又称为苦杏仁油，常温条件下是无色有苦杏仁味的液体。自然界中存在于桃子、杏等果实的核仁中。苯甲醛有毒，直接食用苦杏仁存在危险。苯甲醛在有机合成工业中具有不可替代的作用，用于制备染料、药物和香料等。

3. 丙酮 丙酮是无色、易挥发、具有清香气味的可燃性液体，能与水、乙醇、乙醚等混溶。丙酮是常用的有机溶剂，能溶解油脂、橡胶和蜡等许多物质。丙酮也可以用作各种维生素和激素生产中的萃取剂，也是重要的化工原料，常用来制作氯仿、环氧树脂、有机玻璃等。在生物体内的物质代谢中，丙酮是油脂的分解产物。

任务四　羧酸和酯

一、羧酸的结构、分类及命名

羧基与烃基或氢原子连接而成的化合物称为羧酸。羧酸的官能团是羧基（—COOH）。

根据分子中烃基是否饱和，可将羧酸分为饱和羧酸和不饱和羧酸；根据分子中羧基的数目，可将羧酸分为一元羧酸、二元羧酸和多元羧酸。

羧酸的命名可用俗名法,如柠檬酸、苹果酸、酒石酸等。羧酸的命名也可用系统命名法,其方法与醛、酮相似。选择含有羧基的最长碳链为主链,从羧基一端开始为主链给碳原子编号,注明取代基的位置及官能团的位置。

例如:

H_3C-CH_2-COOH
丙酸

$H_3C-CH-CH_2COOH$
        |
        CH_3
3-甲基丁酸

$H_3C-HC=CH-COOH$
2-丁烯酸

苯甲酸（—COOH 连苯环）

对于二元酸,选择包括两个羧基碳原子在内的最长碳链为主链,根据主链碳的个数称为"某二酸";芳香族二元羧酸须注明两个羧基的位置。

例如:

$HOOC-COOH$
乙二酸

$HOOC-CH_2-CH_2-COOH$
1,4-丁二酸

二、羧酸的性质

(一)物理性质

对于饱和一元羧酸,3个碳原子以下的羧酸是有强烈酸味的刺激性液体,4~9个碳原子的羧酸是具有臭味的油状液体,大于或等于10个碳原子的羧酸为蜡状固体。脂肪族二元羧酸及芳香羧酸都是结晶固体。脂肪族低级一元羧酸可与水混溶,随着碳原子的增加而溶解度降低。

(二)化学性质

羧酸的化学反应主要发生在其官能团羧基上,而羧基是由羟基和羰基组成的,因此羧酸既有羟基的性质,又有羰基的性质,但并不是这两类官能团性质的简单加合,其化学性质表现在以下几个方面:

1. 酸性 羟基中的氢原子有酸性,因此羧酸具有酸的通性,可以与碱和某些盐类发生反应。

例如: $CH_3COOH + NaOH \longrightarrow CH_3COONa + H_2O$

$CH_3COOH + NaHCO_3 \longrightarrow CH_3COONa(乙酸钠) + CO_2\uparrow + H_2O$

由此可见,羧酸的酸性比碳酸的强。

2. 酯化反应 在强酸(如浓 H_2SO_4)催化下,羧酸和醇脱水生成羧酸酯的反应称为酯化反应。

例如: $CH_3CO\underline{|OH + H|}OCH_2CH_3 \xrightarrow[\triangle]{H^+} CH_3COOCH_2CH_3(乙酸乙酯) + H_2O$

3. 脱羧反应 羧酸脱去二氧化碳的反应称为脱羧反应。羧酸的碱金属盐与碱石灰共热,会发生脱羧反应,生成二氧化碳和少一个碳原子的烷烃。

$RCOONa + NaOH \xrightarrow[\triangle]{CaO} R-H + Na_2CO_3$

实验室中制备少量甲烷就是利用脱羧反应。

$$CH_3COONa + NaOH \xrightarrow[\triangle]{CaO} CH_4 + Na_2CO_3$$

三、重要的羧酸化合物

1. 甲酸 甲酸俗称蚁酸，是有刺激性气味的无色液体，有极强的腐蚀性，因此使用甲酸时要尽量避免与皮肤接触。甲酸能与水和乙醇混溶。自然界中，甲酸主要存在于蜜蜂、蚂蚁等某些昆虫体内和某些植物（如荨麻）中。当人们被蜜蜂蜇到，会感到肿痛，就是甲酸所致。甲酸主要用作还原剂，也作消毒剂、防腐剂。

2. 乙酸 乙酸俗称醋酸，食醋的主要成分就是乙酸，它是有刺激性气味的无色液体，易溶于水和乙醇。当温度低于 16 ℃时，纯的乙酸会凝结为冰状固体，因此乙酸又称为冰醋酸。乙酸是染料、香料、制药工业的原料。

3. 乙二酸 乙二酸俗称草酸，是最简单的二元羧酸。乙二酸是无色固体，能溶于水、乙醇。乙二酸易被高锰酸钾氧化生成二氧化碳和水，且反应定量进行，在分析化学中常用乙二酸作为标定高锰酸钾溶液浓度的基准物质。由于草酸根离子能与钙离子反应生成白色的草酸钙沉淀，所以分析化学上常用此反应来检验钙离子。在日常生活中，可用草酸清洗铁锈和蓝墨水污迹。

4. 苯甲酸 苯甲酸俗称安息香酸。为白色针状晶体，微溶于热水、乙醇和乙醚。易升华，也随水蒸气挥发。苯甲酸可用来制造染料、香料、药物等。苯甲酸及其钠盐有杀菌防腐作用，常用作食品的防腐剂。

四、酯的结构、命名和性质

（一）酯的结构和命名

酯是醇和酸脱水生成的产物，酯的官能团为 $-\overset{\overset{\displaystyle O}{\|}}{C}-O-$ 。

根据酯水解后生成的相应羧酸和醇，将其命名为"某酸某酯"。例如：

$$H-\overset{\overset{\displaystyle O}{\|}}{C}-OCH_2CH_3 \qquad CH_3-\overset{\overset{\displaystyle O}{\|}}{C}-OCH_2CH_3 \qquad CH_3-\overset{\overset{\displaystyle O}{\|}}{C}-O-C_6H_5$$

甲酸乙酯　　　　　　　乙酸乙酯　　　　　　　乙酸苯酯

（二）酯的性质

1. 物理性质 低级酯是易挥发的液体，沸点较低，具有芳香气味，广泛存在于植物的花、果实中，如异戊酸异戊酯有苹果香，乙酸异戊酯有香蕉香，丁酸甲酯有菠萝香。高级酯大多是蜡状固体，有的是油状液体，一般没有香味。低级酯在水中有一定的溶解度，高级酯难溶于水或不溶于水，各种酯都易溶于有机溶剂。

2. 化学性质 酯的重要化学性质是能发生水解反应。酯的水解反应是酯化反应的逆反应，酯水解时生成原来的酸和醇。在酸性条件下，酯的水解是一个可逆反应。

$$CH_3COOCH_2CH_3 + H_2O \underset{\triangle}{\overset{H_2SO_4}{\rightleftharpoons}} CH_3CH_2OH + CH_3COOH$$

乙酸乙酯是酯的重要代表，它是带有水果香味的无色液体，沸点 77 ℃，它是许多窖酒的香气成分之一。乙酸乙酯是一种重要的溶剂，主要用作油漆、涂料的溶剂，也是合成许多药物的原料。

另外，氨基甲酸酯也是一类重要的化合物，特别是分子中氮原子上有烷基或芳香基的氨基甲酸酯类，有的氨基甲酸酯具有强烈的杀虫能力，是一类高效低毒的杀虫剂，有的氨基甲酸酯有杀菌作用，可用作杀菌剂。有的氨基甲酸酯可作除草剂，是一类很有发展前途的新型农药。氨基甲酸酯类农药的化学结构接近于天然物质，容易分解、消失，不容易积累于植物体内，对人畜的毒性低，杀虫范围广、效率高，是一类较理想的农药。

任务五 胺和酰胺

一、胺的结构、分类和命名

氨分子中氢原子被一个或几个烃基取代后的化合物统称为胺。氨基（—NH_2）是胺的官能团。根据氮原子连接的烃基数目不同，胺可分为伯胺、仲胺和叔胺；根据分子中烃基种类不同，胺可分为脂肪胺和芳香胺。此外，还有一类相当于 $NH_4^+Cl^-$ 和 $NH_4^+OH^-$ 的化合物。

简单胺的命名是在烃基名称后加"胺"字，称为某胺。复杂结构的胺是将氨基和烷基作为取代基来命名。季铵盐或季铵碱的命名是将其看作铵的衍生物来命名。

伯胺： CH_3NH_2 $CH_3CH_2NH_2$ 苯胺（$C_6H_5NH_2$）
　　　　甲胺　　　　　乙胺

仲胺： CH_3NHCH_3 $CH_3NHC_2H_5$
　　　　二甲胺　　　　甲乙胺

叔胺： $(CH_3)_2NCH_3$
　　　　三甲胺

二、胺的性质

(一)物理性质

在常温条件下，甲胺、二甲胺、三甲胺、乙胺这些低级胺为无色气体，其他胺为液体或固体，有鱼腥味或者氨味，高级胺无味。低级胺易溶于水，随着碳原子数的增加溶解度逐渐降低。芳香胺毒性很强，吸入其蒸气或者皮肤直接接触会引起中毒，因此取用时要注意采取防护措施。

(二)化学性质

胺和氨有相似性，二者的水溶液都具有碱性，能与大多数酸作用生成盐。

$$NH_3 + H_2O \longrightarrow NH_4^+ + OH^-$$

$$CH_3NH_2 + H_2O \longrightarrow CH_3NH_3^+ + OH^-$$

胺的碱性较弱，其碱性强弱排序由大到小为：脂肪胺＞氨＞芳香胺。

胺能与强酸作用生成盐,生成的盐又能与强碱反应把胺游离出来。

例如:甲胺和盐酸生成氯化甲胺(又名甲胺盐酸盐)。

$$CH_3NH_2 + HCl \longrightarrow CH_3NH_3^+Cl^-$$

$$CH_3NH_3^+Cl^- + NaOH \longrightarrow CH_3NH_2 + NaCl + H_2O$$

三、酰胺的结构和性质

酰胺是指氨或者胺分子中的氮原子上的氢被酰基($-\overset{\overset{O}{\|}}{C}-R$)取代后的产物。按照分子中酰基所连的氨基不同,酰胺可分为伯酰胺、仲酰胺、叔酰胺三类。

伯酰胺:
$H-\overset{\overset{O}{\|}}{C}-NH_2$ $H_3C-\overset{\overset{O}{\|}}{C}-NH_2$ 苯甲酰胺结构式

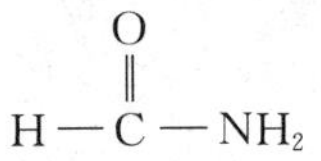

甲酰胺    乙酰胺 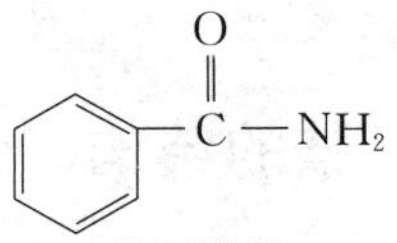   苯甲酰胺

仲酰胺: 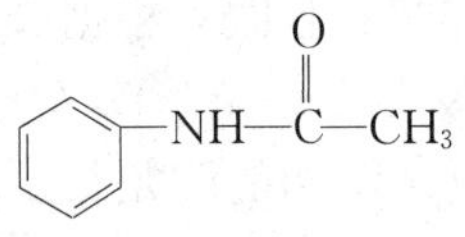
乙酰苯胺结构式

乙酰苯胺

叔酰胺:
N,N-二甲基苯甲酰胺结构式

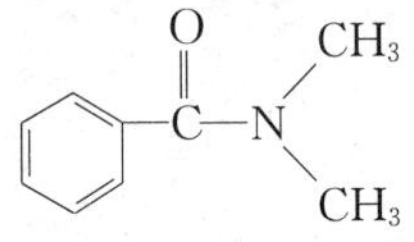

N,N-二甲基苯甲酰胺

常温下,除甲酰胺是液体,其他酰胺多数是白色晶体。低级酰胺一般都溶于水,高级酰胺难溶于水。

酰胺是接近中性的化合物,在酸性条件下会发生水解反应生成羧酸和铵盐,在碱性条件下发生水解反应生成羧酸盐和氨气。

$$CH_3CONH_2 + H_2O + HCl \xrightarrow{\triangle} CH_3COOH + NH_4Cl$$

$$CH_3CONH_2 + NaOH \xrightarrow{\triangle} CH_3COONa + NH_3\uparrow$$

四、重要的胺和酰胺

(一)苯胺

苯胺是无色、有特殊气味的油状液体,主要存在于煤油中,俗称阿尼林油。微溶于水,易溶于有机溶剂,有毒。在空气中易被氧化,苯胺是一种重要的有机合成原料,是合成药物、染料的重要中间体。

(二)乙二胺

乙二胺是无色液体,易溶于水。用于制备药物、乳化剂、杀虫剂。乙二胺与氯乙酸作用生成的乙二胺四乙酸，简称 EDTA，它对碱土金属和重金属有强烈的螯合作用，在分析化学上有重要的作用。

(三)尿素

尿素又称为脲，是碳酸的二酰胺。是哺乳动物体内蛋白质代谢的最终产物，存在于动物的尿中。尿素是无色晶体，易溶于水及乙醇。尿素的用途广泛，在农业上用作高效固体氮肥，也是有机合成的重要原料。尿素本身是一种药物，对降低脑颅内压和眼内压有显著疗效。

(四)丙二酰脲

丙二酰脲是无色晶体，它是一类重要的镇静催眠药，难溶于水，能溶于一般有机溶剂中。由丙二酰脲衍生出的巴比妥类药物有催眠作用。

拓展小知识

酒精检测与酒驾

中国有着浓郁的酒文化，但酒后驾车危害很大。交警检查司机是否酒后驾车主要是依据醇的氧化反应。酒精检测仪装有橙色的酸性重铬酸钾，该物质具有氧化性，若司机酒后驾车，呼出的酒精蒸气遇到酸性的重铬酸钾时，橙色的 $Cr_2O_7^{2-}$ 就被还原为绿色的 Cr^{3+}，颜色变化明显，据此即可判定司机是否饮酒。

$$K_2Cr_2O_7 + 3C_2H_5OH + 4H_2SO_4 \longrightarrow 3CH_3CHO + K_2SO_4 + Cr_2(SO_4)_3 + 7H_2O$$

醉酒是一种在饮酒后完全丧失或部分丧失个人意志的状态，在此种状态下再进行驾驶是一种极度危险的行为，我国对酒驾有明确规定：驾驶员血液中的酒精含量大于或等于 20 mg/100 mL 并小于 80 mg/100 mL 的驾驶行为，属于饮酒驾车；驾驶员血液中的酒精含量大于或等于 80 mg/100 mL 的驾驶行为，属于醉酒驾车。

为从严惩处醉驾行为，遏制酒后肇事犯罪，切实维护人民群众的生命财产安全，饮酒后或者醉酒后驾驶机动车发生重大交通事故，构成犯罪的，依法追究刑事责任，并由公安机关交通管理部门吊销机动车驾驶证，终生不得取得机动车驾驶证。

由此，在道路上醉酒驾驶机动车的行为从行政违法行为转变为犯罪行为。为了自己和家人的安全，也为了他人的幸福，喝酒不开车，开车不喝酒！

知识检测

1. 命名下列化合物

(1) $CH_3CHCH_2CH_3$
　　　　$|$
　　　　OH

(2) CH_3CHCH_2COOH
　　　　$|$
　　　　CH_3

(3) $H_2N\text{—}\bigcirc\text{—}SO_3H$

(4) 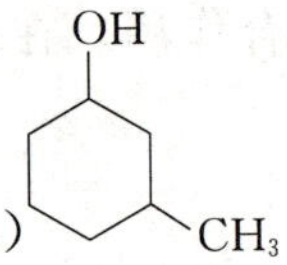

(5) 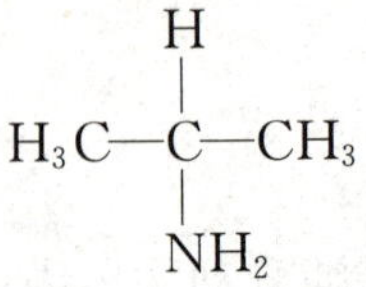

(6) 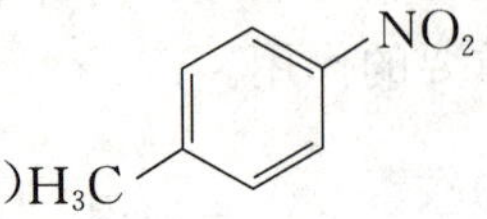

2. 写出下列化合物的结构式

(1)3-甲基-2-丁醇　(2)甘油　(3)甲乙醚　(4)丙醛

(5)2，3-二甲基戊酸　(6)乙二酸　(7)甲胺　(8)苯甲酸甲酯

3. 用化学方法鉴别下列各组化合物

(1)乙醇和乙醛　(2)丙酮和丙醛

(3)乙醇和甘油　(4)苯甲醛和苯酚

项目三

杂环化合物和生物碱

学习目标

● 知识目标

1. 认识常见杂环化合物的结构特点。
2. 理解杂环化合物的主要性质及应用。
3. 了解重要的杂环化合物和生物碱在生产中的应用。

● 技能目标

了解几种重要的杂环化合物和生物碱的用途。

由碳原子和非碳原子所构成的环状有机化合物称为杂环化合物,环中的非碳原子称为杂原子,最常见的杂原子有 O、S、N 等。具有苯环的杂环化合物比较稳定,具有一定程度的芳香性,具有该环结构的称为芳杂环。其中环可以含有一个、两个或更多个杂原子,也可以是稠环。

杂环化合物广泛分布在自然界中,种类繁多,数量占已知有机化合物的 1/3 以上。叶绿素、血红蛋白、核酸中的碱基、蛋白质分子中的某些氨基酸残基、维生素 B_1、生物碱、生物色素、香料、抗生素以及从动植物中分离出的有药用价值的毒素等都含有杂环化合物。许多合成药物和生物模拟材料等大多含有杂环结构。杂环化合物的应用范围非常广泛,与医药有着十分紧密的联系。

任务一 杂环化合物

一、杂环化合物的分类和命名

杂环化合物的分类可按环的数目不同,分为单杂环和稠杂环。单杂环按照环的大小又可分为五元杂环和六元杂环;稠杂环通常也分为苯稠杂环和多稠杂环。杂环的杂原子可以是一个、两个或多个,杂原子可以相同或不同。

二、杂环化合物的命名

杂环化合物的命名比较复杂,通常采用音译法。按照杂环化合物的拉丁文译音,用同音汉字,加"口"字旁作为杂环标志以命名,例如:呋喃(furan)、吡啶(pyridine)等。

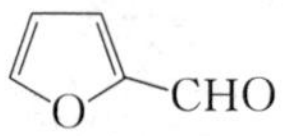

2-呋喃甲醛

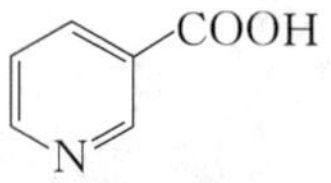

3-吡啶甲酸

常见的杂环化合物的分类和名称见表3-3-1。

表3-3-1 重要的杂环化合物

杂环种类		重要杂环					
单元杂环	五元杂环	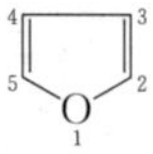 呋喃 (furan)	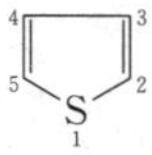 噻吩 (thilphene)	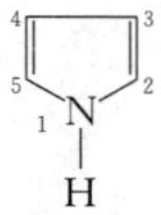 吡咯 (pyrrole)	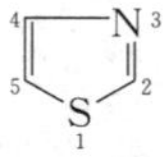 噻唑 (thiazole)	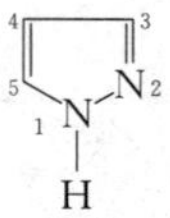 吡唑 (pyrazole)	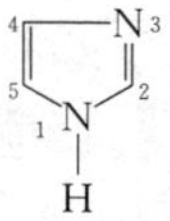 咪唑 (imidazole)
	六元杂环	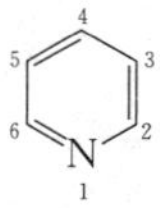 吡啶 (pyridine)	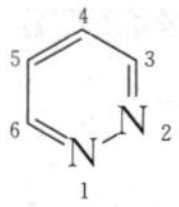 哒嗪 (pyridazine)	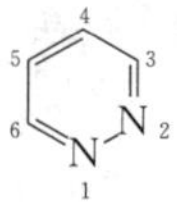 嘧啶 (pyrimidine)	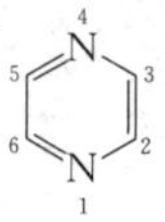 吡嗪 (pyrazine)	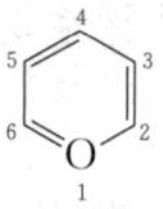 吡喃 (pyran)	
稠杂环		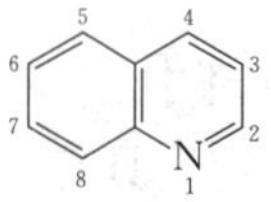 喹啉 (quinoline)	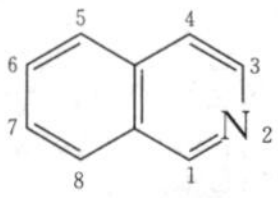 异喹啉 (isoquinoline)	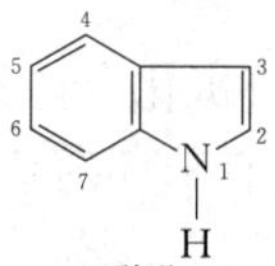 吲哚 (indole)	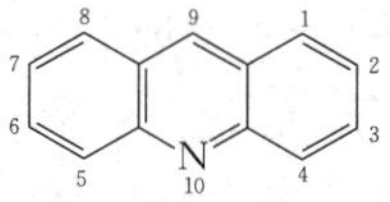 吖啶 (acridine)	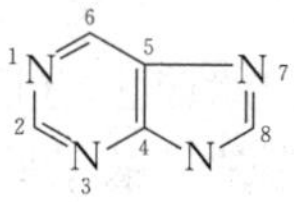 嘌呤 (purine)	

三、杂环化合物的性质和应用

1. 呋喃 呋喃存在于松木焦油中，为无色液体，沸点 32 ℃，具有类似氯仿的气味，难溶于水，易溶于有机溶剂。它的蒸气遇有被盐浸湿过的松木片时，呈现绿色，可用此性质来鉴定呋喃的存在。

呋喃具有芳香性，比苯活泼，容易发生取代反应。另外，呋喃分子的环状结构上有不饱和键——双键，可以发生加成反应。

四氢呋喃为无色液体，是一种优良的溶剂和重要的合成原料，常用于制取己二酸、丁二烯等。

2. 噻吩 噻吩存在于煤焦油的粗苯中，石油中含有噻吩及其同系物，噻吩在水中的溶解性很差。噻吩的沸点与苯非常接近，难以用一般的分馏法分离。通常噻吩为无色液体，容易被空气中的氧气氧化。

噻吩与苯相似，可与氢等发生加成反应。噻吩在浓硫酸存在下，与靛红一同加热显示蓝色，反应灵敏，可用此法来检验噻吩。噻吩与呋喃类似，α位碳原子上会发生取代反应。

噻吩可用于以下几方面：①制造染料、药品、树脂，可合成新型广谱抗生素头孢菌素；②用于彩色影片制造及特技摄影；③合成一些复杂的试剂等。

3. 吡咯　吡咯存在于煤焦油和骨焦油中，为无色油状液体，沸点 131 ℃，有淡淡的苯胺的气味，不溶于水，能与乙醇和乙醚混溶。

吡咯的衍生物在自然界中有很多，植物中的叶绿素和动物中的血红蛋白都是吡咯的衍生物，胆红素、维生素 B_{12} 等都含有吡咯或四氢吡咯，吡咯在动植物的生理上有非常重要的作用。

4. 吡啶　吡啶是具有特殊臭味的无色液体，沸点 115.5 ℃。与水、乙醇、乙醚等物质互溶，同时，吡啶还能溶解某些无机盐。

吡啶类化合物作为化学工业特别是精细化工业的重要原料，应用范围很广，涉及医药中间体、医药制品、农药、农药中间体、饲料及其他多项领域。

5. 喹啉　喹啉是无色油状液体，有特殊臭味，难溶于水，易溶于有机溶剂。

喹啉在医药上应用较多，许多药物分子中含有喹啉环，如抗疟药奎宁、抗癌药喜树碱等。

四、常见杂环化合物的衍生物

1. 呋喃的衍生物　糠醛是呋喃的衍生物，在自然界中广泛存在。糠醛化学性质活泼，可以通过氧化、缩合等反应制取很多糠醛衍生物，被广泛应用于合成塑料、医药、农药等领域。

2. 噻唑的衍生物　噻唑及其衍生物都存在于自然界中，其在医药上应用较广。青霉素、维生素 B_1、磺胺噻唑都含有噻唑或氢化噻唑的结构。

3. 吡唑衍生物　最重要的吡唑衍生物中是吡唑啉酮衍生物，其在医疗上有一定应用。例如，检定钙的试剂以及常用的退烧药安替比啉、安乃近等都具有吡唑啉酮的基本结构。

4. 嘧啶衍生物　嘧啶衍生物如磺胺嘧啶，是临床上常用的抗菌药物，用于治疗流行性脑炎、肠炎和肺炎等疾病。

任务二　生　物　碱

一、生物碱的概念

生物碱是指存在于生物体中的一类含氮且具有一定生理活性的有机碱性化合物。由于生物碱大多存在于植物中，故又称为植物碱。从结构上看，大多数生物碱都是胺类或季铵类杂环化合物，氮原子在环内或在侧链上。在植物体内的生物碱常与有机酸（如柠檬酸、苹果酸、草酸等）或无机酸（如硫酸、磷酸等）结合生成盐而存在，也有少数生物碱以游离碱、苷或酯的形式存在。

生物碱是许多中草药的有效成分，其种类繁多，许多生物碱对人体有特殊而显著的生理活性，如吗啡碱是强镇痛药，奎宁是治疗疟疾的重要药物，麻黄碱有止咳平喘的作用，阿托品是常用的平滑肌解痉药和有机磷农药的解毒剂。有些生物碱的毒性极强，量小时可作为药物，量大时可引起中毒，因此生物碱必须经处理后方能用于临床。我国使用中草药医治疾病的历史已有数千年之久，积累了非常丰富的经验，对生物碱的研究取得了显著的成果，这对于开发我国的自然资源和提高人民的健康水平起着十分重要的作用。

生物碱的分类方法通常有两种，一种方法是按植物来源分类，如长春花生物碱、夹竹桃生物碱、乌头生物碱等；另一种方法是按生物碱的杂环母核结构分类，如喹啉类生物碱、异喹啉类生物碱、吲哚类生物碱、嘌呤类生物碱等。生物碱大多数根据其所来源的植物命名，例如麻黄碱由麻黄中提取得到的，烟碱是由烟草中提取得到的，乌头碱是由乌头中提取得到的。

二、重要的生物碱

1. 咖啡碱 咖啡碱又称咖啡因，主要存在于咖啡和茶叶中，从咖啡和茶叶中可以提取咖啡碱。咖啡碱为白色针状结晶，有苦味，溶于热水中，具有弱的碱性。咖啡碱对中枢神经有兴奋作用，临床上用于呼吸衰竭的急救，并可用作利尿剂等。

2. 奎宁 奎宁也称为金鸡纳霜，广泛存在于金鸡纳树皮中。奎宁对恶性疟的红细胞内型疟原虫有抑制其繁殖或将其杀灭的作用，是一种重要的抗疟药。奎宁还有抑制心肌收缩力及增加子宫节律性收缩的作用。

3. 麻黄碱 麻黄碱又称为麻黄素，是中草药麻黄中的一种主要生物碱。在中国古代麻黄就被用作发汗药和止咳药，至今仍是一种常见的中药。麻黄碱为无色结晶，易溶于水，也能溶于乙醇、乙醚等有机溶剂，医疗上用其止咳和解除哮喘。

4. 阿托品 阿托品在自然界中主要存在于洋金花、曼陀罗等植物中。阿托品为白色结晶，易溶于乙醇、氯仿等有机溶剂，难溶于水。医疗上常用可溶性的硫酸阿托品来解痉挛、镇痛等，也可用于治疗胃、肠、肾的绞痛，或者抢救有机磷中毒者。

5. 吗啡 吗啡是罂粟果渗出液的主要成分，是最早被发现的生物碱之一。吗啡为白色结晶或白色结晶性粉末，微溶于水，熔点 254 ℃，对中枢神经有麻醉作用，有强的镇痛效力，但容易成瘾。一般吗啡的急性致死量为 250 mg 左右，过量服用吗啡会有严重的呼吸抑制，如果不及时抢救，人很容易因为呼吸麻痹而死亡。

拓展小知识

拒绝毒品　珍爱生命

毒品一般指非医疗、科研、教学需要而被国家依法管理的，使人有依赖性的麻醉品和精神药品。

毒品种类繁多，从毒品的来源看，可分为天然毒品、半合成毒品和合成毒品三大类。天然毒品是直接从毒品原植物中提取的，如鸦片。半合成毒品是由天然毒品与化学物质合成而得的，如海洛因。合成毒品是完全用有机合成的方法制造的，如冰毒。表 3-3-2 列出了几种常见毒品的危害。

毒品是人类社会的公害，是万恶之源，有许多家庭因为它而家破人亡，有许多有前途的青少年因为它而放弃了未来、甚至生存的权力。它不仅摧残肉体、扭曲心灵，并且引发偷盗、赌博、强奸、卖淫、杀人放火等犯罪行为，因此必须加强法制教育，对制毒、贩毒、吸毒行为给以坚决的打击。

模块三 有机化学基础

表 3-3-2 几种常见毒品的危害

名称	来源	危害
阿片	罂粟中提取	使人体质衰弱，寿命缩短，过量可致死
吗啡	鸦片中提取	其毒性比鸦片强 10～20 倍，导致人注意力、记忆力衰退，精神失常，过量使用可使人呼吸停止而死亡
海洛因	人工合成（吗啡的二乙酰衍生物）	毒性比吗啡强 2～3 倍，引起心律失常，肾功能衰竭，皮肤感染，肺水肿，全身化脓性并发症，便秘，性欲亢进，智力减退，还可引起肝炎、艾滋病等疾病，过量可致死
可卡因	古柯中提取	成瘾最强的毒品之一，引起偏执型的精神病，孕妇服后会导致流产、早产或死产，刺激脊椎，引起惊厥，严重者可呼吸衰竭死亡
大麻	一种植物	失眠，食欲减退，性情急躁，容易发怒
冰毒	麻黄中提取	容易使人上瘾，长期服用，使人大脑机能受到损伤，产生偏执性的精神分裂症，精神抑郁，心慌失眠，焦虑不安，人体免疫力下降，内脏器官得病率提高
K 粉	人工合成	吸食过量或长期吸食，可以对心、肺、神经造成致命损伤，对中枢神经的损伤比冰毒还强，吸食过量可致死
摇头丸	合成	引起心跳加快，瞳孔放大，血压和体温升高，昏眩，食欲不振，精神错乱

知识检测

1. 给下列杂环化合物命名

(1) 3-甲基呋喃结构式 (2) 2,5-二甲基吡咯结构式 (3) 5-甲基噻唑结构式

(4) 4-甲基吡啶结构式 (5) 吡啶结构式 (6) 8-羟基喹啉结构式

2. 什么是杂环化合物？如何分类？
3. 简述什么是生物碱。

实验技能训练

实验一 醇、酚的性质检验

【实验目的】
1. 了解醇的主要化学性质,掌握一元醇与多元醇的检验方法。
2. 了解苯酚的性质并掌握其检验方法。

【实验用品】

1. 仪器 试管、试管架、铁圈、石棉网、表面皿、酒精灯、烧杯。

2. 试剂 无水乙醇、金属钠、异丙醇、叔丁醇、1% $K_2Cr_2O_7$ 酸性溶液、0.5% $CuSO_4$ 溶液、5% NaOH 溶液、10% NaOH 溶液、甘油、苯酚晶体、2%苯酚、饱和溴水、5% $FeCl_3$ 溶液。

【实验内容及步骤】

1. 醇与活泼金属的反应 取 1 支干燥试管,加入约 2 mL 无水乙醇,用镊子放入一块绿豆大的金属钠,观察反应现象。反应结束后,将反应液倒在表面皿里,放在石棉网上用微火加热,待多余的乙醇蒸发后,即可观察到乙醇钠的结晶。

2. 醇的氧化 取 3 支试管,分别向其中加入乙醇、异丙醇、叔丁醇 1 mL,再各滴入几滴 1% $K_2Cr_2O_7$ 酸性溶液,将试管置于热水浴中,观察现象。

3. 甘油的检验 取 1 支试管,加入 0.5% $CuSO_4$ 溶液 3 mL,再滴加 5% NaOH 溶液,振荡生成蓝色的 $Cu(OH)_2$ 沉淀。静置后倾去上层清液,再加入 1 mL 蒸馏水制成稍呈碱性的悬浊液。将新制取的 $Cu(OH)_2$ 悬浊液分成两份,分别加入乙醇和甘油各 5 mL,振荡,观察产生的现象。

4. 苯酚的溶解性和弱酸性 在试管中加入少量苯酚晶体,再加入 5 mL 蒸馏水,用力振荡后得到乳浊液。加热试管,观察试管里液体变化的现象。让试管冷却,再观察试管里液体变化的现象。向苯酚和水的混合物中滴加 10% NaOH 溶液,边加边振荡试管,观察产生的现象。在上述溶液中加入少量稀盐酸,观察产生的现象。

5. 苯酚和溴水的反应 在试管中加入 1~2 mL 饱和溴水,滴入几滴 2%苯酚溶液,观察反应现象。

6. 苯酚的显色反应 取 1 支试管,加入 2 mL 2%苯酚溶液,再滴加 5% $FeCl_3$ 溶液 2 滴,观察产生的现象。

【思考题】
(1)乙醇与金属钠的反应为什么要用无水乙醇?
(2)为什么醇不能和碱反应,而酚可以和碱反应?

实验二　醛、酮、羧酸的性质检验

【实验目标】

1. 了解醛、酮的性质，学会鉴别醛与酮。
2. 了解羧酸的性质，掌握草酸的检验方法。

【实验用品】

1. 仪器　试管、试管架、烧杯、水浴箱(或铁架台、酒精灯、石棉网)。

2. 试剂　甲醛、乙醛、丙酮、5% $KMnO_4$ 酸性溶液、5% $AgNO_3$ 溶液、2% 氨水 ($NH_3 \cdot H_2O$)、斐林试剂 A 液(硫酸铜溶液)、斐林试剂 B 液(NaOH 的酒石酸钾钠溶液)、3% 甲酸、3% 乙酸、3% 草酸、10% $CaCl_2$ 溶液、1 mol/L 草酸、冰醋酸、异戊醇、浓 H_2SO_4、饱和食盐水。

【实验内容及步骤】

1. 醛、酮与强氧化剂的反应　在 2 支试管中各加入 1 mL 甲醛、丙酮溶液。再分别滴加几滴 5% $KMnO_4$ 酸性溶液，振荡后观察反应现象。

2. 银镜反应　在 1 支洁净试管中加入 3 mL 5% $AgNO_3$ 溶液，再逐渐滴入 2% $NH_3 \cdot H_2O$，直到最初生成的沉淀恰好溶解为止，得到托伦试剂。将上述溶液分装在 3 支洁净的试管中，分别各加入几滴甲醛、乙醛、丙酮溶液，振荡后将 3 支试管放在热水浴中加热，观察现象。

3. 斐林反应　取斐林试剂 A 液、斐林试剂 B 液各 3 mL，混合均匀后分装在 3 支试管中，然后分别向 3 支试管里各滴入几滴甲醛、乙醛、丙酮溶液，振荡后放在沸水浴中加热，观察现象。

4. 羧酸的酸性比较　取 1 条刚果红试纸，在试纸的不同部分分别滴一滴 3% 甲酸、3% 乙酸、3% 草酸，观察颜色由深到浅的顺序。

5. 草酸的检验　取 1 支试管，加入几滴 1 mol/L 草酸溶液，然后滴入 10% $CaCl_2$ 溶液，观察现象。

6. 酯化反应　取冰醋酸和异戊醇各 1 mL，放入同一支试管中，混合均匀，加入 0.5 mL 浓 H_2SO_4 并振荡。放到热水浴中加热 10 min 左右，将试管浸入冷水中冷却，然后加入 1 mL 饱和食盐水，记录闻到的气味。

【思考题】

做银镜反应实验时，氨水是否可以加过量？为什么？

模块四

生物化学基础

项目一
糖类及其生物学功能

学习目标

● 知识目标

1. 了解糖的组成和结构特点。
2. 理解糖的主要理化性质。
3. 了解糖在生物体内的主要功能。

● 能力目标

能利用糖的主要化学性质检验醛糖和酮糖。

糖类是植物光合作用的产物，由碳、氢、氧 3 种元素组成。常见的糖类有葡萄糖、蔗糖、乳糖、淀粉、纤维素等，可以用通式 $C_n(H_2O)_m$ 来表示它们的结构。糖类根据其水解情况可分为以下 3 类。

1. 单糖　单糖不能再水解为更小的分子，单糖包括葡萄糖、果糖、核糖、脱氧核糖等。

2. 低聚糖（又称寡糖）　水解后可以产生 2~10 个单糖分子。低聚糖以二糖最为多见，低聚糖包括蔗糖、麦芽糖、乳糖等。

3. 多糖　多糖水解可产生许多个单糖分子，多糖包括淀粉、纤维素、果胶质等。

任务一　单　糖

一、单糖的结构

从结构特点来看，单糖是多羟基醛或多羟基酮以及它们的缩合物，按官能团可将单糖分为醛糖和酮糖。根据单糖分子中碳原子的数目，又可把单糖分为丙糖、戊糖、己糖等。自然界中普遍存在的单糖有葡萄糖、果糖、核糖、脱氧核糖等。一般用链状结构和环状结构表示单糖，由于链状结构不稳定，生物体内的单糖主要以环状结构存在。

不对称碳原子是指连接 4 个不同原子或基团的碳原子，也被称为手性碳原子。含有一个手性碳原子的分子可以形成两种不同的构型。单糖的构型是以甘油醛为基准进行比较而确定的。

```
        CHO                    CHO
    H ——— OH              HO ——— H
    HO ——— H               H ——— OH
    H ——— OH              HO ——— H
    H ——— OH              HO ——— H
        CH₂OH                  CH₂OH
    D-(+)葡萄糖            L-(-)葡萄糖
```

单糖的环状结构常用哈沃斯透视式来表示。

α-葡萄糖(透视式)　　　　β-葡萄糖(透视式)

（半缩醛羟基）

二、单糖的性质

(一)物理性质

单糖是无色晶体，有吸湿性，易溶于水，难溶于乙醇、乙醚。有甜味，但甜度不同，不同的单糖甜味也不同，例如以蔗糖甜度为100，则葡萄糖的甜度为70，果糖的甜度为175，半乳糖的甜度为30。

(二)化学性质

1. 氧化反应　单糖分子中由于含有半缩醛羟基或醛基而具有还原性，能与托伦试剂、斐林试剂等弱氧化剂反应，被氧化成相应的羧酸。这种能还原斐林试剂等碱性弱氧化剂的糖称为还原糖，所有的单糖均为还原糖。在生物测定技术中也常用斐林试剂定量地测定葡萄糖等还原性糖在生物体组织中的含量。此外，在酸性溶液中醛糖可被弱氧化剂（如溴水）氧化生成相应的糖酸，糖酸及糖酸盐易被人体吸收，例如葡萄糖酸钙、葡萄糖酸锌、葡萄糖酸铁都是很好的保健药物。

2. 还原反应　醛糖和酮糖分子中的羰基均可被还原成羟基，生成相应的多元醇。例如葡糖糖用 $NaBH_4$ 还原或催化加氢，均可产生 D-葡萄糖醇，D-葡萄糖醇又称山梨醇，是生产维生素 C 的原料。

糖醇广泛存在于许多植物和果实中，例如山梨醇在海藻、梨、樱桃中有丰富的含量，甘露醇则在青草、水果中普遍存在。

3. 成苷反应　单糖的半缩醛羟基可与其他含有羟基的化合物脱水生成缩醛型化合物。糖分子中的活泼半缩醛羟基与其他含羟基的化合物（如醇、酚）、含氮杂环化合物作用，失水生成缩醛的反应称为成苷反应。糖苷在自然界的分布极广，与人类的生命和生活密切相关。

4. 脱水作用（呈色反应）　单糖与强酸共热，会发生脱水反应，戊糖生成糠醛，己糖则生成羟甲基糠醛。戊糖形成的糠醛可与间苯三酚(根皮酚)缩合生成朱红色物质,或与甲基间苯二酚(地衣酚)缩合生成蓝绿色或橄榄绿色物质。这两个实验被用于定性、定量检测戊糖。此外,糠醛及羟甲基糠醛能与α-萘酚反应生成红紫色缩合物(莫利氏反应),或与蒽酮缩合生成蓝绿色复合物,可用于定量测定糖的含量。此外,羟甲基糠醛与间苯二酚反应可生成红色缩合物(西里瓦诺夫反应),此反应可用于鉴定酮糖,酮糖较易形成羟甲基糠醛,反应速度快,颜色深,而醛糖则反应较慢,呈很浅的颜色。

5. 成酯反应　单糖分子中的羟基能与无机酸或有机酸反应生成糖酯。如葡萄糖与醋酸在一定条件下酯化生成醋酸葡萄糖酯。在生物体内常见的糖酯为糖的磷酸酯,其中非常重要的是1-磷酸葡萄糖、6-磷酸葡萄糖、6-磷酸果糖和1,6-二磷酸果糖等。

三、重要的单糖及单糖的衍生物

1. 葡萄糖　葡萄糖是一种重要的营养物质,主要存在于葡萄、水果和动物血液(血液中的葡萄糖称为血糖)等中。它在生物体组织中进行氧化反应,放出热量,以维持生物体生命活动所需要的能量。在医疗上,葡萄糖是营养剂,并有强心、利尿、解毒作用。

2. 果糖　果糖主要存在于水果和蜂蜜中,是蔗糖的组成成分。在自然界存在的糖中,果糖的甜度最高。

3. 核糖和脱氧核糖　核糖和脱氧核糖存在于植物和动物组织中,是细胞中遗传物质的重要组分,也是生物体内一些生理活性物质的组分。

4. 糖酯　1-磷酸葡萄糖和6-磷酸葡萄糖是生物体内糖代谢的重要中间产物。农作物施磷肥的原因之一,就是为作物体内的糖的分解与合成,提供生成磷酸葡萄糖所需要的磷酸。如果作物体内缺磷就会影响糖的代谢作用,作物不能正常生长。

5. 糖醛酸　糖醛酸由单糖的伯醇基氧化而得。某些糖醛酸是果胶质、半纤维素等杂多糖的组成成分。在人体内的糖醛酸可与一些有毒物质如醇、酚等结合变成无毒物质排出体外,故有保肝和解毒作用。临床上治疗肝炎和肝硬化等服用的"肝太乐"就是一种葡萄糖醛酸类物质。

任务二　二　糖

二糖又称双糖,是低聚糖中最重要的一种,它是由两分子的单糖脱水缩合而形成的化合物。在酸性条件下,二糖能被水解成两分子单糖。二糖的物理性质与单糖相似,能形成结晶,易溶于水,有甜味。天然存在的二糖,依据它们能否被斐林试剂氧化,可分为还原性二糖和非还原性二糖两类。

一、还原性二糖

(一)麦芽糖

麦芽糖是由两分子的葡萄糖缩合而得,其化学性质与葡萄糖相似。

麦芽糖存在于发芽的种子中,特别是麦芽中的含量最多。麦芽糖是无色晶体,易溶于水,有甜味,但不如葡萄糖甜。麦芽糖分子内有一个游离的半缩醛羟基,所以具有还原性,能被新制的$Cu(OH)_2$氧化,也能发生银镜反应,是一种还原性二糖。

(二)乳糖

乳糖存在于哺乳动物的乳汁中，人乳中含乳糖5%～8%，牛乳中含乳糖4%～6%。乳糖的甜味只有蔗糖的70%。乳糖不易溶解，味不甚甜，它是由1分子半乳糖与1分子葡萄糖缩合而成，是还原性二糖。

二、非还原性二糖——蔗糖

蔗糖是由1分子葡萄糖和1分子果糖脱水缩合而成，广泛存在于植物中，利用光合作用合成的植物的各个部分都含有蔗糖。甘蔗蔗糖含量为14%以上，北方甜菜蔗糖含量为16%～20%，蔗糖一般不存在于动物体内。蔗糖不能与托伦试剂和斐林试剂反应。

蔗糖很甜，其甜度仅次于果糖，易结晶，我们日常食用的红糖、白糖和冰糖，都是不同形式的蔗糖。蔗糖易溶于水，若加热至160 ℃便成为玻璃样的晶体，加热至200 ℃便成为棕褐色的焦糖。蔗糖没有游离醛基，无还原性，不能发生银镜反应，也不能还原斐林试剂中的$Cu(OH)_2$。

任务三　多　　糖

多糖是重要的天然高分子化合物，是由成千上万个单糖分子相互脱水缩合，通过糖苷键连接而成的高聚体。多糖无甜味，大多难溶于水，有的能和水形成胶体溶液。多糖在自然界分布最广，重要的多糖有淀粉和纤维素等。

一、淀粉

淀粉大量存在于植物的种子和块茎中，是人类最重要的食物之一。淀粉是麦芽糖的高聚体，为白色无定形粉末，分为直链淀粉和支链淀粉两类。直链淀粉是许多D-葡萄糖基以α-1，4-糖苷键依次相连成的长而不分支的葡萄糖多聚物，典型情况下由数百至数千个葡萄糖残基组成，相对分子质量为15 000～600 000，结构是长而紧密的螺旋管形，这种紧密的结构是与其贮藏功能相适应的，直链淀粉遇碘显蓝色。支链淀粉是在直链的基础上每隔20～25个葡萄糖残基就形成一个α-1，6支链，不能形成螺旋管形，遇碘显紫红色。天然淀粉多数是直链淀粉与支链淀粉的混合物，但植物品种不同，两者的比例也不同。例如糯米、糯玉米的淀粉几乎全部为支链淀粉，而豌豆中98%为直链淀粉。淀粉在淀粉酶的作用下水解得到麦芽糖，在酸的作用下能彻底水解为葡萄糖。淀粉逐步水解为葡萄糖的过程如下：

　　　　淀粉→紫色糊精→红色糊精→无色糊精→麦芽糖→葡萄糖
　加I_2　深蓝　　紫色　　　红色　　　无色　　　无色　　无色

淀粉除了可以食用外，也可通过发酵来酿酒，还可通过水解生产葡萄糖。

二、纤维素与半纤维素

(一)纤维素

纤维素在自然界分布极广，是植物细胞壁的主要组成成分。棉花是纤维素含量最高的物质,其纤维素含量近100%。纤维素是由许多葡萄糖结构单位以β-1,4-糖苷键互相连接而成的,因此纤维素彻底水解的产物是葡萄糖。人的消化道中没有水解β-1,4-糖苷键的纤维素的酶,所以人不能消化纤维素,但纤维素对人又是必不可少的,因为纤维素可促进肠胃蠕动,提高消化能力和排泄能力。

(二)半纤维素

半纤维素大量存在于植物的木质化部分(如秸秆、种皮、坚果壳、玉米穗轴等),其含量依植物种类、部位、老幼而异。半纤维素是一些与纤维素一同存在于植物细胞壁中多糖的总称,通常指除纤维素以外的全部糖类(果胶质与淀粉除外)。半纤维素用稀酸水解则产生己糖和戊糖,所以它是多聚戊糖(如多聚阿拉伯糖、多聚木糖)和多聚己糖(如多聚半乳糖和多聚甘露糖)的混合物。

三、糖原

糖原是动物组织内分布较多的一种多糖,其结构与植物淀粉类似,因而也称为动物淀粉。它是由多个葡萄糖结合而成的化合物,因而其水解可以得到葡萄糖。糖原与支链淀粉相似,分支较支链淀粉更多。糖原较易分散在水中,遇碘显示红紫色。

任务四 糖的生物学功能

在物质代谢中,人体从外界环境中摄取的物质,除水外,最多的就是糖类。糖是一切生物体维持生命活动所需能量的主要来源。生物体一方面可利用消化、吸收单糖,通过糖的分解代谢作用,获得所需能量;另一方面又可通过糖的合成代谢作用将多余的单糖转化为多糖,作为能源物质储存起来。

糖的分解代谢实质上就是糖的氧化过程,主要途径有有氧分解和无氧分解(糖酵解)。糖的有氧分解是指糖在有氧条件下,彻底氧化成二氧化碳和水,并释放大量能量的过程。糖的无氧分解是指在无氧或缺氧的条件下,动物体内葡萄糖(或糖原)降解为乳酸,并释放能量的过程。

糖的生物学功能主要有以下几个方面:

(1)糖类是主要的生物能源。糖是植物光合作用的主要产物,是植物体内化学能的贮藏库,糖经氧化降解而释放出大量能量,以满足生命活动需要。生物体内能量的70%主要来自糖的分解。1 g葡萄糖在体内彻底氧化分解,可释放出17.2 kJ的能量,虽然每克葡萄糖的供能不多,但是因为其在食物和饲料中的含量丰富,动物机体从饲料中吸收的糖绝大部分用于供能,所以糖是体内主要的供能物质。

(2)糖类为生物合成提供碳素来源。例如,葡萄糖分解代谢的中间产物丙酮酸,可以转化为丙氨酸,成为合成蛋白质的原料。

(3)糖类是生物体组织细胞的重要组成成分。糖普遍存在于动植物体各组织中,起着保护和支持作用。例如高等植物细胞的细胞壁主要成分是纤维素。

(4)糖类在细胞中与蛋白质、核酸、脂肪等常以结合态存在,这些复合分子具有许多特异而重要的生物学功能。如某些抗体、凝血因子等都是糖蛋白。

(5)糖化合物中的食物纤维能加强肠道蠕动,促进排便,防止便秘。

> **拓展小知识**
>
> **糖 尿 病**
>
> 糖尿病是由遗传因素、免疫功能紊乱、微生物感染及其毒素、自由基毒素、精神因素等各种致病因子作用于机体导致胰岛功能减退、胰岛素抵抗等而引发的糖、蛋白质、脂肪、水和电解质等一系列代谢紊乱综合征，临床上以高血糖为主要特点，典型病例可出现多尿、多饮、多食、消瘦等表现，即"三多一少"症状。糖尿病（血糖）一旦控制不好会引发并发症，导致肾、眼、足等部位的衰竭病变，且无法治愈。
>
> 胰岛素是人体胰腺β-细胞分泌的身体内唯一的降血糖激素。胰岛素抵抗是指体内周围组织对胰岛素的敏感性降低，外周组织如肌肉、脂肪对胰岛素促进葡萄糖的吸收、转化、利用发生了抵抗。
>
> 糖尿病分Ⅰ型糖尿病、Ⅱ型糖尿病、妊娠糖尿病及其他特殊类型的糖尿病。Ⅰ型糖尿病即胰岛素依赖性糖尿病。它是由于感染（尤其是病毒感染）、毒物等因素诱发机体产生异常自身体液和细胞免疫应答，导致胰岛β细胞损伤，胰岛素分泌减少，多数患者体内可检出抗胰岛β-细胞抗体。Ⅱ型糖尿病患者不需要依靠胰岛素，可以使用口服药物来控制血糖，又称非胰岛素依赖糖尿病。Ⅱ型糖尿病是各种致病因素的作用下，经过漫长的病理过程而形成的。在糖尿病患者中，Ⅱ型糖尿病所占的比例约为95%。

知识检测

1. 解释下列名词

(1) 糖类　　　　　(2) 单糖　　　　　(3) 寡糖
(4) 多糖　　　　　(5) 手性碳原子　　(6) 糖原

2. 单项选择题

(1) 下列关于葡萄糖的说法中，错误的是（　　）。

A. 葡萄糖的分子式是 $C_6H_{12}O_6$
B. 葡萄糖是糖类，因为它的分子是由6个C原子和6个 H_2O 分子组成的
C. 葡萄糖是一种多羟基醛，因而具有醛和多元醇的性质
D. 葡萄糖是单糖

(2) 下列关于葡萄糖与蔗糖相比较的说法中，错误的是（　　）。

A. 它们的分子式不同，蔗糖的分子式为 $C_{12}H_{22}O_{11}$
B. 它们的分子结构不同，蔗糖分子不含醛基
C. 它们不是同分异构体，但属于同系物
D. 蔗糖能水解，葡萄糖不能

(3) 下列与多糖性质不相符的是（　　）。

A. 均能水解　　　　　　　　　　B. 均为非还原糖
C. 均无甜味　　　　　　　　　　D. 均能与碘液作用显蓝色

(4) 下列化合物中为非还原糖的是（　　）。

A. 果糖 B. 葡萄糖
C. 蔗糖 D. 麦芽糖

(5)鉴别葡萄糖和蔗糖可使用的试剂是(　　)。

A. 碘液　　　　B. 托伦试剂　　　C. 酸溶液　　　　D. 水合茚三酮

3. 用化学方法鉴别下列物质

(1)葡萄糖和蔗糖　　　　　(2)麦芽糖和淀粉

4. 简答题

(1)糖类对人类生活有什么意义?

(2)试述单糖的理化性质。

项目二
脂类及其生物学功能

学习目标

● 知识目标

1. 了解油脂的结构和分类。
2. 理解油脂的主要理化性质。
3. 了解脂类在生物体内的主要功能。

● 能力目标

掌握油脂在加工贮藏过程中的化学变化。

脂类是维持生物体正常生命活动不可缺少的物质,也是机体新陈代谢的能量来源之一,它包括油脂和类脂两大类,在生物体内具有很重要的生理作用。

任务一 油 脂

一、油脂的结构、组成

油脂广泛存在于动植物体内,是三大营养物质之一。油脂是由1分子的甘油和3分子的高级脂肪酸组成的酯,其结构式如下:

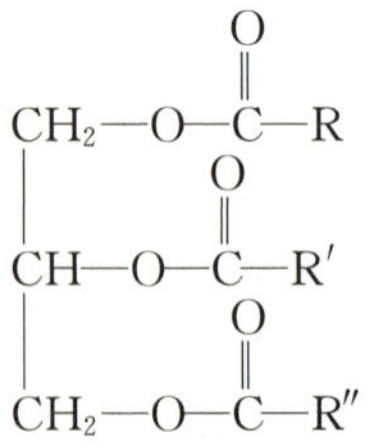

$$\begin{array}{l} CH_2-O-\overset{O}{\underset{\|}{C}}-R \\ CH-O-\overset{O}{\underset{\|}{C}}-R' \\ CH_2-O-\overset{O}{\underset{\|}{C}}-R'' \end{array}$$

式中的R、R′、R″可以相同,也可以不同。天然油脂大多数是混合甘油酯。组成油脂的高级脂肪酸种类很多,目前已经发现的有50多种,其中绝大多数是含有偶数碳原子的饱和或不饱和的直链高级脂肪酸,带有支链、取代基和环状的脂肪酸及奇数碳原子的脂肪酸极少。油脂中常见的饱和脂肪酸见表4-2-1,油脂中常见的不饱和脂肪酸见表4-2-2。在饱和脂肪酸中,最普遍的是软脂酸和硬脂酸;在不饱和脂肪酸中,最普遍的是油酸。动物脂肪中，含有较多的高级饱和脂肪酸甘油酯，所以动物脂肪在常温下为固态。植物油中不饱和高级脂肪酸甘油酯含量较高，所以植物油在常温下为液态。

表 4-2-1　油脂中常见的饱和脂肪酸

俗名	系统命名	结构式	熔点/℃	分布
月桂酸	十二碳酸	$CH_3(CH_2)_{10}COOH$	44	鲸蜡、椰子油
肉豆蔻酸	十四碳酸	$CH_3(CH_2)_{12}COOH$	58	肉豆蔻脂
软脂酸	十六碳酸	$CH_3(CH_2)_{14}COOH$	63	动植物油脂
硬脂酸	十八碳酸	$CH_3(CH_2)_{16}COOH$	71.2	动植物油脂

表 4-2-2　油脂中常见的不饱和脂肪酸

俗名	系统命名	结构简式	熔点/℃	分布
油酸	9-十八碳烯酸	$C_8H_{17}CH=CH(CH_2)_7COOH$	16.3	动植物油
亚油酸	9,12-十八碳二烯酸	$C_5H_{11}(CH=CHCH_2)_2(CH_2)_6COOH$	-5	植物油
亚麻酸	9,12,15-十八碳三烯酸	$C_2H_5(CH=CHCH_2)_3(CH_2)_6COOH$	-11.3	亚麻仁油
桐油酸	9,11,13-十八碳三烯酸	$C_4H_9(CH=CH)_3(CH_2)_7COOH$	49	桐油
蓖麻醇酸	12-羟基-9-十八碳烯酸	$C_6H_{13}CH(OH)CH_2CH=CH(CH_2)_7COOH$	5.5	蓖麻油

在上述脂肪酸中，亚油酸和亚麻酸是哺乳动物自身不能合成的，必须从食物中摄取，所以亚油酸和亚麻酸称为必需脂肪酸。一些常见油脂的性能及其高级脂肪酸的含量见表 4-2-3。

表 4-2-3　一些常见油脂的性能及其高级脂肪酸的含量

油脂名称	碘值	皂化值	软脂酸/%	硬脂酸/%	油酸/%	亚油酸/%
大豆油	124~136	185~194	6~10	2~4	21~29	50~59
花生油	93~98	181~195	6~9	4~6	50~70	13~26
棉籽油	103~115	191~196	19~24	1~2	23~33	40~48
蓖麻油	81~90	176~187	0~2	—	0~9	3~7
桐油	160~180	190~197	—	2~6	4~16	0~1
亚麻油	170~204	189~196	4~7	2~5	9~38	3~43
猪油	46~66	193~200	28~30	12~18	41~48	6~7

二、油脂的性质

(一)物理性质

纯净的油脂是无色、无臭、无味的中性物质，天然的油脂往往因为混有杂质而带有特殊的气味和颜色。油脂比水轻，难溶于水，易溶于汽油、苯、乙醚、丙酮和四氯化碳等有机溶剂，没有恒定的熔点、沸点，但有一定的熔点范围，如花生油熔点为 28~32 ℃，猪油熔点为 36~46 ℃，牛油熔点为 42~49 ℃。

(二)化学性质

1. 油脂的水解与皂化　油脂中的酯键能在酸、碱、热或酶的作用下而发生水解，生成甘油和脂肪酸。

$$\begin{matrix} CH_2-O-CO-R \\ CH-O-CO-R' \\ CH_2-O-CO-R'' \end{matrix} + 3H_2O \xrightarrow{H^+ \text{或酶}} \begin{matrix} CH_2-OH \\ CH-OH \\ CH_2-OH \end{matrix} + RCOOH + R'COOH + R''COOH$$

该反应在酸性条件下是可逆的，已经水解的甘油与游离脂肪酸可以再结合生成甘油一酯或甘油二酯。在碱性条件下水解生成的脂肪酸会和碱反应生成脂肪酸盐，高级脂肪酸盐是肥皂的主要成分，因此油脂碱性条件下的水解反应又称为皂化反应。

$$\begin{matrix} CH_2-O-CO-R \\ CH-O-CO-R' \\ CH_2-O-CO-R'' \end{matrix} + 3NaOH \xrightarrow{\triangle} \begin{matrix} CH_2-OH \\ CH-OH \\ CH_2-OH \end{matrix} + RCOONa + R'COONa + R''COONa$$

完全皂化 1 g 脂肪所消耗的氢氧化钾的质量(mg)称为皂化值。皂化值越大，油脂平均相对分子质量越小。皂化值是检验油脂质量的重要参数。

2. 油脂的加成反应　油脂分子中含有不饱和键，可以和氢气、卤素等发生加成反应。加成反应完成后，油脂的熔点明显升高，常温下呈固态，这类油脂称为硬化油。

(1)加氢。油脂中的不饱和脂肪酸的双键可以在金属催化条件下加氢生成饱和脂肪酸。加氢后可以提高油脂的饱和度，使液态的油变为半固态或固态的脂肪，不易变质，有利于保存和运输。

(2)加碘。油脂中的不饱和脂肪酸的双键可以与碘发生加成反应，100 g 油脂所吸收碘的质量(g)称为碘值，碘值越大则油脂的不饱和程度越高。油脂的不饱和程度是衡量油脂营养价值的一个重要指标，目前发现在深水鱼体内含有较丰富的多烯不饱和脂肪酸(二十碳五烯酸和二十二碳六烯酸等)，它们对人类健康十分有益，不仅能降低血中胆固醇，防治心脑血管疾病，也是大脑需要的营养物质，被誉为"脑黄金"。

3. 油脂的酸败　油脂在空气中长期放置，由于受到光照、氧气、水分或霉菌的作用发生水解、氧化等反应，生成一些羧酸、醛、酮、醇等带刺激性气味的物质逐渐变质，这种变化过程称为油脂的酸败。油脂酸败不仅会使一些脂溶性维生素破坏、营养价值降低，还会对人体产生毒害作用。

油脂酸败的程度一般用酸值来表示，中和 1 g 油脂中的游离脂肪酸所需要氢氧化钾的质量称为油脂的酸值，酸值大于 6.0 mg 的油脂一般不能食用。

任务二　磷　脂

磷脂是含磷酸的脂类，是由甘油、高级脂肪酸、磷酸和含氮有机碱构成的酯。磷脂广泛存在于动物和微生物体内，以及植物的种子中。根据磷脂的组成和结构可将其分为磷酸甘油酯和神经鞘磷脂两类。磷脂可溶于水及某些有机溶剂，但不溶于丙酮。磷脂都能水解，分子中的不饱和键也可以发生加成反应、氧化反应等。

(一)磷酸甘油酯

磷酸甘油酯是甘油组成的磷脂,最常见的是脑磷脂和卵磷脂。

1. 脑磷脂 脑磷脂又称为磷脂酰乙醇胺,是无色蜡状固体,不溶于乙醇,能溶于乙醚、氯仿,因在动物的脑组织中含量最多故称为脑磷脂。

脑磷脂广泛存在于血小板中,与血液凝结有关。脑磷脂和蛋白质组成的凝血激酶能促进血液凝固。脑磷脂水解得到甘油、脂肪酸、磷酸和胆胺。

2. 卵磷脂 卵磷脂又称为乙酯酰胆碱,是白色蜡状固体,易溶于乙醇和乙醚,最初在蛋黄中发现,故称为卵磷脂。它与体内脂肪的吸收和代谢关系密切。卵磷脂在食品工业中大量用作乳化剂、抗氧化剂和营养添加剂。卵磷脂水解得到甘油、脂肪酸、磷酸和胆碱。

(二)神经鞘磷脂

神经鞘磷脂由磷酸、胆碱、脂肪酸和鞘氨醇组成,是构成生物膜的重要组分。主要存在于动物大脑和神经组织中。神经鞘磷脂是白色晶体,在空气中不易被氧化,不溶于丙酮和乙醚,这是鞘磷脂与脑磷脂和卵磷脂的不同之处。

任务三 脂的生物学功能

根据脂类在动物体内的分布,可将其分为贮脂和组织脂。贮脂主要为中性脂肪,分布在动物皮下结缔组织、大网膜、肠系膜、肾周围等组织中。组织脂的成分主要由类脂组成,分布于动植物体内所有的细胞中,是构成细胞的膜系统(质膜与细胞器膜)的成分。

脂的生物学功能主要有以下几个方面:

1. 脂肪能氧化供能和贮存能量 脂肪和糖一样是能源物质,氧化 1 g 脂肪可释放 38 kJ 的能量,而氧化 1 g 葡萄糖只释放 17 kJ 的能量。当摄入糖和脂类等能源物质超过机体所需消耗量时,能源物质则转变为脂肪贮存起来;当摄入的能源物质不能满足生理活动需要时,则要动用贮存的脂肪氧化供能。因此,动物体贮存脂肪的含量随营养状况的不同而经常改变。

2. 类脂是构成组织细胞的必要成分 类脂是细胞膜系统结构的基本原料。细胞的膜系统包括细胞膜和细胞器膜,主要是由磷脂、胆固醇与蛋白质结合而成的脂蛋白构成。细胞膜系统的完整性是细胞进行正常生理活动的重要保证。

3. 供给不饱和脂肪酸 机体有几种不饱和脂肪酸不能合成,必须由食物供给,称为必需脂肪酸。主要有亚油酸(如十八碳烯酸)、亚麻油酸(如十八碳三烯酸)和花生四烯酸(如二十碳四烯酸)。必需脂肪酸不仅是构成磷脂、胆固醇酯和血浆脂蛋白的重要成分,还可以衍生成前列腺素、血栓素和白三烯等生物活性物质而参与细胞的代谢调节,并与炎症、过敏反应、免疫、心血管疾病等病理过程有关。

4. 保护机体组织 内脏周围的脂肪组织有固定内脏器官、减少摩擦和缓冲外部冲击的作用。因为脂肪导热性差,皮下脂肪还能防寒从而保持体温的恒定。

5. 协助脂溶性维生素的吸收 脂溶性维生素 A、维生素 D、维生素 E、维生素 K 和胡萝卜素可溶于食物的脂肪中,并随同脂肪一起被吸收。因此,饲料中脂类缺乏或出现吸收障碍时,往往发生脂溶性维生素不足或缺乏。

> **拓展小知识**

体检报告中的血脂指标

作为健康的一项重要指标，血脂一直备受关注，体检报告中的血脂化验数据应多受关注。

在我们拿到的血脂测定报告单上，通常会显示 4 项指标：总胆固醇（TC）、甘油三酯（TG）、低密度脂蛋白胆固醇（LDL-C）以及高密度脂蛋白胆固醇（HDL-C）。以上任何一个指标超过了正常值，都属于高血脂。然而有调查显示，虽然 88.4% 的民众听过血脂肪或胆固醇，但超过八成的人表示"有听过，但没有懂"，分不清胆固醇种类和标准值。胆固醇是人体脂类物质中的一种，分为高密度胆固醇和低密度胆固醇两种。前者对心血管有保护作用，通常称之为"好胆固醇"；后者一旦偏高，得冠心病的危险性就会增加，通常称之为"坏胆固醇"。血液中低密度胆固醇浓度升高，容易造成"血稠"，在血管壁上沉积，逐渐形成小斑块（也就是我们常说的"动脉粥样硬化"），这些"斑块"慢慢增多、增大，逐渐堵塞血管，导致血流变慢，严重时甚至会阻断血流，威胁生命。

血脂指标合格≠没危险

血脂指标在正常范围内就代表没有风险了？当然不是，体检报告中的正常值是针对正常人来说的，也就是说总胆固醇的正常值是在 6.19 mmol/L（200～230 mg/d）以下，但是数据显示：当总胆固醇为 5.18～6.19 mmol/L 时，冠心病的发病危险就会增加 50%，然而，大部分人群往往会被总胆固醇的正常值所蒙蔽，不知其中的奥妙，看到没升高的箭头就松了一口气，觉得不用担心了。事实上，血脂指标在正常范围内并不代表没有风险，如果胆固醇和低密度脂蛋白的水平接近正常值，就说明已经有得冠心病的潜在风险了。化验单上的正常值是针对正常人来说的，但是对老年人，合并高血压、糖尿病的人群，他们对于血脂需要开始进行干预的指标要低于正常值的高限，需要引起大家注意。

血脂血压达标≠停药信号

临床上不少患者对血脂治疗存在认识误区，认为血脂的控制要靠服用降脂药。然而，事实上，这要因人而异，对于年龄比较轻，还没有出现严重心脑血管疾病的患者，更要注意生活方式和饮食结构的调整，通过减少脂肪的摄入、增加运动量也可以对控制血脂起到一定的作用。

当然用药也是一个方面，如果经过一段时间的检测，患者的指标正常了，在保持健康生活方式的同时甚至可以考虑在医生的指导下停止用药。而对于年龄比较大、心脑危险因素较多的患者，改变生活方式是基础，必须进行长期的药物干预，不能随便停药。有些年纪大的患者一看血压、血脂达标，就擅自停药，这是错误的。

事实上，血压、血脂的达标，是需要维持治疗的信号，而不是停药的信号，这个时候一旦把药停掉，指标就会反弹。一般来说，已经达到目标值后，过两三个月再抽血检查，血脂如果还在下降，这时候就可以适当减量用药，而不是停药。

知识检测

1. 解释下列名词

(1)皂化反应　　　(2)碘值　　　(3)酸值

2. 单项选择题

(1)油脂皂化后,使肥皂和甘油充分分离,可以采用的方法是(　　)。

　A. 萃取　　　B. 蒸馏　　　C. 结晶　　　D. 盐析

(2)能组成油脂化合物的一组基团是(　　)。

　A. 酰基和羟基　　　　　　B. 酰基和烃氧基

　C. 烃基和羟基　　　　　　D. 烃基和醛基

(3)脂肪酸分解时必须先经过活化,其活化的过程是在(　　)中进行的。

　A. 脂肪组织　　B. 线粒体　　C. 胞液　　D. 肠道

(4)加热油脂与氢氧化钠溶液的混合物,生成甘油和脂酸钠,这个反应称为油脂的(　　)。

　A. 酯化　　　B. 皂化　　　C. 乳化　　　D. 硬化

(5)下列叙述中,错误的是(　　)。

　A. 油脂属于脂类

　B. 某些油脂兼有酯和烯烃的一些化学性质

　C. 油脂的氢化又称为油脂的硬化

　D. 油脂是一种化合物

3. 简答题

(1)油脂在贮存时应如何防止发生酸败?

(2)油脂在高温时易发生哪些变化?

项目三
蛋白质及其生物学功能

学习目标

● 知识目标

1. 了解氨基酸的结构、分类和性质。
2. 了解蛋白质的存在、组成和结构。
3. 理解蛋白质的主要理化性质。
4. 了解蛋白质的生物学功能和在日常生活中的应用。

● 能力目标

学会利用蛋白质的化学性质检验蛋白质。

蛋白质存在于一切生物体中,是组成细胞的物质基础。蛋白质都含有 C、H、O 和 N 元素,多数蛋白质还含有 S、P,少数蛋白质还含有 Fe、Cu、Mn、Zn、I 等元素。蛋白质平均含碳 50%,氢 7%,氧 23%,氮 16%。其中氮的含量较为恒定,而且在糖和脂类中不含氮,所以常通过测量样品中氮的含量来测定蛋白质含量。如常用的凯氏定氮法:蛋白质含量=蛋白氮×6.25,其中 6.25 是 16% 的倒数。蛋白质的相对分子质量变化范围很大,从 6 000～100 万或更大。一般将相对分子质量小于 6 000 的称为肽。不过这个界限不是绝对的,例如牛胰岛素相对分子质量为 5 700,一般仍认为它是蛋白质。蛋白质煮沸凝固,而肽不凝固。较大的蛋白质如烟草花叶病毒,相对分子质量达 4 000 万。蛋白质经过酸、碱和蛋白酶作用会水解成各种氨基酸,所以氨基酸是组成蛋白质的基本结构单位。

任务一　氨　基　酸

一、氨基酸的结构和分类

氨基酸是蛋白质的基本组成单位,组成蛋白质的氨基酸约有 20 余种,这些氨基酸的结构各不相同,除个别外都是属于 α-氨基酸,即羧酸分子中的 α-碳原子上的氢被氨基取代而生成的化合物。

除最简单的甘氨酸外,其他氨基酸的 α 碳原子都是不对称的碳原子(又称手性碳原子)。故它们有 L 型和 D 型两种构型。然而,组成天然蛋白质的氨基酸,除甘氨酸外,其化学结构均属 L-α-氨基酸,氨基酸的通式如下:

$$H_2N-\underset{R}{\overset{\overset{\displaystyle H}{|}}{\underset{|}{C}}}-\overset{\overset{\displaystyle O}{\|}}{C}-OH$$

根据氨基酸侧链基团 R 不同,可将其分为脂肪族氨基酸、芳香族氨基酸和杂环族氨基酸三大类。脂肪族氨基酸又可分为一氨基一羧基酸、一氨基二羧基酸、二氨基一羧基酸、含硫氨基酸和酰胺型氨基酸等。常见的 21 种氨基酸分类如表 4-3-1 所示。

表 4-3-1 常见的 21 种氨基酸分类

分类		俗名	简称	缩写	等电点
脂肪族氨基酸	一氨基一羧基氨基酸	甘氨酸	甘	Gly	5.97
		丙氨酸	丙	Ala	6.00
		*缬氨酸	缬	Val	5.96
		*亮氨酸	亮	Leu	5.98
		*异亮氨酸	异亮	Ile	6.02
		丝氨酸	丝	Ser	5.68
		*苏氨酸	苏	Thr	6.18
	一氨基二羧酸氨基酸	天冬氨酸	天冬	Asp	2.77
		谷氨酸	谷	Glu	3.22
	二氨基一羧基氨基酸	*赖氨酸	赖	Lys	9.74
		精氨酸	精	Arg	10.76
	含硫氨基酸	*蛋氨酸	蛋	Met	5.74
		半胱氨酸	半胱	Cys	5.07
		硒代半胱氨酸	硒		
	酰胺氨基酸	天冬酰胺	天酰	Asm	5.41
		谷氨酰胺	谷酰	Gln	5.65
芳香族氨基酸		*苯丙氨酸	苯丙	Phe	5.48
		酪氨酸	酪	Tyr	5.66
杂环族氨基酸		组氨酸	组	His	7.59
		*色氨酸	色	Trp	5.89
		脯氨酸	脯	Pro	6.30

注:表中用"*"标出的 8 种氨基酸,是人和动物体自身不能合成,必须从食物中摄取的氨基酸,称为必需氨基酸。

二、氨基酸的性质

(一)物理性质

氨基酸为无色晶体,除胱氨酸和酪氨酸外,都能溶于水中。脯氨酸和羟脯氨酸能溶于乙醇或乙醚中。

参与蛋白质组成的 20 种氨基酸,在可见光区都无光吸收;在紫外光区只有酪氨酸、苯丙氨酸和色氨酸具有光吸收能力，其中以色氨酸吸收紫外光的能力最强，蛋白质在波长 280 nm 处有特征性的最大吸收峰是由它所含有的色氨酸和酪氨酸所引起的。利用这一性质可测定蛋白质的含量。

(二)化学性质

1. 两性性质及等电点 氨基酸的氨基可接受质子形成阳离子显碱性，羧基可释放质子形成阴离子显酸性，这就是氨基酸的两性。

当氨基酸在某一 pH 溶液中所带的正电荷和负电荷相等，此时溶液的 pH 称为该氨基酸的等电点，用 pI 表示。

2. 成肽反应 一个氨基酸的羧基与另一个氨基酸的氨基脱水缩合，所形成的化合物称为肽。这种氨基酸分子之间的氨基与羧基脱水所形成的酰胺键称为肽键。由 2 个氨基酸缩合而成的肽称为二肽，由 3 个氨基酸缩合形成的肽则称为三肽，由多个氨基酸缩合形成的肽则称为多肽。

3. 茚三酮反应 茚三酮与氨基酸在弱酸性溶液中共热，生成蓝紫色物质。该反应常用于对氨基酸的定性和定量测定。

4. 桑格反应 pH 在 8~9、室温条件下，氨基酸与 2,4-二硝基氟苯反应，生成黄色物质。此反应可以用来鉴定多肽或蛋白质的 N 末端氨基酸。

5. 脱氨基反应 氨基酸在生物体内酶的作用下，可发生氧化脱氨基、转氨基和联合脱氨基作用生成相应的酮酸，从而使氨基酸可以进入糖代谢。

任务二 蛋 白 质

一、蛋白质的分类和结构

(一)蛋白质的分类

1. 按分子组成分类

(1)简单蛋白。指水解时只产生氨基酸的蛋白质。如清蛋白、球蛋白、谷蛋白、精蛋白等。

(2)结合蛋白。指水解时不只产生氨基酸，还产生其他有机化合物或无机化合物的蛋白质。如糖蛋白、脂蛋白、核蛋白等。

2. 按分子形状分类

(1)纤维状蛋白。纤维状蛋白多数为结构蛋白，一般不溶于水，主要起支持和保护作用，是动物结缔组织的基本结构成分。胶原蛋白、角蛋白都属于纤维状蛋白。

(2)球状蛋白。球状蛋白是多种功能蛋白的成分。如酶、激素、免疫球蛋白等。

(二)蛋白质结构简介

蛋白质的分子结构很复杂，通过多年研究，现已确定蛋白质分子的结构，可分为一级结构、二级结构、三级结构和四级结构 4 个层次。其中二、三、四级结构统称为空间结构，又称高级结构。

蛋白质的一级结构指蛋白质分子多肽链中，各氨基酸残基的排列顺序。一级结构中氨基酸残基之间是以肽键连接的，它是蛋白质的基本结构，是形成空间结构的基础。由于氨基酸残基的数目和比例变化很大，排列顺序也千变万化，因此构成了自然界结构和功能各异的蛋白质。

蛋白质分子并不是线形伸展的长链，而是形成一种立体的空间结构。多肽链按一定的方式卷曲、折叠成特有的空间结构，称为蛋白质的二级结构。

每一种蛋白质分子都具有独特的、高度规律的空间结构。这种特定的空间结构，决定了各种蛋白质特有的生物学功能和活性。如果空间结构发生了改变，蛋白质的理化性质将会改变，甚至失去生理活性。因此，蛋白质的空间结构与生命活动的关系极为密切。

二、蛋白质的性质

1. 两性性质和等电点 蛋白质分子中具有游离的氨基和羧基，既能发生氨基接受质子，形成阳离子，显碱性，也能发生羧基释放质子，形成阴离子，显酸性。因而蛋白质也具有两性性质。

蛋白质的带电情况，主要取决于溶液的酸度(pH)。当蛋白质在某一 pH 溶液中为两性离子，所带正电荷和负电荷相等，即净电荷为零，此时溶液的 pH 称为该蛋白质的等电点，用 pI 表示。

2. 胶体性质 蛋白质是高分子物质，分子直径在 $10^{-9} \sim 10^{-7}$ m，故具有胶体的特征，如布朗运动、丁达尔现象和电泳现象等。蛋白质是亲水胶体。成熟种子中的蛋白质呈凝胶状态，具有很强的吸水膨胀能力，这种能力保证了种子萌发时幼苗的顺利出土。蛋白质分子不能透过半透膜，利用这一性质可进行蛋白质的透析，从而去除蛋白质溶液中低分子质量的杂质，获得较为纯净的蛋白质。

3. 沉淀作用 蛋白质胶体溶液的稳定性决定于其表面的水化膜和电荷，当这两个因素遭到破坏以后，蛋白质溶液就会失去稳定性，凝聚、沉淀、析出，这种现象称为蛋白质的沉淀作用。

(1) 盐析。在蛋白质溶液中加入一定量的中性盐(如氯化钠、硫酸铵、硫酸钠等)，使蛋白质溶解度降低并沉淀析出的现象，称为盐析。加入的中性盐破坏了蛋白质颗粒表面的水化膜，大量中和了蛋白质颗粒上的电荷，使蛋白质的溶解度下降而析出。

(2) 有机溶剂沉淀。一些与水互溶的有机溶剂可以使溶液中的蛋白质产生沉淀而析出。此方法可用于分离和制备蛋白质，且使蛋白质的天然生物活性不被破坏。常用的有机溶剂有甲醇、乙醇、丙酮等。需要注意的是该沉淀反应应在低温条件下进行，高温会破坏蛋白质的天然构象。

(3) 重金属盐沉淀。用重金属盐与蛋白质结合，会形成不溶解的蛋白质。该方法主要用在医疗卫生方面，如用稀汞消毒灭菌及对口服重金属盐患者解毒等。

(4) 生物碱试剂沉淀。生物碱是植物组织中具有显著生理作用的一类含氮的碱性物质，它们都能沉淀蛋白质。该方法常用于生化检验中，如啤酒生产工序中用啤酒花使麦芽汁澄清，以防成品啤酒产生蛋白质混浊等。

（5）加热沉淀。大部分球状蛋白质的溶解度在一定温度范围（30～40 ℃）内，随温度的升高而增加，若温度再升高，蛋白质会变性而沉淀。蛋白质的加热变性沉淀与其溶液的pH有关，pH在等电点时最易沉淀，该方法可用在杂质蛋白的去除、加热灭菌等方面。

三、蛋白质的变性

蛋白质因受到某些物理或化学因素的影响，分子的空间结构被破坏，导致其理化性质改变并失去原有生物活性的现象，称为蛋白质的变性作用。变性后的蛋白质称为变性蛋白。使蛋白质变性因素有物理因素和化学因素。物理因素有高温、紫外线、X射线、超声波、高压、剧烈搅拌、振荡等。化学因素有强酸、强碱、尿素、重金属、去污剂、浓乙醇、三氯乙酸等。

四、呈色反应

蛋白质与某些试剂作用，产生相应的颜色反应称为蛋白质的呈色反应。这类反应可用于蛋白质的鉴定、定性检测和定量检测。

1. 双缩脲反应　双缩脲在碱性溶液中与硫酸铜作用，生成紫红色配合物的反应，称为双缩脲反应。凡是含有2个或2个以上肽键结构的化合物都可出现发生双缩脲反应。

2. 酚试剂反应　酚试剂又称福林试剂。蛋白质中酪氨酸的酚基能与酚试剂作用，生成钼蓝和钨蓝混合的蓝色化合物。

3. 乙醛酸反应　先在色氨酸或含色氨酸的蛋白质溶液中加入乙醛酸，然后沿器壁慢慢注入浓硫酸，可见两液层之间有紫色环出现。

4. 乙酸铅反应　凡是含有半胱氨酸、胱氨酸的蛋白质都有二硫键（—S—S—）或巯基（—SH），都能与乙酸铅反应，生成黑色的硫化铅沉淀。

任务三　蛋白质的生物学功能

蛋白质是最基本的生命物质之一，是细胞组分中含量最丰富、功能最多的生物大分子。蛋白质存在于一切生物体中，是组成细胞的基础物质。动物的肌肉、皮肤、血液、毛发等都是由蛋白质构成的，蛋白质约占动物细胞干重的一半。植物的各种器官也都含有蛋白质，特别是种子中蛋白质含量较高，如大豆、花生、小麦等种子中蛋白质含量都很高。蛋白质的主要生物学功能如下：

1. 催化功能　酶属于蛋白质，酶又是生物催化剂，是机体代谢的分子工具。

2. 结构功能　蛋白质是构成动植物机体的组织和细胞，如α-角蛋白、膜蛋白等。

3. 运动功能　蛋白质在生物运动和收缩系统中执行重要功能，许多动物和低等植物的运动细胞中含有肌动蛋白和肌球蛋白。

4. 运输功能　具有运输功能的蛋白质称为运载蛋白，它们能够结合并且运转特殊分子，如血红蛋白在血液中运输氧气，细胞色素在叶绿体和线粒体中担任传递电子的功能。

5. 调节功能　调节葡萄糖代谢的胰岛素等都是激素蛋白质。

6. 贮藏氨基酸的功能 植物种子中的谷蛋白、醇溶蛋白等没有酶或其他功能，主要是作为贮藏物质，供种子萌发时利用。

7. 保护功能 动物体内的免疫球蛋白是抗体，能防御病菌的侵染。

三 聚 氰 胺

三聚氰胺简称三胺，俗称"蛋白精"，是三嗪类含氮杂环化合物，分子式为 $C_3N_6H_6$，是一种用途广泛的有机化工中间产品，对身体有害，不可用于食品加工。

与蛋白质含氮量相比，三聚氰胺的含氮量高出许多，达 66%（质量分数）左右，因此，常被不法商人利用，他们为了提高食品或饲料中蛋白质的含量，将三聚氰胺掺杂在食品或饲料中。由于三聚氰胺是白色、无味的结晶粉末，所以掺杂后难以被发现。三聚氰胺进入人体后水解生成三聚氰酸，三聚氰酸又与三聚氰胺作用形成了大的网状结构的物质，容易造成结石。

1. 解释下列名词
(1)蛋白质 　　　　(2)必需氨基酸 　　　　(3)等电点
(4)变性 　　　　　(5)肽键

2. 单项选择题
(1)组成蛋白质的氨基酸有(　　)。
A. 21 种　　　　B. 8 种　　　　C. 鸟氨酸　　　　D. 磷酸
(2)某蛋白质在 pH 为 8 的溶液中带负电荷，则该蛋白质的等电点(　　)。
A. 大于 8　　　B. 等于 6　　　C. 小于 8　　　D. 等于 8
(3)构成蛋白质的氨基酸中，人体营养必需的氨基酸有(　　)。
A. 10 种　　　B. 9 种　　　C. 8 种　　　D. 7 种
(4)下列物质中不含蛋白质的是(　　)。
A. 鸡蛋　　　B. 牛乳　　　C. 豆浆　　　D. 糖果

3. 简要回答下列问题
(1)为什么氨基酸和蛋白质都具有两性电离和等电点的性质？
(2)误食重金属中毒，为什么可服用牛乳、鸡蛋清解毒？

4. 蛋白质与下列物质发生反应时，各有什么现象？
(1)双缩脲　　　(2)酚试剂　　　(3)乙醛酸　　　(4)乙酸铅

实验技能训练

实验一　糖的性质和定性鉴定

【实验目的】
1. 学习鉴定糖类及区分酮糖和醛糖的方法。
2. 掌握淀粉的检验方法。

【实验原理】
斐林试剂是含有硫酸铜和酒石酸钾钠的氢氧化钠溶液。硫酸铜与碱溶液混合加热，生成黑色的氧化铜沉淀。若同时有还原糖存在，则产生黄色或砖红色的氧化亚铜沉淀。

为了防止铜离子和碱反应生成氢氧化铜或碱性碳酸铜沉淀，斐林试剂中加酒石酸钾钠，它与 Cu^{2+} 形成的酒石酸钾钠络合离子是可溶性的，该反应是可逆的，反应平衡后溶液内保持一定浓度的氢氧化铜。斐林试剂是一种弱的氧化剂，它不与酮和芳香醛发生反应。

【实验用品】
1. 试剂　1％葡萄糖溶液、1％蔗糖溶液、1％淀粉溶液、斐林试剂 A 液（硫酸铜溶液）、斐林试剂 B 液（NaOH 的酒石酸钾钠溶液）、1％碘-碘化钾溶液。
2. 仪器　试管、烧杯、胶头滴管、水浴锅。

【实验内容与步骤】
1. 糖的还原性　取 3 支试管，分别加入葡萄糖、蔗糖和淀粉溶液，将斐林试剂 A 液和斐林试剂 B 液等体积混合摇匀后，分别加到上述 3 支试管中，置沸水浴中加热 2～3 min，取出冷却，观察现象。

2. 淀粉的水解　取 8～10 mL 淀粉溶液于小烧杯中，加 5～10 mL 水和 2 mL 稀硫酸，在水浴上加热。然后每隔 1～2 min 用滴管取 1 滴淀粉水解液于点滴板上，再滴加 1 滴碘液，观察颜色的变化，直至碘液不变色为止。

在 1 支试管中加入菲林试剂 1 mL，再加入淀粉水解液 2 mL，水浴加热，观察有何现象发生。取 1 支试管，加入少许淀粉溶液，再滴几滴碘-碘化钾溶液，观察现象。

【思考题】
(1) 淀粉水解后为什么能发生斐林反应？
(2) 如何检验淀粉？

实验二　油脂的皂化及酮体的定性检验

【实验目的】
1. 掌握油脂的皂化反应。

2. 了解尿中酮体定性检验的方法。

【实验原理】

(1)油脂在酸或酶的催化下,可水解成甘油和脂肪酸;油脂在碱性溶液中,则皂化生成甘油和脂肪酸的盐,即肥皂。

(2)酮体是脂肪酸分解过程中的产物,包括乙酰乙酸、β-羟丁酸和丙酮。检验酮体的方法很多,常用的化学方法只能检验其中的一种或两种成分。临床诊断往往不需要检验3种成分,只要测定其中的一种或总量即可。本实验利用亚硝基铁氰化钠[$Na_2Fe(CN)_5 \cdot NO \cdot 2H_2O$]与尿中酮体(丙酮或乙酰乙酸)作用,在冰醋酸存在下,加入浓氨水生成紫红色化合物(颜色越深,表明酮体相对越多),这一现象能定性地检验酮体的存在。

【实验用品】

1. 仪器 烧杯、试管及试管架、长玻璃管、胶头滴管、酒精灯、铁架台、石棉网、吸量管、洗耳球、研钵、药匙。

2. 试剂 牛脂、乙醇、30% NaOH 溶液、碘的酒精溶液、饱和食盐水、家畜或人正常尿、丙酮、冰醋酸(分析纯)、浓氨水(分析纯)、酮体粉{亚硝基铁氰化钠[$Na_2Fe(CN)_5 \cdot NO \cdot 2H_2O$]1 g、干燥$(NH_4)_2SO_4$ 5 g 和无水 Na_2CO_3 5 g,分别研细,混合均匀,置于棕色瓶中保存。保存期1~2月,若发现试剂变黄或潮湿,表示已经失效}。

【实验内容与步骤】

1. 油脂的皂化 在试管中加入2~3 g牛脂和3 mL乙醇、3 mL 30%NaOH 溶液。试管口配有带长玻璃管的橡皮塞,作为空气冷凝管。将试管置于沸水浴上加热,即发生皂化反应。15 min 左右皂化反应基本完全。用玻璃棒蘸取皂化液滴入沸水中,如能完全溶解,并无油滴析出,表明皂化反应完成。否则,还需继续加热,直至无油滴析出为止。在制得的黏稠皂化液中,加入 5 mL 热饱和食盐水,充分振荡后,肥皂盐析而出,浮在液面。再用盐水充满试管,使肥皂浮于试管口,取出冷却,肥皂即凝固而成。

2. 酮体的检验 取两支试管,各加入家畜或人正常尿 3 mL,其中 1 支滴加丙酮 2 滴,然后于两管中各加冰醋酸 1 mL,再各加等量的少许酮体粉,摇匀后斜持两管,沿管壁小心地各加入浓氨水 1 mL,观察界面颜色变化,比较两管有什么不同结果。

【思考题】

什么是酮体?生物体内的酮体是如何产生的?

实验三 蛋白质的沉淀及显色反应

【实验目的】

1. 了解蛋白质变性与沉淀的关系。
2. 学习沉淀蛋白质的几种方法。

【实验用品】

1. 试剂 饱和的$(NH_4)_2SO_4$ 溶液、饱和 $Pb(Ac)_2$ 溶液、3% EDTA 溶液、5%三氯乙酸溶液、$(NH_4)_2SO_4$ 结晶粉末、95%乙醇、卵清蛋白液。

2. 材料 5%的卵清蛋白。

3. 仪器 试管、试管架、烧杯、胶头滴管、酒精灯等。

【实验内容与步骤】

一、蛋白质的沉淀

1. 盐析 取 5% 的卵清蛋白溶液 5 mL，加入饱和的 $(NH_4)_2SO_4$ 溶液 5 mL，振荡，溶液变混浊或出现絮状沉淀。取混浊液 2 mL，加水 2～3 mL，振荡，蛋白质沉淀又溶解。

2. 重金属离子沉淀 取 2 支试管，分别加入 5% 的卵清蛋白溶液 2 mL，再加入 1～2 滴 3% 的饱和 $Pb(Ac)_2$ 溶液，观察现象。

3. 有机酸沉淀 取 1 支试管，加入 5% 的卵清蛋白溶液 2 mL，再加入 1 mL 5% 的三氯乙酸溶液，振荡试管，观察沉淀的生成。

4. 有机溶剂沉淀 取 1 支试管，加入 2 mL 蛋白质溶液，再加入 2 mL 95% 乙醇溶液，混匀，观察沉淀生成。

二、蛋白质的显色反应

1. 蛋白质的二缩脲反应 取试管 1 支，加入 1～2 mL 卵清蛋白液，滴加几滴 30% 的 NaOH 溶液，再滴 2% $CuSO_4$ 溶液数滴，微热，溶液显示紫红色。

2. 黄蛋白反应 取试管 1 支，加入 1～2 mL 卵清蛋白液和 1 mL 浓 HNO_3，先呈白色沉淀或混浊，用酒精灯加热煮沸，溶液或沉淀都呈黄色，再加碱则呈橙色。

【思考题】

不同沉淀方法的原理各是什么？所得蛋白质沉淀是否已变性？

附　　录

附录一　国际单位制(SI)的基本单位

量的名称	常用符号	单位名称	单位符号
长度	L	米	m
质量	m	千克	kg
时间	t	秒	s
电流	I	安(安培)	A
热力学温度	T	开(开尔文)	K
物质的量	n	摩(摩尔)	mol
发光强度	I, I_V	坎(德拉)	cd

附录二　我国化学药品等级的划分

等级	名称	符号	适用范围	标签标志
一级试剂	优级纯（保证试剂）	GR	纯度很高，适用于精密分析工作和科学研究	绿色
二级试剂	分析纯（分析试剂）	AR	纯度比一级纯略低，适用于一般定性定量分析工作和科学研究	红色
三级试剂	化学纯	CP	纯度比二级差一点，适用于一般定性分析工作	蓝色
四级试剂	实验试剂 医用生物试剂	LR	纯度较低，适用于实验辅助试剂及一般化学准备	棕色或其他颜色 黄色或其他颜色

附录三　一定 pH 溶液的配制方法

pH	配制方法
1.0	0.1 mol/L HCl 溶液
2.0	0.01 mol/L HCl 溶液
3.6	NaAc·3H$_2$O 8 g，溶于适量水中，加入 6 mol/L HAc 134 mL，稀释至 500 mL
4.0	NaAc·3H$_2$O 20 g，溶于适量水中，加入 6 mol/L HAc 134 mL，稀释至 500 mL
4.5	NaAc·3H$_2$O 32 g，溶于适量水中，加入 6 mol/L HAc 68 mL，稀释至 500 mL
5.0	NaAc·3H$_2$O 50 g，溶于适量水中，加入 6 mol/L HAc 34 mL，稀释至 500 mL

(续)

pH	配制方法
5.7	NaAc·3H_2O 100 g，溶于适量水中，加入 6 mol/L HAc 13 mL，稀释至 500 mL
7.0	NH_4Ac 77 g，溶于适量水中，稀释至 500 mL
7.5	NH_4Ac 60 g，溶于适量水中，加浓氨水 1.4 mL，稀释至 500 mL
8.0	NH_4Ac 50 g，溶于适量水中，加浓氨水 3.5 mL，稀释至 500 mL
8.5	NH_4Ac 40 g，溶于适量水中，加浓氨水 8.8 mL，稀释至 500 mL
9.0	NH_4Ac 35 g，溶于适量水中，加浓氨水 24 mL，稀释至 500 mL
9.5	NH_4Ac 30 g，溶于适量水中，加浓氨水 65 mL，稀释至 500 mL
10.0	NH_4Ac 27 g，溶于适量水中，加浓氨水 197 mL，稀释至 500 mL
10.5	NH_4Ac 9 g，溶于适量水中，加浓氨水 175 mL，稀释至 500 mL
11.0	NH_4Ac 3 g，溶于适量水中，加浓氨水 207 mL，稀释至 500 mL
12.0	0.01 mol/L NaOH 溶液
13.0	0.1 mol/L NaOH 溶液

附录四　某些常用试剂溶液的配制方法

试剂名称	配制方法
甲基橙指示剂	溶解 0.1 g 甲基橙于 100 mL 热水中，并进行过滤
酚酞指示剂	溶解 1 g 酚酞于 90 mL 酒精与 10 mL 水的混合溶液中
甲基红指示剂	溶解 0.1 g 甲基红于 60 mL 酒精中，加水稀释至 100 mL
铬黑 T	铬黑 T 与固体无水 Na_2SO_4 以质量比 1∶100 混合，研磨均匀，放入干燥的棕色瓶中，保存于干燥器内
钙指示剂	钙指示剂与固体无水 Na_2SO_4 以质量比 2∶100 混合，研磨均匀，放入干燥的棕色瓶中，保存于干燥器内
钼酸铵试剂	5 g $(NH_4)_2MoO_4$，加入 5 mL 浓硝酸，加水至 100 mL
卢卡斯试剂	将 34 g 熔融过的氯化锌溶于 23 mL 浓盐酸中，且在冷水浴中不断搅拌，以防氯化氢逸出
斐林试剂	斐林试剂分为 A 液和 B 液两部分，两种溶液分别储藏，使用时等量混合。斐林试剂 A 液：20 g 硫酸铜晶体溶于适量水中，稀释至 500 mL；斐林试剂 B 液：100 g 酒石酸钾钠晶体、75 g 氢氧化钠固体溶于水中，稀释至 500 mL
水合茚三酮试剂	溶解 0.1 g 水合茚三酮于 50 mL 水中，最好现配现用
邻菲罗啉	溶解 2 g 邻菲罗啉于 100 mL 水中
溴水	将大约 16 mL 液溴注入盛有 1 L 水的磨口瓶中，剧烈振荡 2 h。每次振荡后将塞子微开，将溴蒸气放出，将清液倒入试剂瓶中备用
碘水	取 2.5 g 碘和 3 g KI，加入尽可能少的水中，搅拌至碘完全溶解，加水稀释至 1 L
淀粉溶液	将 1 g 可溶性淀粉加入 100 mL 冷水中调和均匀。将所得乳浊液在搅拌条件下倾入 200 mL 沸水中，煮沸 2~3 min 使溶液透明，冷却即可
铬酸洗液	取 10 g 重铬酸钾，溶解于 30 mL 热水中，冷却后，边搅拌边缓缓加入 170 mL 浓硫酸

附录五 常用化合物化学式及相对分子质量

化学式	相对分子质量	化学式	相对分子质量
$AgCl$	143.22	H_2CO_3	62.03
AgI	234.77	H_3PO_4	98.00
$AgNO_3$	169.87	H_2S	34.08
$BaCl_2$	208.24	HF	20.01
$BaCl_2 \cdot 2H_2O$	244.27	FeO	71.58
BaO	153.33	Fe_2O_3	159.69
$BaCO_3$	197.34	$Fe(OH)_3$	106.87
$Ba(OH)_2$	171.34	$FeSO_4$	151.90
$BaSO_4$	233.39	HCl	36.46
BaC_2O_4	225.35	H_2SO_4	98.07
CaO	56.08	KCl	74.55
$CaCO_3$	100.09	$KClO_3$	122.55
$CaCl_2$	110.99	KCN	65.12
$CaCl_2 \cdot H_2O$	129.00	$K_2Cr_2O_7$	294.18
$CaCl_2 \cdot 6H_2O$	219.08	$CuSO_4 \cdot 5H_2O$	249.68
CaF_2	78.08	$HCOOH$	46.03
$Ca(OH)_2$	74.09	KOH	56.11
$Ca_3(PO_4)_2$	310.18	K_2SO_4	174.26
CO_2	44.01	KNO_3	101.10
CuO	79.55	$MgCl_2$	95.21
$CuSO_4$	159.60	$Mg(OH)_2$	58.32
Al_2O_3	101.96	$MgSO_4 \cdot 7H_2O$	246.47
$Al(OH)_3$	78.00	Na_2CO_3	105.99
$Al_2(SO_4)_3$	342.14	$Na_2C_2O_4$	134.00
$H_2C_2O_4$	90.04	$NaCl$	58.44
H_2O	18.02	$NH_3 \cdot H_2O$	35.05
H_2O_2	34.02	$KMnO_4$	158.03
HNO_3	63.01		

附录六　元素周期表

原子序数 — 19；元素符号 — K；元素名称（注 * 的是人造元素） — 钾；相对原子质量（括号内数据为放射性元素最长寿命同位素的质量数） — 39.10；稳定同位素的质量数（底线指丰度最大的同位素） — 39 40 41；放射性同位素的质量数；外围电子的构型（括号指可能的构型） — $4s^1$

金属　非金属　稀有气体　过渡元素

注：
1. 相对原子质量主要录自2016年国际纯粹与应用化学联合会（IUPAC）公布的元素周期表，方括号内提供的是标准原子质量的上、下边界。
2. 稳定元素列有天然丰度的同位素；天然放射性元素和人造元素同位素的选列与国际相对原子质量标的有关文献一致。

族 / 周期	1	2	3	4	5	6	7	8	9	10	11	12	13	14	15	16	17	18	电子层	18族电子数
	IA	IIA	IIIB	IVB	VB	VIB	VIIB	VIII			IB	IIB	IIIA	IVA	VA	VIA	VIIA	0		
1	1 H 氢 1 2 3 $1s^1$ [1.007,1.009]																	2 He 氦 3 4 $1s^2$ 4.003	K	2
2	3 Li 锂 6 7 $2s^1$ [6.938,6.997]	4 Be 铍 9 $2s^2$ 9.012											5 B 硼 10 11 $2s^22p^1$ [10.80,10.83]	6 C 碳 12 13 14 $2s^22p^2$ [12.00,12.02]	7 N 氮 14 15 $2s^22p^3$ [14.00,14.01]	8 O 氧 16 17 18 $2s^22p^4$ [15.99,16.00]	9 F 氟 19 $2s^22p^5$ 19.00	10 Ne 氖 20 21 22 $2s^22p^6$ 20.18	L K	8 2
3	11 Na 钠 23 $3s^1$ [22.99]	12 Mg 镁 24 25 26 $3s^2$ [24.30,24.31]											13 Al 铝 27 $3s^23p^1$ 26.98	14 Si 硅 28 29 30 $3s^23p^2$ [28.08,28.09]	15 P 磷 31 $3s^23p^3$ 30.97	16 S 硫 32 36 33 34 $3s^23p^4$ [32.05,32.08]	17 Cl 氯 35 37 $3s^23p^5$ [35.44,35.46]	18 Ar 氩 36 38 40 $3s^23p^6$ 39.95	M L K	8 8 2
4	19 K 钾 39 40 41 $4s^1$ 39.10	20 Ca 钙 40 44 42 46 43 48 $4s^2$ 40.08	21 Sc 钪 45 $3d^14s^2$ 44.96	22 Ti 钛 46 49 47 50 48 $3d^24s^2$ 47.87	23 V 钒 50 51 $3d^34s^2$ 50.94	24 Cr 铬 50 54 52 53 $3d^54s^1$ 52.00	25 Mn 锰 55 $3d^54s^2$ 54.94	26 Fe 铁 54 58 56 57 $3d^64s^2$ 55.85	27 Co 钴 59 $3d^74s^2$ 58.93	28 Ni 镍 58 62 60 64 61 $3d^84s^2$ 58.69	29 Cu 铜 63 65 $3d^{10}4s^1$ 63.55	30 Zn 锌 64 68 66 70 67 $3d^{10}4s^2$ 65.38	31 Ga 镓 69 71 $4s^24p^1$ 69.72	32 Ge 锗 70 74 72 76 73 $4s^24p^2$ 72.63	33 As 砷 75 $4s^24p^3$ 74.92	34 Se 硒 74 78 76 80 77 82 $4s^24p^4$ 78.97	35 Br 溴 79 81 $4s^24p^5$ [79.90,79.91]	36 Kr 氪 78 83 80 84 82 86 $4s^24p^6$ 83.80	N M L K	8 18 8 2
5	37 Rb 铷 85 87 $5s^1$ 85.47	38 Sr 锶 84 88 86 87 $5s^2$ 87.62	39 Y 钇 89 $4d^15s^2$ 88.91	40 Zr 锆 90 94 91 96 92 $4d^25s^2$ 91.22	41 Nb 铌 93 94 $4d^45s^1$ 92.91	42 Mo 钼 92 97 94 98 95 100 96 $4d^55s^1$ 95.95	43 Tc 锝 97 98 99 $4d^55s^2$ (98)	44 Ru 钌 96 101 98 102 99 104 100 $4d^75s^1$ 101.1	45 Rh 铑 103 $4d^85s^1$ 102.9	46 Pd 钯 102 106 104 108 105 110 $4d^{10}$ 106.4	47 Ag 银 107 109 $4d^{10}5s^1$ 107.9	48 Cd 镉 106 112 108 113 110 114 111 116 $4d^{10}5s^2$ 112.4	49 In 铟 113 115 $5s^25p^1$ 114.8	50 Sn 锡 112 118 114 119 115 120 116 122 117 124 $5s^25p^2$ 118.7	51 Sb 锑 121 123 $5s^25p^3$ 121.8	52 Te 碲 120 125 122 126 123 128 124 130 $5s^25p^4$ 127.6	53 I 碘 127 129 $5s^25p^5$ 126.9	54 Xe 氙 124 131 126 132 128 134 129 136 130 $5s^25p^6$ 131.3	O N M L K	8 18 18 8 2
6	55 Cs 铯 133 $6s^1$ 132.9	56 Ba 钡 130 136 132 137 134 138 135 $6s^2$ 137.3	57-71 La-Lu 镧系	72 Hf 铪 174 178 176 179 177 180 $5d^26s^2$ 178.5	73 Ta 钽 180 181 $5d^36s^2$ 180.9	74 W 钨 180 184 182 186 183 $5d^46s^2$ 183.8	75 Re 铼 185 187 $5d^56s^2$ 186.2	76 Os 锇 184 189 186 190 187 192 188 $5d^66s^2$ 190.2	77 Ir 铱 191 193 $5d^76s^2$ 192.2	78 Pt 铂 190 195 192 196 194 198 $5d^96s^1$ 195.1	79 Au 金 197 $5d^{10}6s^1$ 197.0	80 Hg 汞 196 201 198 202 199 204 200 $5d^{10}6s^2$ 200.6	81 Tl 铊 203 205 $6s^26p^1$ [204.3,204.4]	82 Pb 铅 204 208 206 207 $6s^26p^2$ 207.2	83 Bi 铋 209 $6s^26p^3$ 209.0	84 Po 钋 209 210 $6s^26p^4$ (209)	85 At 砹 210 211 $6s^26p^5$ (210)	86 Rn 氡 211 220 222 $6s^26p^6$ (222)	P O N M L K	8 18 32 18 8 2
7	87 Fr 钫 223 $7s^1$ (223)	88 Ra 镭 223 228 224 226 $7s^2$ (226)	89-103 Ac-Lr 锕系	104 Rf 𬬻* $(6d^27s^2)$ (267)	105 Db 𬭊* $(6d^37s^2)$ (268)	106 Sg 𬭳* (271)	107 Bh 𬭛* (272)	108 Hs 𬭶* (270)	109 Mt 鿏* (276)	110 Ds 𫟼* (281)	111 Rg 𬬭* (280)	112 Cn 鿔* (285)	113 Nh 鿭* (284)	114 Fl 𫓧* (289)	115 Mc 镆* (288)	116 Lv 𫟷* (293)	117 Ts 鿬*	118 Og 鿫* (294)	Q P O N M L K	8 18 32 32 18 8 2

镧系	57 La 镧 138 139 $5d^16s^2$ 138.9	58 Ce 铈 136 142 138 140 $4f^15d^16s^2$ 140.1	59 Pr 镨 141 $4f^36s^2$ 140.9	60 Nd 钕 142 146 143 148 144 150 145 $4f^46s^2$ 144.2	61 Pm 钷 145 147 $4f^56s^2$ (145)	62 Sm 钐 144 150 147 152 148 154 149 $4f^66s^2$ 150.4	63 Eu 铕 151 153 $4f^76s^2$ 152.0	64 Gd 钆 152 157 154 158 155 160 156 $4f^75d^16s^2$ 157.3	65 Tb 铽 159 $4f^96s^2$ 158.9	66 Dy 镝 156 162 158 163 160 164 161 $4f^{10}6s^2$ 162.5	67 Ho 钬 165 $4f^{11}6s^2$ 164.9	68 Er 铒 162 167 164 168 166 170 $4f^{12}6s^2$ 167.3	69 Tm 铥 169 $4f^{13}6s^2$ 168.9	70 Yb 镱 168 173 170 174 171 176 172 $4f^{14}6s^2$ 173.0	71 Lu 镥 175 176 $4f^{14}5d^16s^2$ 175.0
锕系	89 Ac 锕 227 $6d^17s^2$ (227)	90 Th 钍 230 232 $6d^27s^2$ 232.0	91 Pa 镤 231 $5f^26d^17s^2$ 231.0	92 U 铀 233 236 234 238 235 $5f^36d^17s^2$ 238.0	93 Np 镎 237 239 $5f^46d^17s^2$ (237)	94 Pu 钚 238 241 239 242 240 244 $5f^67s^2$ (244)	95 Am 镅* 241 243 $5f^77s^2$ (243)	96 Cm 锔* 243 246 244 247 245 248 $5f^76d^17s^2$ (247)	97 Bk 锫* 247 249 $5f^97s^2$ (247)	98 Cf 锎* 249 252 250 251 $5f^{10}7s^2$ (251)	99 Es 锿* 252 $5f^{11}7s^2$ (252)	100 Fm 镄* 257 $5f^{12}7s^2$ (257)	101 Md 钔* 256 258 $(5f^{13}7s^2)$ (258)	102 No 锘* 259 $(5f^{14}7s^2)$ (259)	103 Lr 铹* 260 $(5f^{14}6d^17s^2)$ (262)

参 考 文 献

高红武，周清，张云梅，2007. 应用化学[M]. 北京：中国环境科学出版社.
雷衍之，2004. 养殖水环境化学[M]. 北京：中国农业出版社.
李炳诗，张学红，2010. 基础化学[M]. 武汉：华中科技大学出版社.
李静，徐苏利，罗崇敏，2018. 基础应用化学[M]. 北京：电子工业出版社.
李利民，孔欣欣，2015. 应用化学基础[M]. 郑州：郑州大学出版社.
李清秀，张霁，2013. 生物化学[M]. 北京：中国农业出版社.
齐高潮，化学，2009. [M]. 北京：中国农业出版社.
司文会，2008. 实用化学[M]. 北京：中国农业出版社.
王磊，朱庚，2009. 化学[M]. 北京：北京师范大学出版社.
王秀敏，2010. 应用化学[M]. 北京：化学工业出版社.
谢德明，李晓，黄琦，2016. 健康与化学[M]. 北京：化学工业出版社.
徐端钧，方文军，聂晶晶，2011. 普通化学[M]. 6 版. 北京：高等教育出版社.
徐英岚，2012. 无机与分析化学[M]. 3 版. 北京：中国农业出版社.
杨宏孝，凌芝，颜秀茹，2002. 无机化学[M]. 北京：高等教育出版社.
尹金标，张兰华，2010. 无机与分析化学[M]. 北京：中国农业出版社.
张凤，王耀勇，余德润，2010. 无机与分析化学[M]. 北京：中国农业出版社.
张荷丽，舒友琴，2014. 无机及分析化学[M]. 北京：中国农业大学出版社.
张坐省，2012. 有机化学[M]. 北京：中国农业出版社.
赵国虎，许辉，2007. 分析化学[M]. 北京：中国农业出版社.
赵红霞，韩丽艳，2010. 应用化学基础[M]. 北京：高等教育出版社.

读者意见反馈

亲爱的读者：

  感谢您选用中国农业出版社出版的职业教育规划教材。为了提升我们的服务质量，为职业教育提供更加优质的教材，敬请您在百忙之中抽出时间对我们的教材提出宝贵意见。我们将根据您的反馈信息改进工作，以优质的服务和高质量的教材回报您的支持和爱护。

  地   址：北京市朝阳区麦子店街18号楼（100125）
       中国农业出版社职业教育出版分社
  联系方式：QQ（1492997993）

教材名称：_____ ISBN：_____

个人资料

姓名：_____ 所在院校及所学专业：_____
通信地址：_____
联系电话：_____ 电子信箱：_____
您使用本教材是作为：□指定教材□选用教材□辅导教材□自学教材
您对本教材的总体满意度：
 从内容质量角度看□很满意□满意□一般□不满意
  改进意见：_____
 从印装质量角度看□很满意□满意□一般□不满意
  改进意见：_____
本教材最令您满意的是：
 □指导明确□内容充实□讲解详尽□实例丰富□技术先进实用□其他_____
您认为本教材在哪些方面需要改进？（可另附页）
 □封面设计□版式设计□印装质量□内容□其他_____
您认为本教材在内容上哪些地方应进行修改？（可另附页）
_____
_____

本教材存在的错误：（可另附页）
第____页，第____行：_____ 应改为：_____
第____页，第____行：_____ 应改为：_____
第____页，第____行：_____ 应改为：_____

您提供的勘误信息可通过QQ发给我们，我们会安排编辑尽快核实改正，所提问题一经采纳，会有精美小礼品赠送。非常感谢您对我社工作的大力支持！

欢迎访问"全国农业教育教材网"http://www.qgnyjc.com（此表可在网上下载）
欢迎登录"中国农业教育在线"http://www.ccapedu.com查看更多网络学习资源
欢迎登录"智农书苑"read.ccapedu.com阅读更多纸数融合教材

图书在版编目(CIP)数据

基础化学 / 李静主编 . —北京：中国农业出版社，2021.7（2023.8 重印）
高等职业教育"十四五"规划教材
ISBN 978-7-109-28337-4

Ⅰ.①基… Ⅱ.①李… Ⅲ.①化学－高等职业教育－教材 Ⅳ.①O6

中国版本图书馆 CIP 数据核字（2021）第 128916 号

中国农业出版社出版
地址：北京市朝阳区麦子店街 18 号楼
邮编：100125
责任编辑：彭振雪　文字编辑：徐志平
版式设计：杜　然　责任校对：沙凯霖
印刷：北京通州皇家印刷厂
版次：2021 年 7 月第 1 版
印次：2023 年 8 月北京第 4 次印刷
发行：新华书店北京发行所
开本：787mm×1092mm　1/16
印张：12.75
字数：300 千字
定价：42.00 元

版权所有·侵权必究
凡购买本社图书，如有印装质量问题，我社负责调换。
服务电话：010-59195115　010-59194918